처음 만나는 자동제어공학

김성중 지음

JN443762

한빛아카데미
Hanbit Academy, Inc.

지은이 **김성중** sjkim@jbnu.ac.kr

전북대학교, 전남대학교, University of Missouri-Rolla에서 제어공학을 전공하고, 전북대학교에서 37년간 교수로 재직하다가 현재는 전북대학교 전자공학부의 명예교수로 있다. 학술 활동으로는 과학기술부지정 메카트로닉스연구센터(RRC) 소장, 전라북도 과학기술자문단장, IEEE Korea 호남지부장, ICCAS2002 Local Co-Chairman, 제어자동화시스템공학회 부회장을 역임했으며, 제어공학과 관련하여 100여 편의 논문을 게재 및 발표했다. 저서로는 『자동제어』(동양과학사, 1978), 『자동제어』(대한교과서주식회사, 1993), 『핵심이 보이는 제어공학(개정판)』(한빛아카데미, 2018), 『핵심이 보이는 전자기학』(한빛아카데미, 2021) 등이 있다.

처음 만나는 자동제어공학 2판

초판발행 2022년 12월 5일
3쇄발행 2025년 1월 16일

지은이 김성중 / **펴낸이** 전태호
펴낸곳 한빛아카데미(주) / **주소** 서울시 서대문구 연희로2길 62 한빛아카데미(주) 2층
전화 02-336-7112 / **팩스** 02-336-7199
등록 2013년 1월 14일 제2017-000063호 / **ISBN** 979-11-5664-429-3 93560

총괄 박현진 / **책임편집** 김평화 / **기획** 김평화 / **편집** 김평화, 강다인 / **진행** 심진성
디자인 박정우 / **전산편집** 임희남 / **제작** 박성우, 김정우
영업 김태진, 김성삼, 이정훈, 임현기, 이성훈, 김주성 / **마케팅** 김호철, 심지연

이 책에 대한 의견이나 오탈자 및 잘못된 내용은 출판사 홈페이지나 아래 이메일로 알려주십시오.
파본은 구매처에서 교환하실 수 있습니다. 책값은 뒤표지에 표시되어 있습니다.

홈페이지 www.hanbit.co.kr / 이메일 question@hanbit.co.kr

Published by HANBIT Academy, Inc. Printed in Korea
Copyright © 2022 김성중 & HANBIT Academy, Inc.
이 책의 저작권은 김성중과 한빛아카데미(주)에 있습니다.
저작권법에 의해 보호를 받는 저작물이므로 무단 복제 및 무단 전재를 금합니다.

지금 하지 않으면 할 수 없는 일이 있습니다.
책으로 펴내고 싶은 아이디어나 원고를 메일(writer@hanbit.co.kr)로 보내주세요.
한빛아카데미(주)는 여러분의 소중한 경험과 지식을 기다리고 있습니다.

자동제어공학, 이제 쉽게 배우자!

지금 전 세계는 사람이 관여하지 않는 자율주행 자동차와 무인공장, 사람을 대신할 의료용 로봇의 등장 등 4차 산업혁명에 대해 관심이 많다. 이처럼 인공지능, 로봇기술, 생명과학이 주도하는 4차 산업혁명에서는 컴퓨터, 인터넷, 센서를 이용한 고도의 자동제어기술이 반드시 필요하다. 따라서 앞으로 자동제어기술을 익힌 산업인력이 더 많이 필요해질 것이며, 지금도 산업현장에서는 자동제어기술자들에 대한 수요가 날로 늘어나고 있다.

그러나 현재 대다수의 학생들은 공부하기 어렵다는 이유로 자동제어공학을 회피하고 있다. 그런데 정말 자동제어공학이 그렇게 어려운 학문일까? 필자가 오랫동안 강의를 하며 학생들을 만나보니, 원서나 직역하기 급급한 번역서만으로는 자동제어공학을 제대로 학습하기에는 한계가 있음을 알게 되었다. 또한 기존 교재들 역시 자동제어공학에 사용되는 수식과 문제 풀이를 쉽게 설명하지 않고, 너무나 이론적인 문제 풀이와 공식 유도 과정에만 많은 부분을 할애하고 있다는 문제가 있었다. 따라서 이 책에서는 꼭 필요한 경우가 아니면 공식의 증명이나 수식 전개는 대부분 생략하고, 그 대신에 전반적인 개념을 이해하고 습득하여 활용하는 데 중점을 두었다. 특히 이번 개정에서는 전기기사 자격시험을 준비하는 사람들을 위하여 '근궤적 기법(8장)'을 새로 추가했다. 지면상 근궤적 기법에 대해 심도 있게 다루지는 못했지만, 지난 20년간 출제된 문제들을 푸는 데는 전혀 어려움이 없도록 했다.

이 책의 특징

필자는 학생들이 자동제어공학을 쉽게 배울 수 있도록 다음과 같은 특징으로 책을 구성했다.

- 자동제어공학에서 가장 기초적이고 중요한 내용으로 엄선하여 담았다.
- 모든 내용을 특성방정식을 중심으로 일목요연하게 전개했다.
- 예제를 풍부하게 수록하고, 문제 풀이를 하나하나 상세히 다루어 수학적 기초가 부족한 학생들도 쉽게 이해할 수 있도록 했다.
- 연습문제는 객관식 형태로 제공하여 기사시험을 대비하는 데 부족함이 없도록 했다.

감사의 글

그동안 이 개정판이 세상에 나올 수 있게 최선을 다해준 한빛아카데미㈜에 감사의 마음을 전한다. 그리고 항상 옆에서 힘이 되어 준 아내에게 고마움을, 건강을 주신 하나님께 감사의 기도를 드린다.

지은이 **김성중**

미 리 보 기

CHAPTER 04

시간응답

3장에서는 자동제어시스템의 입출력의 관계를 전달함수 또는 상태방정식을 이용하여 수학적 모델로 표현하는 방법을 살펴보았다. 이 장에서는 자동제어시스템에 입력을 가했을 때 어떠한 출력이 나오는지 살펴본다. 시스템의 출력을 입력에 대한 응답(response)이라고 하는데, 이 응답은 시간응답(time response)과 주파수응답(frequency response)으로 구분된다. 주파수응답은 6장에서 살펴보고, 이 장에서는 시간응답에 대해 자세히 살펴보자. 시간응답에서는 입력을 가했을 때 나타나는 출력이 어떤 모양인지, 시간이 지남에 따라 어떻게 변하는지에 관심을 갖는다.

| 장 도입글 |

해당 장의 내용을 왜 배우는지, 무엇을 배우는지 설명한다.

CONTENTS

SECTION 4.1 과도응답과 정상상태응답
SECTION 4.2 단위계단응답
SECTION 4.3 부족제동 2차제어시스템
SECTION 4.4 상태방정식과 시간응답
연습문제

SECTION 4.1

과도응답과 정상상태응답

페루프 제어시스템에서는 목표값 또는 기준입력에 제어대상의 출력이 얼마나 잘 따라가는지가 중요하다. 이때 시간에 따른 출력 변화를 시간응답(time response)이라고 하며, 시간응답의 특성은 과도특성과 정상상태특성으로 구분한다. 이 절에서는 과도응답과 정상상태응답에 대해 살펴본다.

Keywords | 과도응답 | 정상상태응답 | 과동응답 성분 | 정상상태응답 성분 |

| 학습목표 / Keywords |

핵심 내용을 키워드로 정리하여 소개한다.

대부분의 시스템은 입력을 가했을 때 출력이 바로 안정되는 것이 아니라 [그림 4-1]과 같이 처음에는 과도기적으로 변화하다가 일정한 시간이 지난 후에 안정된 출력값을 얻는다. 안정된 출력을 얻기까지의 과도기적인 시간응답을 **과도응답**(transient response)이라고 하며, 시간이 충분히 지난 안정된 상태에서의 시간응답을 **정상상태응답**(steady-state response)이라고 한다.[1]

| 본문 |

자동제어공학을 이해하는 데 필요한 내용을 간결하게 설명한다.

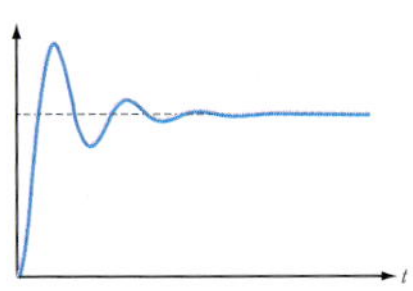

[그림 4-1] 자동제어시스템의 시간응답

일반적인 자동제어시스템의 시간응답은 **과도응답 성분**(transient response component)과 **정상상태응답 성분**(steady-state response component)이 합해져 나타나므로, 시간응답 $c(t)$를 다음과 같이 나타낸다. 이때 $c_t(t)$는 과도응답 성분, $c_{ss}(t)$는 정상상태응답 성분이다.

★ 시간응답 ★

$$c(t) = c_t(t) + c_{ss}(t) \tag{4.1}$$

과도응답 성분과 정상상태응답 성분을 이해하기 위해 [그림 4-2]와 같은 단위귀환 제어시스템에서 단위계단입력(unit step input)에 대한 출력을 생각해보자.

1 자동제어시스템의 해석에서는 주로 과도응답에 관심이 있으므로 시간응답을 과도응답으로만 생각하는 사람들도 있다.

| 각주 |

본문에 대한 추가적인 내용을 페이지 하단에 제시한다.

Q&A

본문과 연계된 내용을
[질문]과 [대답] 형식으로 제공한다.

별표 박스

본문 중 주요 수식과 내용을
강조하여 소개한다.

예제

본문에서 다룬 개념을 적용한 문제와
상세한 풀이를 제시한다.

연습문제

해당 장에서 학습한 내용을
객관식 문제를 통해 확인한다.

Q 제1이동정리는 주로 어떤 경우에 사용할까?

A 라플라스 변환보다는 라플라스 역변환에 더 유용하게 사용된다. 왜냐하면 라플라스 변환에서는 지수함수가 첨가되어 있어도 적분을 직접 계산하는 것이 별로 어렵지 않지만, 라플라스 역변환에서는 이 정리를 모르면 역변환이 불가능하기 때문이다.

★ 도함수의 변환 ★

$\mathcal{L}[f(t)] = F(s)$, $\lim_{t \to 0} f(t) = f(0)$, $\lim_{t \to 0} f'(t) = f'(0)$일 때 다음이 성립한다.

❶ $\mathcal{L}\left[\frac{d}{dt}f(t)\right] = sF(s) - f(0)$

❷ $\mathcal{L}\left[\frac{d^2}{dt^2}f(t)\right] = s^2F(s) - sf(0) - f'(0)$

★ 적분의 변환 ★

$\mathcal{L}[f(t)] = F(s)$일 때 다음이 성립한다.

$$\mathcal{L}\left[\int_0^t f(t)\,dt\right] = \frac{F(s)}{s}$$

예제 2-16

다음 식의 라플라스 변환을 구하라. 단, $i(0) = 0$이다.

$$10i(t) + 0.4\frac{d}{dt}i(t) + \frac{1}{0.2}\int_0^t i(t)\,dt = 280\sin 377t$$

풀이

양변을 라플라스 변환하면 다음과 같다.

$$\mathcal{L}\left\{10i(t) + 0.4\frac{d}{dt}i(t) + \frac{1}{0.2}\int_0^t i(t)\,dt\right\} = \mathcal{L}\{280\sin 377t\}$$

$$10I(s) + 0.4\{sI(s) - i(0)\} + 5 \times \frac{I(s)}{s} = 280 \times \frac{377}{s^2 + 377^2}$$

$$\left\{10 + 0.4s + \frac{5}{s}\right\}I(s) = 280 \times \frac{377}{s^2 + 377^2}$$

CHAPTER **04 연습문제**

4.1 자동제어시스템의 시간응답 특성을 알고자 할 때 사용하는 입력이 아닌 것은?

㉮ 정현파함수 ㉯ 계단함수 ㉰ 램프함수 ㉱ 포물선함수

4.2 자동제어시스템에서 시험용 입력신호로 가장 많이 사용되는 입력은?

㉮ 단위임펄스함수 ㉯ 사인함수 ㉰ 코사인함수 ㉱ 단위계단함수

4.3 다음 과도응답에 관한 설명 중 틀린 것은?

㉮ 정정시간은 오차가 최종값의 10% 안에 들어가는 데 걸리는 시간이다.
㉯ 백분율 오버슈트는 최대 오버슈트를 최종값으로 나누어 얻은 값에 100을 곱한 값이다.
㉰ 상승시간은 단위계단응답에서 최종값의 10%에서부터 90%까지 걸리는 시간이다.
㉱ 지연시간은 출력값이 최종값의 50%에 도달하는 데 걸리는 시간이다.

4.4 전달함수가 $G(s) = \frac{40}{s+5}$인 자동제어시스템의 단위계단응답의 시정수는 얼마인가?

㉮ 10[sec] ㉯ 4[sec] ㉰ 1[sec] ㉱ 0.2[sec]

4.5 다음 그림과 같은 2차지연시스템의 단위계단응답에서 정정시간과 관계있는 것은?

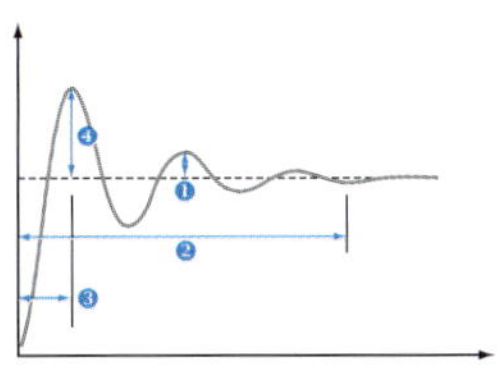

㉮ ❶ ㉯ ❷ ㉰ ❸ ㉱ ❹

강의 보조 자료

한빛아카데미 홈페이지에서 '교수회원'으로 가입하신 분은 인증 후 교수용 강의 보조 자료를 제공받을 수 있습니다. 한빛아카데미 홈페이지 상단의 〈교수전용공간〉 메뉴를 클릭하세요.

http://www.hanbit.co.kr/academy

연습문제 해답

이 책의 연습문제 답안은 다음 경로에서 다운로드할 수 있습니다.

한빛아카데미 홈페이지 접속 → [도서명] 검색 → 도서 상세 페이지의 [부록 / 예제소스]

참고 문헌

- Norman S. Nise, 『Control Systems Engineering, 5th Ed.』, John Willey & Sons, inc., 2009
- Dennis G. Zill, Michael R. Cullen, 『Advanced Engineering Mathematics, 3rd Ed.』, Jones & Bartlett Publishers, 2006
- 김성중, 『핵심이 보이는 제어공학』, 한빛아카데미, 2014
- 검정연구회, 『전기기사필기』, 동일출판사, 2022

Contents

지은이 소개 2
지은이 머리말 3
미리보기 4
강의 보조 자료 및 참고 문헌 6

CHAPTER 01 자동제어시스템

SECTION 1.1 자동제어란? 14
SECTION 1.2 자동제어시스템의 구성 16
1 자동제어시스템의 기본 구성 16
2 개루프 제어시스템과 폐루프 제어시스템 17
3 폐루프 제어시스템의 감도 21
SECTION 1.3 자동제어시스템의 종류 24
1 선형제어시스템과 비선형제어시스템 24
2 시변제어시스템과 시불변제어시스템 25
3 서보기구 · 프로세스제어 · 자동조정 26
4 정치제어 · 추종제어 27
연습문제 28

CHAPTER 02 자동제어공학의 기초 수학

SECTION 2.1 복소함수 34
1 복소수 34
2 복소수의 사칙연산 36
3 복소함수 38

Contents

SECTION 2.2 라플라스 변환 ... 42

1 라플라스 변환 ... 42
2 라플라스 역변환 ... 44
3 라플라스 변환의 기본 정리 ... 48
4 단위계단함수 ... 52

SECTION 2.3 행렬 ... 56

1 행렬의 정의 ... 56
2 행렬의 종류 ... 56
3 행렬식 ... 57
4 역행렬 ... 58
5 행렬의 연산 ... 61

연습문제 ... 64

CHAPTER 03 자동제어시스템의 모델링

SECTION 3.1 전달함수 ... 70

SECTION 3.2 블록선도 ... 74

1 블록선도의 표기법 ... 74
2 블록선도의 등가변환 ... 76

SECTION 3.3 신호흐름선도 ... 80

1 신호흐름선도의 정의 ... 80
2 신호흐름선도의 주요 용어 ... 81
3 신호흐름선도의 기본 법칙 ... 83
4 메이슨의 이득공식 ... 85

SECTION 3.4 상태방정식 ... 88

SECTION 3.5 제어요소의 모델링 ········· 92

1 비례요소 ········· 92
2 미분요소 ········· 94
3 적분요소 ········· 96
4 1차앞선요소 ········· 97
5 1차지연요소 ········· 99
6 2차지연요소 ········· 101
7 낭비시간요소 ········· 103

SECTION 3.6 상태방정식과 전달함수의 관계 ········· 105

연습문제 ········· 108

CHAPTER 04 시간응답

SECTION 4.1 과도응답과 정상상태응답 ········· 120

SECTION 4.2 단위계단응답 ········· 125

1 단위계단응답의 개념 ········· 125
2 1차지연시스템의 단위계단응답 ········· 126
3 2차지연시스템의 단위계단응답 ········· 128

SECTION 4.3 부족제동 2차제어시스템 ········· 136

1 표준 2차제어시스템의 사양 ········· 136
2 감쇠비 및 고유주파수와 특성방정식의 근 ········· 142
3 특성방정식의 근의 위치와 단위계단응답의 특성 ········· 143
4 고차제어시스템의 시간응답 ········· 147
5 극점–영점 소거법 ········· 149

SECTION 4.4 상태방정식과 시간응답 ········· 152

연습문제 ········· 155

Contents

CHAPTER 05 안정도와 정상상태오차

SECTION 5.1 자동제어시스템의 안정도 ··· 162

SECTION 5.2 라우스-후르비츠 판별법 ··· 164

1 라우스 표를 만드는 방법 ··· 164
2 라우스 표에서 어떤 행 전체가 0이 되는 경우 ··· 169
3 시스템의 안정과 이득 K값 ··· 170
4 상태방정식으로 표시된 자동제어시스템의 안정도 판별법 ··· 172

SECTION 5.3 정상상태오차 ··· 175

1 정상상태오차의 정의 ··· 175
2 단위귀환 제어시스템의 정상상태오차 ··· 176
3 정상상태오차와 정상상태오차 상수 ··· 179

SECTION 5.4 자동제어시스템의 형 ··· 182

연습문제 ··· 185

CHAPTER 06 주파수응답

SECTION 6.1 주파수응답과 주파수 전달함수 ··· 194

1 진폭비와 위상차 ··· 194
2 주파수응답 ··· 196

SECTION 6.2 주파수응답 선도 ··· 199

1 보드선도 ··· 199
2 기본 제어요소의 보드선도 ··· 202
3 벡터궤적 ··· 207
4 이득 · 위상도 ··· 210

연습문제 ··· 217

CHAPTER 07 주파수응답과 시간응답

SECTION 7.1 나이퀴스트 판별법 ··· 226

1 특성식의 영점과 특성방정식의 근 ··· 226
2 영점 및 극점의 존재와 사상 ··· 227
3 나이퀴스트 판별법에 의한 안정도 판별 ··· 230
4 간략화된 나이퀴스트 판별법 ··· 236

SECTION 7.2 이득여유와 위상여유 ··· 239

1 이득여유와 위상여유의 정의 ··· 239
2 보드선도에 의한 안정도 및 이득여유와 위상여유 ··· 244

SECTION 7.3 주파수응답의 사양 ··· 246

1 첨두공진값과 공진주파수 ··· 246
2 대역폭 ··· 248

SECTION 7.4 주파수응답과 시간응답의 관계 ··· 250

1 첨두공진값과 감쇠비 ··· 250
2 대역폭과 시간응답 ··· 252
3 위상여유와 감쇠비 ··· 252

연습문제 ··· 256

Contents

CHAPTER 08 근궤적 기법

SECTION 8.1 근궤적의 정의 ······ 266

SECTION 8.2 근궤적의 성질과 근궤적 그리기 ······ 269

1 근궤적의 성질 ······ 269

2 근궤적 그리기 ······ 271

SECTION 8.3 근궤적을 이용한 제어기 설계 ······ 275

연습문제 ······ 278

찾아보기 ······ 284

CHAPTER 01

자동제어시스템

이 장에서는 자동제어의 정의와 역사를 살펴보고, 자동제어시스템의 기본 구성과 종류를 알아본다. 또한 자동제어시스템을 개루프 제어시스템과 폐루프 제어시스템으로 나누어 구조적인 차이를 살펴볼 것이다.

CONTENTS

SECTION 1.1 자동제어란?
SECTION 1.2 자동제어시스템의 구성
SECTION 1.3 자동제어시스템의 종류
연습문제

SECTION 1.1

자동제어란?

자동제어의 정의와 역사, 그리고 앞으로의 발전 방향을 살펴본다.

Keywords | 자동제어시스템 | 제어 | 자동제어 | 고전적 제어이론 | 현대 제어이론 |

인류는 항상 더 편리하고 효율적으로 일을 처리하는 방법을 찾아 발전해왔다. 이 과정에서 인간은 스스로 일을 처리하는 대신에, 시스템이 저절로 작동하여 요구한 일을 처리하는 **자동제어시스템**(automatic control system)을 개발하였다. 이때 **제어**(control)란 어떤 시스템이 목표한 동작을 제대로 수행하도록 시스템에 조작을 가하는 것을 말한다. 그리고 사람이 직접 조작하지 않아도 시스템이 자동으로 수행되는 것을 **자동제어**(automatic control)라고 한다.

자동제어의 역사를 살펴보면, 기원전 300년부터 [그림 1-1(a)]와 같이 물시계에서 물의 높이를 일정하게 유지하거나 기름등잔에서 기름을 일정한 높이로 유지하기 위해 부표(float)를 사용한 기록을 볼 수 있다. 그리고 1769년 영국에서 와트(James Watt)가 개발한 [그림 1-1(b)]와 같은 플라이볼 속도조정기(flyball governor)를 현대 자동제어시스템의 효시로 볼 수 있다.

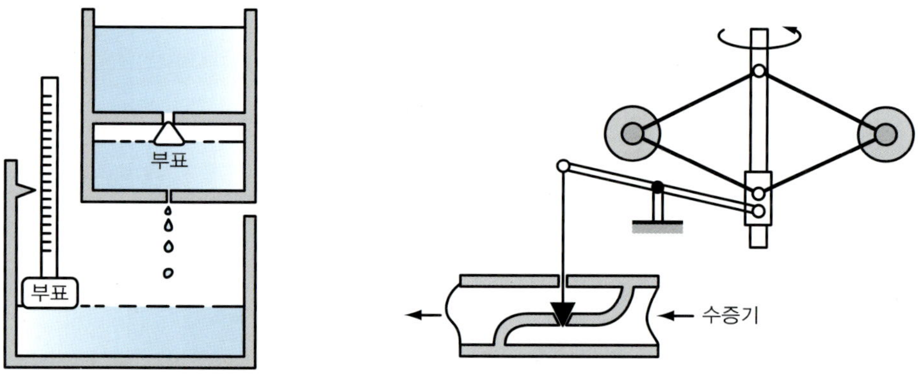

(a) 물시계 (b) 플라이볼 속도조정기

[그림 1-1] 자동제어시스템의 효시

자동제어의 이론이나 응용은 제2차 세계대전 동안 군사적인 요구에 의해 활발히 연구되었으며, 그 후 1940년대와 1950년대 초까지는 자동제어시스템을 해석하고 설계하는 데 전달함수를 이용하는 주파수영역 해석법과 근궤적법이 주로 사용되었다. 이처럼 전달함수를 이용하는 방법을 **고전적 제어이론**(classical control theory)이라고 한다.

고전적 제어이론은 선형시불변시스템(linear time invariant system)에서 입력과 출력이 하나(single input single output)인 경우를 해석하고 설계하는 데에는 어려움이 없으나, 비선형이거나 시변시스템의 경우 또는 입출력이 여러 개이거나 최적제어(optimal control)를 설계하는 경우에는 적용하기 어렵다는 단점이 있었다.

그리하여 1950년대에 전달함수 대신 상태방정식(일종의 1차 연립미분방정식)을 사용하는 시간영역 해석법이 소개되었다. 시간영역 해석법은 1960년대 인공위성을 비롯한 우주과학의 발달로 최적제어가 중요해지면서 더욱 활발히 연구되었고, 1980년대에 디지털 컴퓨터가 산업현장의 제어장치로 중추적인 역할을 하게 되면서 **현대 제어이론**(modern control theory)으로 인정받게 되었다.

최근에는 디지털 컴퓨터가 널리 보급되면서 제어이론도 변하고 있다. 앞으로는 인공지능을 기반으로 하는 지능제어(intelligent control)와 신경망제어(neural control), 시스템의 모델링이 필요 없는 퍼지제어(fuzzy control), 생물의 진화 과정을 모방한 유전자 알고리즘(genetic algorithm) 등이 제어이론에서 중요한 역할을 할 것으로 기대된다.

Q 주파수영역 해석법과 시간영역 해석법의 차이는 무엇일까?

A 자동제어시스템을 해석하고 설계할 때 전달함수를 이용하는 방법을 주파수영역 해석법(frequency domain analysis)이라고 하고, 상태방정식을 이용하는 방법을 시간영역 해석법(time domain analysis)이라고 한다.

SECTION 1.2

자동제어시스템의 구성

자동제어시스템의 기본 구성을 살펴보고, 개루프 제어시스템과 폐루프 제어시스템의 구조적인 차이와 이들의 장단점에 대해 알아본다.

Keywords | 제어대상 | 조작량 | 제어량 | 외란 | 제어요소 | 동작신호 | 조절부 | 조작부 | 개루프 제어시스템 | 폐루프 제어시스템 | 귀환 제어시스템 |

1 자동제어시스템의 기본 구성

자동제어시스템은 기본적으로 [그림 1-2]와 같이 입력과 출력으로 구성되며, 목표값을 입력으로 가하면 실제 출력값이 목표값과 같아지도록 조절한다. [그림 1-2]와 같이 어떤 제어시스템이나 제어대상을 직사각형의 블록(block)으로 나타내고, 입력이나 출력을 화살표로 표시한 것을 블록선도(block diagram)라고 한다.[1]

자동제어시스템에서 가장 기본이 되는 요소는 **제어대상**(controlled system, controlled process)이다. [그림 1-3]과 같이 제어대상에 가하는 입력을 **조작량**(manipulated variable)이라고 하고, 출력을 **제어량**(controlled variable)이라고 한다.

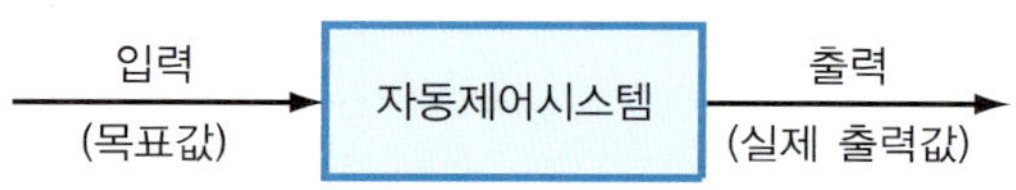

[그림 1-2] 자동제어시스템의 기본 구성

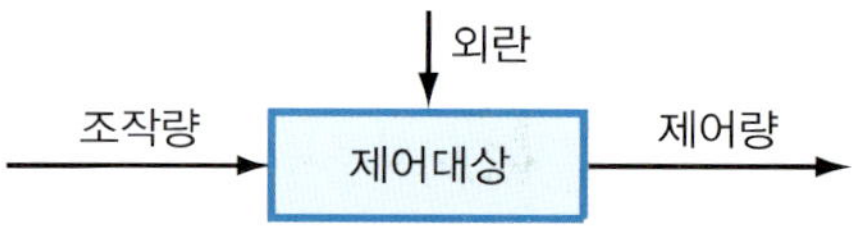

[그림 1-3] 조작량과 제어량

예를 들어, 어떤 방 안의 온도를 전열기로 제어하는 경우를 생각해보자. 이 경우 제어를 받는 방은 제어대상, 방 안의 온도는 제어량, 전열기에서 나오는 열은 조작량이라고 할 수 있다. 여기에서 우리가 하나 더 생각할 수 있는 요소는 방 밖의 공기 온도로, 외부의 공기 온도에 의해 방 안의 온도가 영향을 받는다. 이 외부의 온도 변화처럼 우리가 바라지 않은 입력을 **외란**(disturbance)이라고 하며, 외란은 우리가 인위적으로 제어할 수 없다.

[그림 1-4]와 같이 제어대상에 조작량을 제공하는 요소를 **제어요소**(control element)라고 하며, 제어요소에 가해지는 입력신호를 **동작신호**(actuating signal)라고 한다.

1 블록선도에 대한 자세한 내용은 3.2절에서 설명한다.

일반적으로 동작신호는 '제어대상의 출력(제어량)과 바라는 응답과의 차이'를 나타내는 경우가 많아 **제어편차**(controlled deviation)라고도 한다. 동작신호가 제어요소에 가해지면 제어요소에서 조작량을 만들어 제어대상을 제어한다.

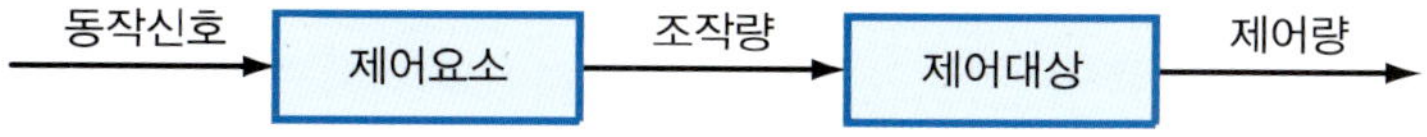

[그림 1-4] 제어요소와 제어대상

일반적으로 제어요소는 [그림 1-5]와 같이 **조절부**(controllering means)와 **조작부**(final control element)로 구성된다. 조절부는 **제어기**(controller)라고도 하며 동작신호를 받아 적당한 **제어입력**(control input)을 만들어낸다. 조작부는 **액추에이터**(actuator)라고도 하는데, 조절부에서 나온 신호를 증폭하여 제어대상을 제어하거나 전자밸브(electro-magnetic valve)와 같이 조절부에서 나온 신호로 제어대상을 직접 작동하기도 한다.

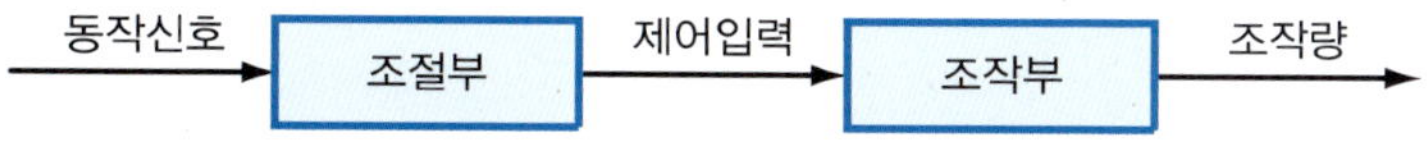

[그림 1-5] 조절부와 조작부

2 개루프 제어시스템과 폐루프 제어시스템

자동제어시스템은 크게 개루프 제어시스템과 폐루프 제어시스템으로 나눌 수 있다.

■ 개루프 제어시스템

일반적인 자동제어시스템에서는 제어대상의 출력이 바라는 응답과 일치하는지 실제 출력값을 점검하여 목표값과 비교하는 과정이 필요하나, 간단한 제어시스템에서는 이러한 비교 과정이 없는 경우도 있다. 이러한 제어시스템을 **개루프 제어시스템**(open-loop control system)이라고 하며, [그림 1-6]과 같이 구성된다.[2]

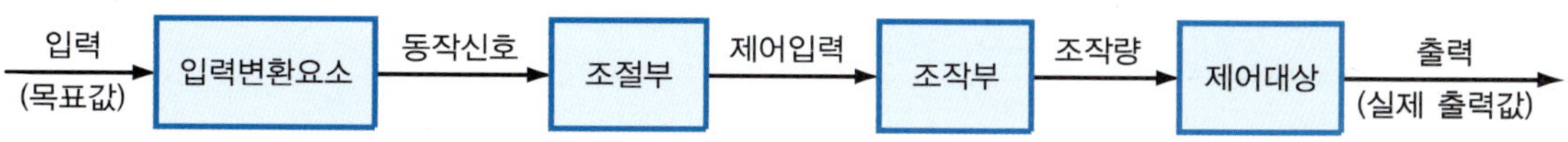

[그림 1-6] 개루프 제어시스템의 구성

2 개루프 제어시스템은 엄밀한 의미에서는 자동제어시스템이라고 말할 수 없다. 왜냐하면 어떤 정해진 작업을 인간을 대신하여 행할 뿐 그 결과를 점검하여 수정하는 장치가 없기 때문이다.

개루프 제어시스템의 예로, 전열기를 사용하여 방 안의 온도를 제어하는 경우를 다시 생각해보자. 방 안의 온도를 18°C로 유지하기 위해 1[kW]의 전열기를 30분 동안은 ON되고 10분 동안은 OFF되도록 조절했다면, 이 전열기는 밖의 온도에 관계없이 항상 정해진 시간에 맞춰 ON-OFF 동작을 반복할 것이다(ON-OFF 제어).

그런데 밖의 온도가 매우 높아지거나 낮아지면 방 안 온도를 18°C로 유지하기 어려울 것이다. 이 제어시스템이 진정한 자동제어시스템이 되려면, 방 안 온도를 항상 점검(측정)하여 18°C보다 높으면 전열기를 OFF시키고 18°C보다 낮으면 ON시키는, 즉 실제 출력값과 목표값을 비교하는 장치가 있어야 한다.

개루프 제어시스템은 주어진 주변 조건에 변화가 없을 때, 즉 외란이 없으면 목표값을 얻을 수 있지만 외란이 있으면 목표값을 얻을 수 없다는 단점이 있다. 그러나 제어장치가 간단하고, 고장이 적으며, 가격이 저렴하고, 시스템이 안정하다는 장점이 있다.

예제 1-1

우리 주변에서 볼 수 있는 개루프 제어시스템의 예를 5개만 나열하라.

풀이

교통신호기, 자동세탁기, 자동판매기, 네온사인(광고), 난방용 가스보일러(시간 예약방식) 등이 있다.

예제 1-2

자동변압기(auto-transformer)로 전열기의 전압을 조절하여 방 안의 온도를 조절하는 개루프 제어시스템의 블록선도를 그려라.

풀이

목표값인 방 안의 온도가 입력되고, 입력을 받아 자동변압기를 통해 원하는 방 안의 온도에 비례하는 전압을 만들어 전열기에 동작신호로 인가한다. 이때 자동변압기가 입력변환요소의 역할을 한다. 인가된 전압에 의해 전열기는 열을 발생시켜 제어대상인 방의 온도를 높인다. 여기서 방 안의 온도가 제어량이 된다. 이를 블록선도로 나타내면 [그림 1-7]과 같다.

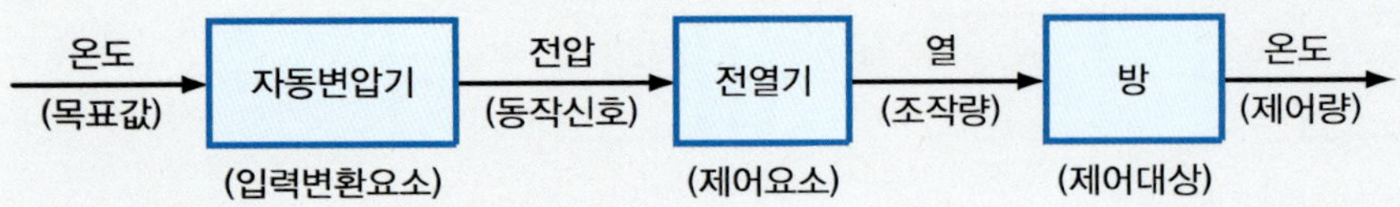

[그림 1-7] 방 안의 온도 제어시스템

■ 폐루프 제어시스템

제어시스템을 좀 더 정확하게 제어하기 위해서는 시스템의 실제 출력값과 목표값이 일치하는지를 항상 비교하고, 만약 일치하지 않을 때에는 그 오차에 비례하는 동작신호를 시스템에 다시 보내 출력값을 수정해야 한다. 이러한 **귀환경로**(feedback path)가 있는 제어시스템을 **폐루프 제어시스템**(closed-loop control system) 또는 **귀환 제어시스템**(feedback control system)이라고 한다.

일반적으로 자동제어시스템이라고 하면 폐루프 제어시스템을 말한다. 폐루프 제어시스템은 [그림 1-8]과 같이 구성되며, 각 구성요소를 정리하면 [표 1-1]과 같다.

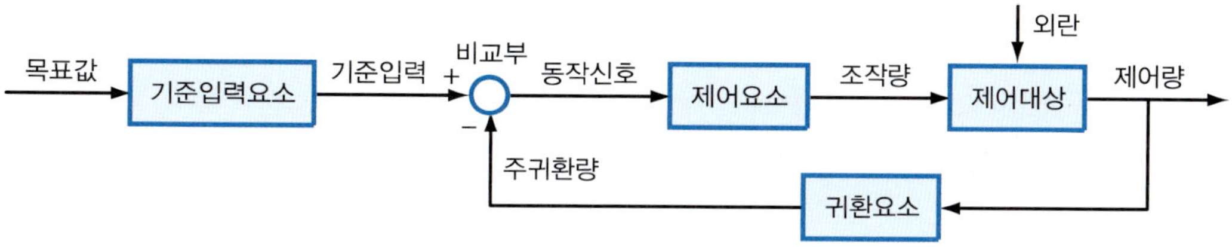

[그림 1-8] 폐루프 제어시스템의 구성

[표 1-1] 폐루프 제어시스템의 구성요소

구성요소	설명
목표값(desired value)	제어량이 목표로 하는 값으로 사용자가 정해야 한다. 시간에 따라 변하지 않는 일정한 값일 때는 설정값(setpoint)이라고도 한다.
기준입력요소(reference input element)	목표값에 비례하는 기준입력을 발생시키는 요소로 설정부라고도 한다.
기준입력(reference input)	실제 자동제어시스템을 동작시키는 기준신호로, 목표값에 비례하는 전압이나 길이, 높이 등인 경우가 많다.
비교부(summing junction)	기준입력과 주귀환량을 비교하여 얼마의 오차가 있는지 파악하는 장치이다.
주귀환량(primary feedback signal)	제어량이 귀환요소에 의해 변화된 신호로, 기준입력과 같은 종류의 물리량이어야 한다.
동작신호(actuating signal)	기준입력과 주귀환량의 차로 제어동작을 일으키는 가장 기본적인 신호이다. 제어편차라고도 한다.
제어요소(control element)	동작신호에 따라 제어대상을 제어하기 위한 조작량을 만들어내는 장치로서 조절부와 조작부로 나뉜다.
조작량(manipulated variable)	제어대상의 제어량을 적당히 제어하기 위해 제어요소에서 만들어내는 출력이다.
제어대상(controlled system)	자동제어시스템에서 직접 제어를 받는 대상이다.
외란(disturbance)	제어량의 값을 변화시키는 외부의 (바람직하지 않은) 신호이다.
제어량(controlled variable)	제어대상의 출력으로, 자동제어시스템의 목적은 이 제어량이 목표값과 같아지는 것이다.
귀환요소(feedback element)	제어량이 목표값과 일치하는지를 알기 위해 제어량을 귀환시키는 장치로, 센서나 측정장치(measurement) 등을 이용한다.

폐루프 제어시스템의 예로, [그림 1-9]와 같이 방 안의 온도를 조절하는 자동온도조절 제어시스템을 생각해보자. 이 시스템의 제어대상은 방이며, 제어량은 방 안의 온도이다. 또한 이 시스템의 목표값은 30°C로, 이 목표값을 기준입력요소인 전위차계(potentiometer)[3]를 통해 기준입력 3[V]의 전압으로 바꾸고, 현재 방 안 온도, 즉 제어량 28°C를 귀환요소에 해당하는 열전대(thermocouple)로 측정하여 기준입력과 비교한다. 제어편차, 즉 동작신호 0.2[V]를 전압증폭기로 증폭하여 전압 200[V]로 만든다. 이를 다시 전력증폭시켜, 즉 내부저항이 0인 전압 200[V]로 만들어 전열기에 인가한다.

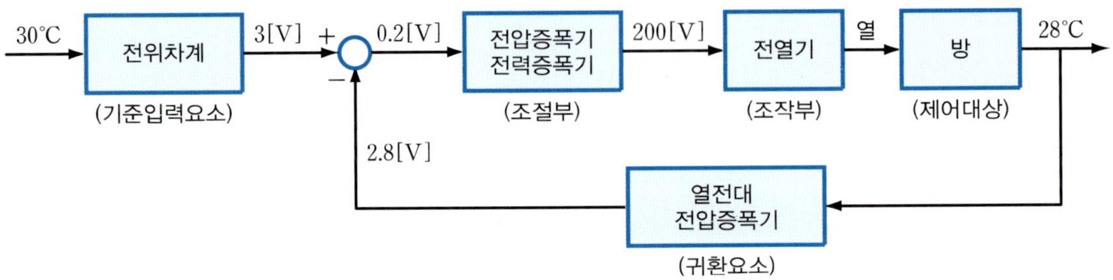

[그림 1-9] 자동온도조절 제어시스템

전열기는 열을 발생시켜 방 안의 온도를 높이고, 이 동작은 방 안의 온도가 목표값에 도달할 때까지 반복된다. 제어량, 즉 방 안의 온도가 목표값에 도달하면 제어편차가 0이 되어 전열기는 더 이상 열을 발생시키지 않는다. 여기에서 전압증폭기와 전력증폭기는 제어요소의 조절부에 해당되고 전열기는 제어요소의 조작부에 해당되며, 이 전열기에서 발생하는 열은 조작량이 된다.

일반적으로 전압증폭기는 큰 전압증폭도를 갖기 위해 대단히 큰 값의 출력저항을 사용하기 때문에 높은 출력전압을 만들었다고 하더라도 내부저항이 대단히 큰 전원과 같아서 부하에 연결했을 때 전류가 거의 흐르지 않는다. 따라서 전력증폭기(power amplifier), 즉 입력저항은 무한대이고 출력저항은 0이며 증폭도는 1인 버퍼(buffer)를 사용하여 전력증폭시킨 후에, 다시 말해서 내부저항이 0인 전원으로 만든 다음 부하(load)에 인가해야 한다.

3 [그림 3-32]를 참조하라.

폐루프 제어시스템은 개루프 제어시스템과 비교하여 다음과 같은 장점과 단점이 있다.

■ 장점

- 제어시스템의 과도응답(transient response)을 조절할 수 있다.
- 외란의 영향을 줄일 수 있다.
- 정상상태오차(steady-state error)를 줄일 수 있다.
- 내부 파라미터의 변화에 대한 제어시스템의 감도(sensitivity)[4]를 줄일 수 있다.

■ 단점

- 제어시스템의 구성이 복잡하고 비싸다.
- 입력에 대한 출력의 이득(gain)이 감소한다.
- 제어시스템이 불안정해질 수 있다.

3 폐루프 제어시스템의 감도

일반적으로 출력을 입력측에 귀환시키면 제어시스템이 불안정해지거나 이득이 감소하는 등의 결점이 있다. 그럼에도 고급 정밀 제어시스템에서 귀환을 사용하는 이유는 무엇일까? 이를 이해하기 위해 [그림 1-10]과 같은 간단한 계측시스템을 생각해보자.

[그림 1-10] 증폭도가 1인 증폭기

증폭도가 1인 시스템에 100[V]의 입력을 가하면 출력이 정확하게 100[V]가 나올 것이다. 이 계측시스템은 입력이 정확하게 출력으로 나타나기 때문에 언뜻 보기에는 바람직한 시스템인 것 같지만, 주변의 온도 변화에 의해 증폭도가 20% 만 증가해도 출력은 100[V]가 아닌 120[V]가 되어 계측기로써 전혀 쓸모가 없게 된다.

---

4 k의 변화에 대한 M의 감도는 $S_K^M = \dfrac{\%\ M\text{의 변화}}{\%\ K\text{의 변화}}$ 로 구한다.

이제 증폭기의 출력을 입력측에 귀환시킨 [그림 1-11]과 같은 귀환 제어시스템을 생각해보자.

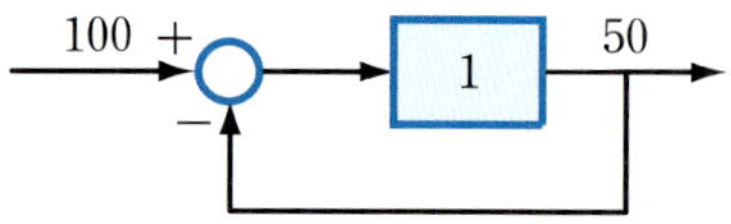

[그림 1-11] 증폭도가 1인 증폭기의 귀환 제어시스템

[그림 1-11]과 같이 음(−)의 피드백을 걸면 전체 증폭도는 $\frac{1}{2}$로 감소하고 출력은 50[V]가 된다. 그러나 이 귀환 제어시스템에서 [그림 1-12]와 같이 증폭기의 증폭도를 1000으로 증가시키면 전체 증폭도[5]는 다음과 같이 되어, 출력은 99.9[V]가 된다.

$$\frac{1000}{1+1000} \fallingdotseq 0.99900$$

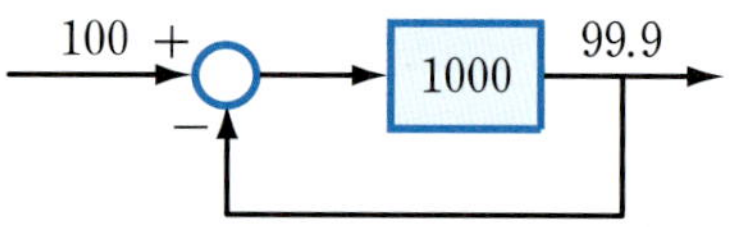

[그림 1-12] 증폭도가 1000인 증폭기의 귀환 제어시스템

이때 0.1%의 오차가 발생하므로 만족스럽지 못한 것 같으나, 주변의 온도가 상승해 증폭기의 증폭도가 20% 증가하여 1200이 되더라도 전체 증폭도는

$$\frac{1200}{1+1200} \fallingdotseq 0.99917$$

이 되어, 출력은 99.917[V]가 된다. 따라서 증폭도가 20% 증가해도 출력이 거의 변하지 않는 것을 알 수 있다. 특히 증폭도가 50,000 ~ 200,000인 연산증폭기를 사용하면 주변의 온도 변화에 영향을 받지 않으면서 전체 증폭도가 1인 계측기를 만들 수 있다.

5 전체 증폭도는 증폭도 K에 대해 $\frac{K}{1+K}$로 구한다.

예제 1-3

[그림 1-13]은 보일러의 수위를 항상 일정하게 자동으로 조절하는 장치의 개념도이다. 수위가 목표값보다 낮으면 급수관의 밸브를 더 많이 열어 물의 유입량을 증가시키고, 수위가 목표값보다 높으면 밸브를 더 적게 열어 물의 유입량을 감소시킨다. 밸브의 개폐는 직류모터를 이용한다. 직류모터에 양(+)의 전압을 가하면 모터가 왼쪽으로 회전하여 밸브가 더 많이 열리고, 음(−)의 전압을 가하면 모터가 오른쪽으로 회전하여 밸브를 닫는다. 직류모터의 회전속도는 인가되는 전압의 크기에 비례한다. 이때 보일러의 수위조절장치를 폐루프 제어시스템의 구성으로 나타내라.

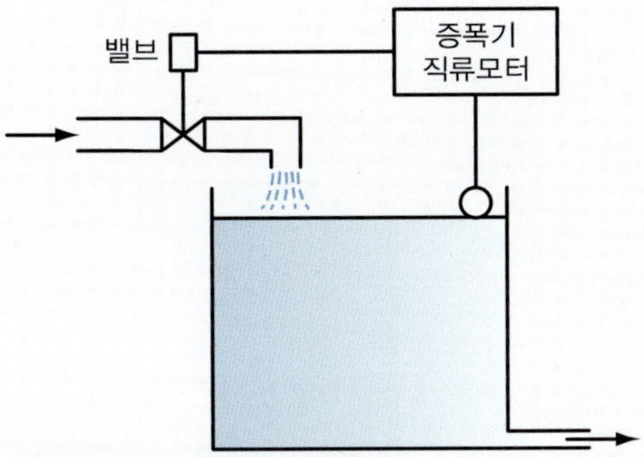

[그림 1-13] 보일러의 수위조절장치

풀이

원하는 수위를 목표값으로 정하고, 기준입력요소인 전위차계에 가하여 목표값을 전압으로 바꾼다. 그리고 부표를 이용하여 측정한 탱크의 수위에 비례하는 출력전압을 전위차계로 만들어 기준입력전압과 비교하고, 그 값이 일치할 때까지 수위조절을 계속한다. 이를 [그림 1-8]과 같이 폐루프 시스템의 구성으로 나타내면 [그림 1-14]와 같다. 그림에서 전압증폭기와 직류모터는 조절부에 해당하고, 밸브는 조작부에 해당한다.

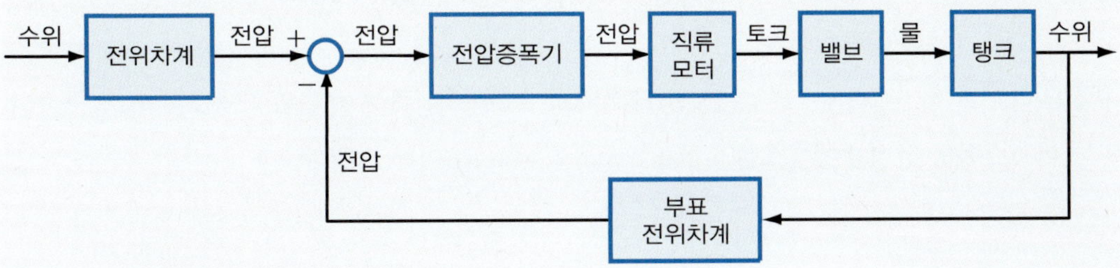

[그림 1-14] 보일러의 수위조절장치 구성

SECTION
1.3 자동제어시스템의 종류

이 절에서는 선형성, 시변성, 제어량의 종류, 목표값의 변화에 따른 자동제어시스템의 종류를 살펴본다.

Keywords | 선형제어시스템 | 비선형제어시스템 | 시변제어시스템 | 시불변제어시스템 | 서보기구 | 프로세스제어 | 자동조정 | 정치제어 | 추종제어 |

자동제어시스템의 종류는 크게 [표 1-2]와 같이 분류할 수 있다.

[표 1-2] 자동제어시스템의 종류

분류	종류	설명
선형성	선형제어시스템 비선형제어시스템	중첩의 원리 성립 중첩의 원리 불성립
시변성	시변제어시스템 시불변제어시스템	매개변수가 시간함수 매개변수가 상수
제어량의 종류	서보기구 프로세스제어 자동조정	기계적량 화학적량 기계·전기적량
목표값의 변화	정치제어 추종제어	목표값 일정 목표값 수시로 변함

1 선형제어시스템과 비선형제어시스템

선형제어시스템은 **비례성**(proportionality)과 **중첩의 원리**(principle of superposition)가 성립하는 시스템이다. [그림 1-15(a)]와 같이 입력 x를 가했을 때 출력 y가 나오고, 입력 u를 가했을 때 출력 v가 나오는 시스템에 [그림 1-15(b)]처럼 $kx+nu$의 입력을 가했을 때 $ky+nv$의 출력이 나오는 제어시스템을 **선형제어시스템**(linear control system)이라고 한다.

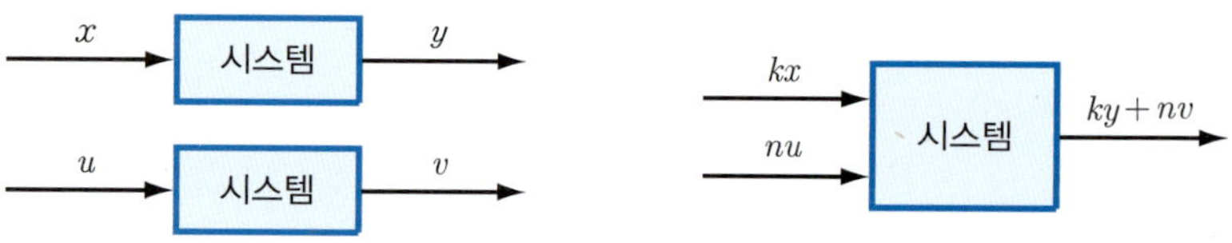

(a) 입력-출력 (b) 비례성과 중첩의 원리

[그림 1-15] 선형제어시스템의 개념

반면에, 비례성이나 중첩의 원리가 성립하지 않는 제어시스템을 **비선형제어시스템**(nonlinear control system)이라고 한다. 선형제어시스템에서 입력 $x(t)$와 출력 $y(t)$는 다음과 같이 간단한 수식으로 표시된다.

$$y(t) = Kx(t) \tag{1.1}$$

식 (1.1)에서 K는 $x(t)$의 함수가 아니다. 그러나 만일 식 (1.2)와 같이 K가 $x(t)$의 함수이면, 즉 입력 $x(t)$의 값에 따라 K값의 크기가 달라지면 이 시스템은 비선형이라고 한다.

$$y(t) = K(x)\,x(t) \tag{1.2}$$

다시 말해, K가 입력 $x(t)$의 함수이면 비선형제어시스템, $x(t)$의 함수가 아니면 선형제어시스템이라고 정의한다.

Q **현실적으로 선형제어시스템이 존재할까?**

A 실제 물리계에서 선형제어시스템은 거의 존재하지 않는다. 그러나 비선형제어시스템은 수학적으로 다루기 어렵고, 그 시스템을 모델링한 미분방정식의 해를 구하는 일반화된 방법이 없으므로 비선형제어시스템을 선형으로 근사화한다. 이를 비선형제어시스템의 **선형화**(linearization)라고 한다.

2 시변제어시스템과 시불변제어시스템

제어시스템의 파라미터(parameter)가 시간에 따라 수시로 변하는 제어시스템을 **시변제어시스템**(time-varying control system)이라고 한다. 그리고 시간에 따라 변하지 않고 항상 일정한 제어시스템을 **시불변제어시스템**(time-invariant control system)이라고 한다. 시변제어시스템을 간단하게 수식으로 표현하면 다음과 같다.

$$y(t) = K(t)\,x(t) \tag{1.3}$$

이때 매개변수 K값이 시간에 따라 변하면, 즉 시간함수이면 시변제어시스템이고, 시간에 따라 변하지 않으면 시불변제어시스템이다. 앞에서 살펴본 선형성과 연계하여 입출력 관계를 식으로 표현하면 다음과 같다.

$$y(t) = K[t,\ x(t)]\,x(t) \tag{1.4}$$

또는 간단히 다음과 같이 나타낼 수 있다.

$$y(t) = K(t,\ x)x(t) \tag{1.5}$$

식 (1.3)과 같이 K값이 시간에 따라 변하고 입력 x값에 따라서는 변하지 않으면, 이 시스템을 **선형시변시스템**(linear time-varying system)이라고 한다. 그러나 식 (1.5)와 같이 K값이 시간에 따라 변할 뿐만 아니라 입력 x값에 따라서도 변하면, 즉 t와 x의 함수이면 이 시스템은 **비선형시변시스템**(nonlinear time-varying system)이라고 한다. 또한 K값이 식 (1.2)와 같이 x만의 함수이면 **비선형시불변시스템**(nonlinear time-invariant system)이라고 하고, K값이 식 (1.1)과 같이 시간 함수도 아니고 입력 x의 함수도 아닌 상수이면 **선형시불변시스템**(linear time-invariant system)이라고 한다.

3 서보기구 · 프로세스제어 · 자동조정

서보기구(servomechanism)는 기계적 위치, 속도, 가속도, 방향, 자세 등을 제어량으로 하는 제어시스템이다. 보통 수시로 변하는 목표값의 변화에 항상 추종하는 것을 목적으로 한다. 선박이나 비행기의 자동조타장치(auto pilot), 공업용 로봇 제어, 자동 평형기록계 등에서 사용한다. 서보기구는 제어량에 따라 직접적으로 위치제어, 속도제어, 가속도제어라고도 한다.

프로세스제어(process control)는 온도, 유량, 압력, 레벨(level), 농도, 습도, 비중, pH 등을 제어량으로 하는 제어시스템이다. 일용품 등을 제조하는 가공공업과 화학공업, 석유공업, 식품공업 등에서 주로 사용한다. 보통 프로세스제어는 목표값이 일정하게 정해져 있어 자주 변하지 않는다.

자동조정(automatic regulation)은 속도, 회전력, 전압, 주파수, 역률 등 기계적 또는 전기적량을 제어량으로 하는 제어시스템이다. 전력계통의 역률 및 전압제어, 발전기의 주파수제어, 원동기의 속도제어 등에서 사용한다. 자동조정은 일반적으로 목표값이 항상 일정하게 고정되어 있어 제어량이 이 일정한 값을 항상 유지하도록 한다.

4 정치제어 · 추종제어

목표값이 시간적으로 변하지 않고 일정한 제어를 **정치제어**(constant value control)라고 하며, 자동조정이나 프로세스제어는 주로 정치제어이다. 반면에, 서보기구와 같이 목표값이 시간에 따라 변하고 제어량을 변하는 목표값에 추종하도록 하는 제어는 **추종제어**(follow-up control)라고 한다.

Q **서보모터(servo motor)는 무엇일까?**

A 추종제어에 적합하도록, 즉 같은 질량이어도 관성모멘트가 작도록 설계한 모터(전동기)를 말한다. 반지름이 R이고 질량이 M인 원주형 물체의 관성모멘트(inertia moment) I는 다음과 같다.

$$I = \frac{1}{2}MR^2$$

따라서 같은 질량을 갖는 원주형 물체라도 반지름이 작으면 관성모멘트가 작다.

CHAPTER

01 연습문제

1.1 기준입력과 주귀환량과의 차로서, 제어시스템의 동작을 일으키는 원인이 되는 신호는?

㉮ 기준입력신호 ㉯ 제어량 ㉰ 조작신호 ㉱ 동작신호

1.2 동작신호를 조작량으로 변화시키는 것은?

㉮ 기준입력요소 ㉯ 귀환요소 ㉰ 제어요소 ㉱ 센서

1.3 자동제어시스템의 기준입력요소로 주로 사용되는 것은?

㉮ 차동증폭기 ㉯ 솔레노이드 ㉰ 바이메탈 ㉱ 전위차계

1.4 자동제어시스템에서 조절부와 조작부로 이루어진 요소는?

㉮ 제어요소 ㉯ 액추에이터 ㉰ 기준입력요소 ㉱ 귀환요소

1.5 개루프 제어시스템과 폐루프 제어시스템을 구분하는 기준은?

㉮ 귀환요소 ㉯ 제어량 ㉰ 제어대상 ㉱ 목표값

1.6 보일러의 온도를 90°C로 유지하는 폐루프 제어시스템에서 온도를 측정하는 열전대는?

㉮ 제어요소 ㉯ 기준입력요소 ㉰ 귀환요소 ㉱ 제어대상

1.7 모터 제어시스템은 인가전압을 조정하여 모터의 회전속도를 제어한다. 이때 회전속도는?

㉮ 제어량 ㉯ 기준입력요소 ㉰ 제어대상 ㉱ 귀환요소

1.8 수조의 물 높이를 일정하게 유지하는 폐루프 제어시스템에서 수조는?

㉮ 기준입력 ㉯ 동작신호 ㉰ 제어대상 ㉱ 제어량

1.9 제어대상에 대한 외란이 전혀 없는 경우에 주로 사용되는 제어시스템은?

㉮ 추종제어 ㉯ 개루프 제어시스템

㉰ 폐루프 제어시스템 ㉱ 자동조정

1.10 다음 그림에서 ❶번 요소의 이름과 ❷번 신호의 이름을 차례로 알맞게 표시한 것은?

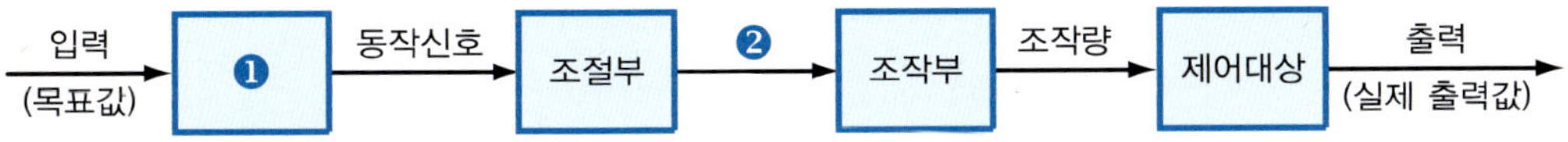

㉮ 입력변환요소, 제어입력 ㉯ 기준입력요소, 제어량

㉰ 제어요소, 제어편차 ㉱ 전위차계, 제어량

1.11 다음 그림과 같은 폐루프 제어시스템에서 ❶, ❷, ❸번 요소를 차례로 알맞게 표시한 것은?

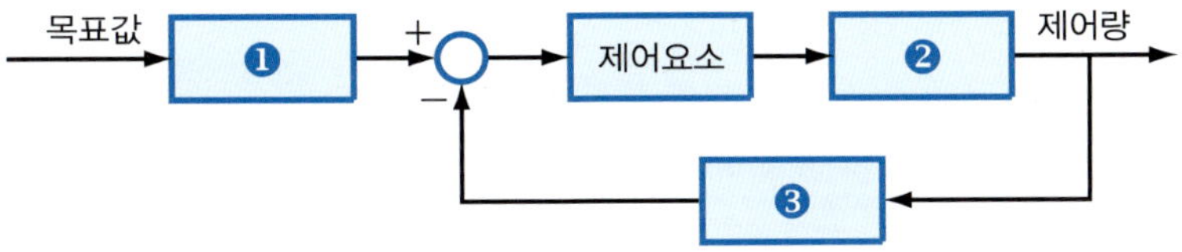

㉮ 기준입력요소, 제어대상, 귀환요소 ㉯ 증폭요소, 출력요소, 측정요소

㉰ 기준입력요소, 출력요소, 기록요소 ㉱ 전위차계, 출력요소, 기록전송요소

1.12 개루프 제어시스템과 비교하여 폐루프 제어시스템의 장점이 아닌 것은?

㉮ 외란의 영향을 줄일 수 있다. ㉯ 정상상태오차를 줄일 수 있다.

㉰ 과도응답을 개선할 수 있다. ㉱ 시스템이 안정해진다.

1.13 폐루프 제어시스템의 특징으로 틀린 것은?

㉮ 발진을 일으켜 불안정한 상태가 될 수 있다.

㉯ 정확성이 증가한다.

㉰ 시스템의 특성 변화에 대한 입력 대 출력비의 감도가 증가한다.

㉱ 입력에 대한 출력의 이득이 감소한다.

1.14 개루프 제어시스템에는 없어도 폐루프 제어시스템에는 반드시 필요한 장치는?

㉮ 입력과 출력의 비교장치 ㉯ 동작신호의 증폭장치
㉰ 기준입력변환장치 ㉱ 출력표시 및 기록장치

1.15 다음 그림에서 ❶, ❷번 신호의 이름을 차례로 알맞게 표시한 것은?

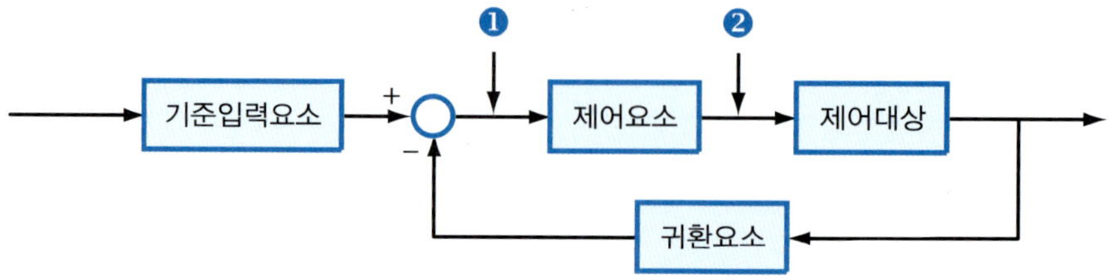

㉮ 조작량, 제어량 ㉯ 제어편차, 귀환량
㉰ 기준입력, 출력 ㉱ 동작신호, 조작량

1.16 자동제어시스템을 목표값의 변화에 의해 분류한 것은?

㉮ 추종제어 ㉯ 서보기구
㉰ 프로세스제어 ㉱ 자동조정

1.17 다음의 제어량 중에서 일반적으로 추종제어에 속하지 않는 것은?

㉮ 위치 ㉯ 유량 ㉰ 자세 ㉱ 방위

1.18 자동제어시스템에서 온도, 압력, 유량, 농도, pH 등을 제어량으로 하는 제어는?

㉮ 서보기구 ㉯ 프로세스제어
㉰ 자동조정 ㉱ 프로그램제어

1.19 서보기구에서 주로 제어하는 제어량은?

㉮ 주파수, 전압, 전류 ㉯ 중량, 혼합비율, 농도
㉰ 방향, 속도, 위치 ㉱ 높이, 압력, 온도

1.20 제어량을 어떤 일정한 목표값으로 유지하는 것을 목적으로 하는 제어는?

㉮ 비례제어　　㉯ 프로그램제어
㉰ 추종제어　　㉱ 정치제어

1.21 정치제어와 관계가 없는 것은?

㉮ 프로세스제어　　㉯ 서보기구
㉰ 자동조정　　㉱ 조속기

1.22 목표값이 자주 바뀌는 추종제어에 사용하기 좋은 전동기는?

㉮ 서보모터　　㉯ 3상유도전동기
㉰ 직류직권모터　　㉱ 직류분권모터

1.23 제어량에 따라 자동제어시스템을 분류한 것이 아닌 것은?

㉮ 서보기구　　㉯ 비선형제어시스템
㉰ 자동조정　　㉱ 프로세스제어

1.24 선형제어시스템과 비선형제어시스템을 구분하는 요소는?

㉮ 시변성　　㉯ 비례성　　㉰ 입력　　㉱ 안전성

1.25 중첩의 원리가 성립하지 않는 시스템은?

㉮ 시변제어시스템　　㉯ 시불변제어시스템
㉰ 비선형제어시스템　　㉱ 정치제어시스템

1.26 $x(t)$를 입력, $y(t)$를 출력으로 하는 자동제어시스템에서 입출력 관계가 $y(t)=5x(t)+10$으로 표시될 때, 이 시스템은 어떤 시스템인가?

㉮ 비례제어시스템　　㉯ 시변제어시스템
㉰ 비선형제어시스템　　㉱ 선형제어시스템

1.27 다음 그림에서 선형제어시스템을 모두 고르면?

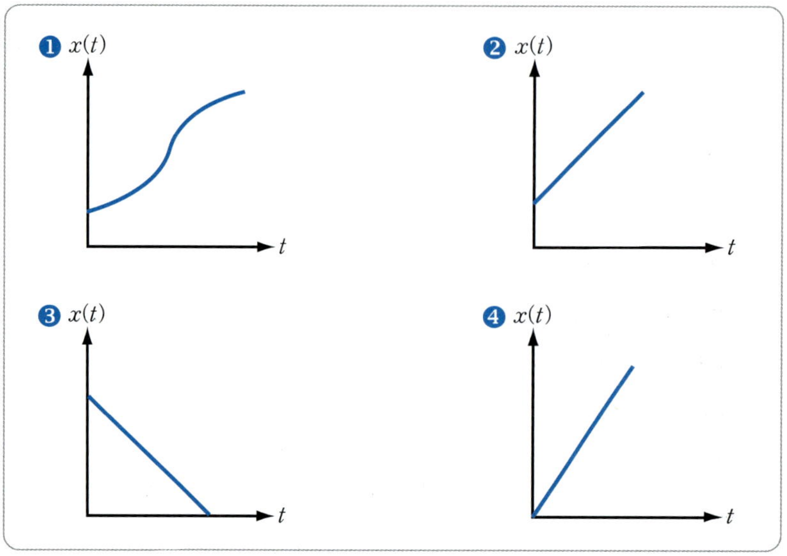

㉮ ❶ ㉯ ❷, ❹ ㉰ ❸ ㉱ ❹

1.28 시변제어시스템은 무엇이 시간에 따라 변하는 시스템인가?

㉮ 시스템의 목표값 ㉯ 시스템의 동작신호

㉰ 시스템의 파라미터 ㉱ 시스템의 제어량

CHAPTER

02

자동제어공학의 기초 수학

자동제어시스템을 잘 해석하고 설계하기 위해서는 수학적인 기초 지식이 필요하다. 특히 복소수, 미분방정식, 라플라스 변환, 선형대수학 등의 수학 이론을 모두 알고 있으면 좋으나, 이들을 모두 다루기에는 범위가 너무 넓다. 따라서 이 장에서는 자동제어시스템을 이해하는 데 꼭 필요한 복소수와 복소함수, 라플라스 변환, 그리고 행렬에 대해 간단히 살펴본다.

CONTENTS

SECTION 2.1 복소함수

SECTION 2.2 라플라스 변환

SECTION 2.3 행렬

연습문제

SECTION 2.1

복소함수

자동제어시스템을 주파수에 대해 해석하거나 특성방정식의 근을 구할 때 필요한 복소수와 복소함수에 대해 살펴본다.

Keywords | 복소수 | 복소평면 | 복소함수 | 극점 | 영점 |

1 복소수

복소수(complex number)는 실수와 허수의 합으로 구성된 수를 말한다. 복소수 P는 α, β가 실수이고 $j=\sqrt{-1}$ 이 허수 단위일 때, 다음과 같이 나타낸다.

$$P = \alpha + j\beta \tag{2.1}$$

이때 α를 실수부, β를 허수부라고 한다. 복소수는 [그림 2-1]과 같이 좌표계에서 벡터로 나타낼 수 있다. 이때 x축을 **실수축**(real axis), y축을 **허수축**(imaginary axis)이라고 하고, 이 직교좌표계를 **복소평면**(complex plane)이라고 한다.

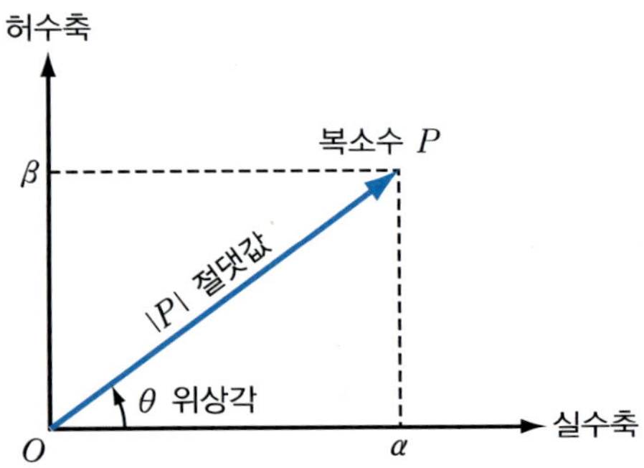

[그림 2-1] 복소수의 벡터 표기

[그림 2-1]에서 벡터 $\overrightarrow{OP}$ 의 길이를 복소수 P의 **절댓값**(absolute value)이라고 하고, 실수축과 벡터 $\overrightarrow{OP}$가 이루는 각 θ를 복소수 P의 **위상각**(phase angle) 또는 **편각**(argument)이라고 한다. 이들 사이에는 다음과 같은 관계식이 성립한다.

$$|P| = \sqrt{\alpha^2 + \beta^2} \tag{2.2}$$

$$\theta = \tan^{-1}\left(\frac{\beta}{\alpha}\right) \tag{2.3}$$

$$\alpha = |P|\cos\theta \tag{2.4}$$

$$\beta = |P|\sin\theta \tag{2.5}$$

따라서 복소평면에서 복소수 P의 좌표는 $P(\alpha, \beta)$가 된다. 이로부터 복소수 P는 다음과 같이 나타낼 수 있다.

★ 복소수의 표현 ★

$$P = \alpha + j\beta \tag{2.6}$$

$$= |P| \angle\theta \tag{2.7}$$

$$= |P|\, e^{j\theta} \tag{2.8}$$

이때 식 (2.6)을 **직교좌표식**(rectangular form), 식 (2.7)을 **극좌표식**(polar form), 식 (2.8)[1]을 **지수식**(exponential form)이라고 한다.

예제 2-1

[그림 2-2]와 같은 복소수 P를 직교좌표식, 극좌표식, 지수식으로 표현하라.

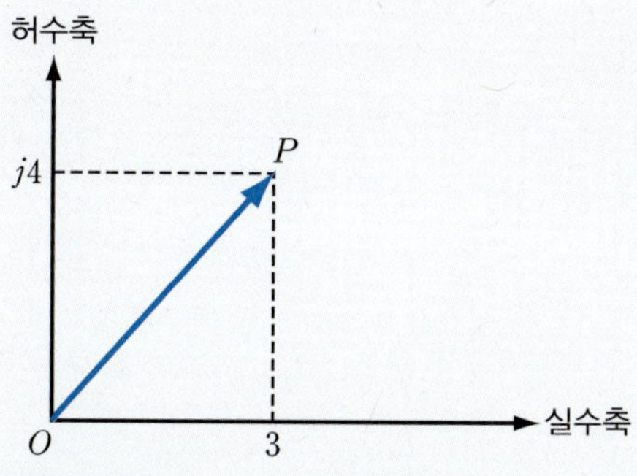

[그림 2-2] [예제 2-1]의 복소수 P

풀이

$\theta = \tan^{-1}\left(\dfrac{4}{3}\right) = 53.13°$ 이므로 복소수 P를 직교좌표식, 극좌표식, 지수식으로 각각 나타내면 다음과 같다.

$$P = 3 + j4$$

$$= 5\angle 53.13°$$

$$= 5\,e^{j53.13°}$$

1 오일러 공식 $e^{j\theta} = \cos\theta + j\sin\theta$를 이용하여 나타낸 것이다.

2 복소수의 사칙연산

복소수의 사칙연산(덧셈, 뺄셈, 곱셈, 나눗셈)은 실수의 사칙연산과는 다르게 실수부와 허수부를 구분한다. 복소수의 덧셈과 뺄셈은 실수부는 실수부끼리, 허수부는 허수부끼리 더하고 빼면 되므로 간단하나, 곱셈과 나눗셈은 조금 복잡하다. 여기에서는 복소수의 곱셈과 나눗셈에 대해 좀 더 자세히 살펴보자.

[그림 2-3]과 같은 복소수 P와 Q의 곱셈과 나눗셈을 구해보자.

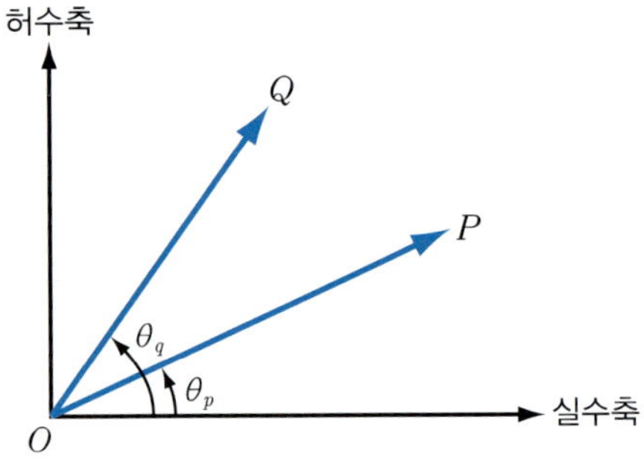

[그림 2-3] 복소수 P와 Q

[그림 2-3]의 복소수 P와 Q를 지수식으로 나타내면 다음과 같다.

$$P = |P| e^{j\theta_p}, \quad Q = |Q| e^{j\theta_q}$$

그러면 복소수 P와 Q의 곱셈은 다음과 같이 구할 수 있다.

$$P \times Q = |P| e^{j\theta_p} \times |Q| e^{j\theta_q} = |P||Q| e^{j\theta_p} \times e^{j\theta_q} = |P||Q| e^{j(\theta_p + \theta_q)} \tag{2.9}$$

또한 복소수 P와 Q의 나눗셈은 다음과 같이 구할 수 있다.

$$P \div Q = |P| e^{j\theta_p} \div |Q| e^{j\theta_q} = \frac{|P| e^{j\theta_p}}{|Q| e^{j\theta_q}} = \frac{|P|}{|Q|} e^{j(\theta_p - \theta_q)} \tag{2.10}$$

Q 복소수의 직교좌표식, 극좌표식, 지수식은 복소수의 사칙연산에서 각각 언제 사용하는 것이 좋을까?

A 복소수의 덧셈과 뺄셈은 직교좌표식으로 연산하는 것이 더 편리하고, 복소수의 곱셈과 나눗셈은 극좌표식이나 지수식으로 연산하는 것이 더 편리하다. 그러나 $j^2 = -1$인 것만 유념하면 복소수의 곱셈과 나눗셈을 직교좌표식으로 연산해도 큰 어려움은 없다.

예제 2-2

복소수 $P=4+j5$, $Q=3+j2$에 대해 다음을 구하라.

(a) $P+Q$ (b) $P-Q$ (c) $P\times Q$ (d) $P\div Q$

풀이

(a) $P+Q=(4+j5)+(3+j2)=(4+3)+j(5+2)=7+j7$

(b) $P-Q=(4+j5)-(3+j2)=(4-3)+j(5-2)=1+j3$

(c) $P\times Q=(4+j5)\times(3+j2)=4\times 3+4\times j2+j5\times 3+j5\times j2$

$$=12+j8+j15-10=2+j23$$

(d) $P\div Q=(4+j5)\div(3+j2)=\dfrac{4+j5}{3+j2}=\dfrac{(4+j5)(3-j2)}{(3+j2)(3-j2)}$

$$=\frac{22+j7}{3^2+2^2}=\frac{22}{13}+j\frac{7}{13}\fallingdotseq 1.69+j0.54$$

[예제 2-2]의 복소수 P와 Q에 대한 곱셈과 나눗셈은 극좌표식으로도 구할 수 있다. 먼저 복소수 P와 Q를 극좌표식으로 나타내면 다음과 같다.

$$P=4+j5=\sqrt{4^2+5^2}\angle\tan^{-1}\frac{5}{4}\fallingdotseq 6.4\angle 51.34°$$

$$Q=3+j2=\sqrt{3^2+2^2}\angle\tan^{-1}\frac{2}{3}\fallingdotseq 3.6\angle 33.69°$$

따라서 복소수 P와 Q의 곱셈을 구하면 다음과 같다.

$$\begin{aligned}P\times Q&=6.4\angle 51.34°\times 3.6\angle 33.69°=6.4\times 3.6\angle(51.34°+33.69°)\\&\fallingdotseq 23.04\angle 85.03°=23.04\cos 85.03°+j23.04\sin 85.03°\\&\fallingdotseq 2+j23\end{aligned}$$

또한 복소수 P와 Q의 나눗셈을 구하면 다음과 같다.

$$\begin{aligned}P\div Q&=\frac{6.4\angle 51.34°}{3.6\angle 33.69°}=\frac{6.4}{3.6}\angle(51.34°-33.69°)\\&\fallingdotseq 1.778\angle 17.65°=1.778\cos 17.65°+j1.778\sin 17.65°\\&\fallingdotseq 1.69+j0.54\end{aligned}$$

3 복소함수

임의의 복소수 s에 대한 식을 $G(s)$라고 할 때, 어떤 영역에서 $G(s)$가 모든 s값에 대해 하나의 값을 갖는다면 $G(s)$를 복소수 s의 함수로 정의하고 **복소함수**(complex function)라고 한다. 변수 s는 복소수이므로 복소함수 $G(s)$도 복소수가 된다. 따라서 복소함수 $G(s)$도 다음과 같이 실수부와 허수부로 나눌 수 있다.

$$G(s) = \text{실수부} + j\,\text{허수부} \tag{2.11}$$

일반적으로 다음과 같이 실수부를 $\mathrm{Re}\,G$, 허수부를 $\mathrm{Im}\,G$로 표시한다.

$$G(s) = \mathrm{Re}\,G + j\,\mathrm{Im}\,G \tag{2.12}$$

복소평면에서 복소변수 s의 값을 나타내는 평면을 s평면, $G(s)$의 값을 나타내는 평면을 $G(s)$평면이라고 한다. 어떤 s값에 대한 $G(s)$의 값을 $G(s)$평면에 나타내는 것을 s평면에서 $G(s)$평면으로의 **사상**(mapping)이라고 한다.

예를 들어, 다음과 같은 복소함수를 생각해보자.

$$G(s) = s^2 + 1 \tag{2.13}$$

임의의 s값에 대한 복소함수 $G(s)$값을 나타내면 [표 2-1]과 같다.

[표 2-1] s값에 대한 $G(s) = s^2 + 1$의 값

s	$G(s)$
$-1.0+j0.0$	$2.0+j0.0$
$-0.75+j0.25$	$1.5-j0.375$
$-0.5+j0.5$	$1.0-j0.5$
$-0.25+j0.75$	$0.5-j0.375$
$0.0+j1.0$	$0.0+j0.0$
$0.25+j0.75$	$0.5+j0.375$
$0.5+j0.5$	$1.0+j0.5$
$0.75+j0.25$	$1.5+j0.375$
$1.0+j0.0$	$2.0+j0.0$

이때 s값들은 [그림 2-4(a)]와 같은 궤적을 그리며, 이에 대한 $G(s)$값들은 [그림 2-4(b)]와 같은 궤적을 그린다. 이 궤적을 s평면의 궤적에 대한 $G(s)$평면으로의 사상이라고 한다.

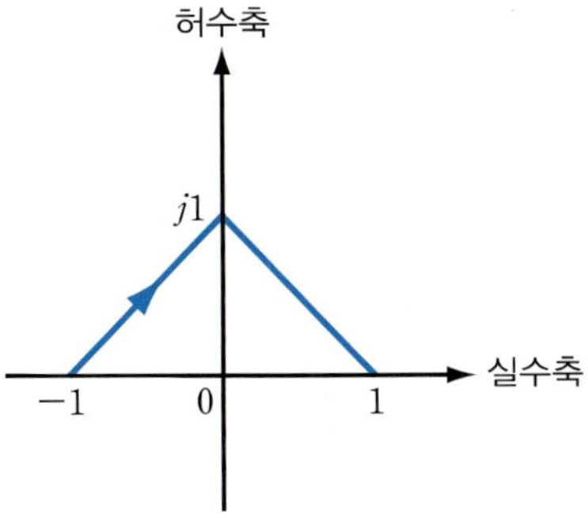

(a) s 평면

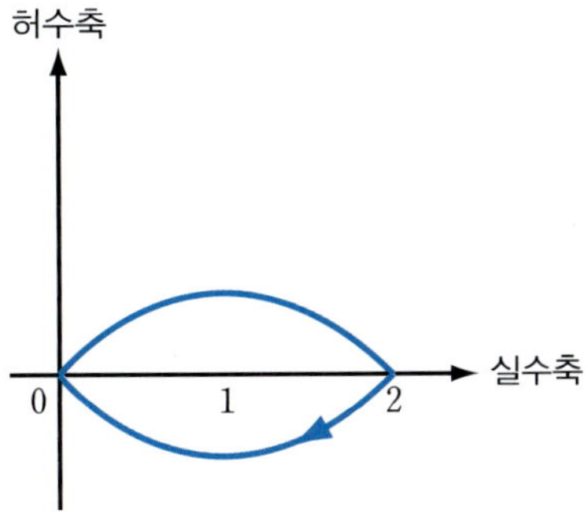

(b) $G(s)$ 평면

[그림 2-4] s 평면의 궤적에 대한 $G(s)$ 평면의 사상

예제 2-3

복소수 s가 [그림 2-5(a)]와 같은 원호의 궤적을 그릴 때, 이에 대한 다음 복소함수의 사상을 그려라.

$$G(s)=\frac{1}{s}$$

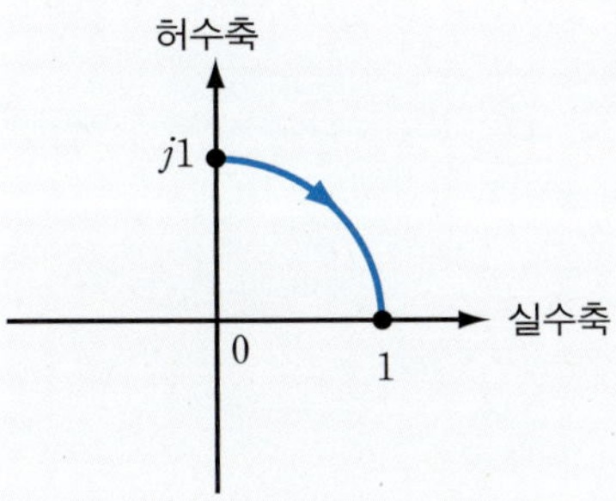

(a) s 평면

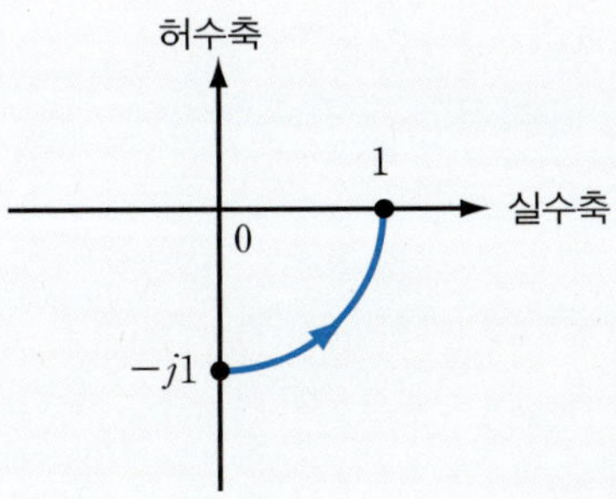

(b) $G(s)$ 평면

[그림 2-5] 복소변수 s의 궤적

풀이

복소수 s를 극좌표식 $s=re^{j\theta}$으로 표시하면 주어진 복소함수는 다음과 같이 표시된다.

$$G(s)=\frac{1}{s}=\frac{1}{re^{j\theta}}=\frac{1}{r}e^{-j\theta}$$

복소수 s가 반지름 $r=1$의 크기로 [그림 2-5(a)]와 같이 시계방향으로 $\theta=90°\rightarrow 0°$의 원호를 그리면, 복소함수 $G(s)$는 크기가 1이고 $\theta=-90°\rightarrow 0°$인 원호를 반시계방향으로 그리며 이 궤적은 [그림 2-5(b)]와 같이 된다.

복소함수에서 극점과 영점에 대한 개념은 매우 중요하다. 왜냐하면 자동제어시스템의 시간응답이 극점과 영점의 값에 따라 달라지기 때문이다.

■ 극점

어떤 복소함수가 s 평면의 어떤 특정한 점에서 무한대의 값을 가질 때, 그 점을 **극점**(pole)이라고 한다. 다음 함수들을 예로 살펴보자.

$$G_1(s) = \frac{10}{(s+3)(s+2)} + \frac{s+5}{s^2(s-2)^3} \tag{2.14}$$

$$G_2(s) = \frac{4s^2-2s+3}{(s-5)(s+4)} \tag{2.15}$$

식 (2.14)의 $G_1(s)$는 $s=-3,\ -2$의 단순 극점(simple pole)과 $s=0$의 2차 극점(two degree pole), $s=2$의 3차 극점(three degree pole)을 가진다. 그리고 식 (2.15)의 $G_2(s)$는 $s=5,\ -4$의 극점을 갖는다.

■ 영점

어떤 복소함수가 s 평면의 어떤 특정한 점에서 값이 0이 될 때, 그 점을 **영점**(zero)이라고 한다. 다음 함수를 예로 살펴보자.

$$G(s) = \frac{10(s-2)^3(s+5)}{s^2(s+5)(s-3)^2} \tag{2.16}$$

식 (2.16)의 $G(s)$는 $s=-5$에서 단순 영점(simple zero), $s=2$에서 3차 영점(three degree zeros), $s=\infty$에서 단순 영점을 갖는다. 식 (2.16)과 같이 어떤 복소함수가 복소수 s의 유리식으로 표시되면 그 함수의 영점의 총수와 극점의 총수는 항상 일치한다.

식 (2.16)에서도 영점은 $s=2,\ 2,\ 2,\ -5,\ \infty$이며, 극점은 $s=0,\ 0,\ -5,\ 3,\ 3$이다. 그러나 종종 $s=\infty$인 영점은 계산에 넣지 않기도 한다.

Q 복소함수의 극점과 영점 중에 어떤 것이 더 중요할까?

A 둘 다 중요하지만, 굳이 비교하면 극점이 더 중요하다고 할 수 있다. 극점은 시스템에서 출력의 파형을 결정하므로 시스템의 시간응답과 안정도에 직접적으로 큰 영향을 미치기 때문이다.

예제 2-4

다음 복소함수의 극점과 영점을 구하라.

(a) $F_1(s) = \dfrac{s^2+4s+13}{s^3+5s^2+s+5}$ (b) $F_2(s) = \dfrac{5}{s+5} + \dfrac{3}{s+3}$

풀이

(a) $F_1(s)$의 분자와 분모를 인수분해하면 다음과 같다.

$$F_1(s) = \frac{s^2+4s+13}{s^3+5s^2+s+5} = \frac{(s+2-j3)(s+2+j3)}{(s+5)(s-j)(s+j)} \quad \cdots (1)$$

따라서 영점은 $s=-2+j3,\ -2-j3$이고, 극점은 $s=-5,\ j,\ -j$이다.

(b) $F_2(s)$를 정리하면 다음과 같다.

$$F_2(s) = \frac{5}{s+5} + \frac{3}{s+3} = \frac{8s+30}{(s+5)(s+3)} = \frac{8(s+3.75)}{(s+5)(s+3)} \quad \cdots (2)$$

따라서 영점은 $s=-3.75$이고, 극점은 $s=-3,\ -5$이다.

SECTION 2.2

라플라스 변환

여러 제어요소가 종속적으로 연결되어 있는 복잡한 자동제어시스템은 입출력 관계를 미분방정식으로 표현하면 매우 불편하다. 이때 라플라스 변환을 이용하여 입출력 관계를 대수식으로 표현하면 보다 편리하다. 따라서 이 절에서는 라플라스 변환과 라플라스 역변환의 정의를 알아보고, 라플라스 변환의 기본 정리에 대해 간단하게 살펴본다.

Keywords | 라플라스 변환 | 라플라스 역변환 | 부분분수 전개법 | 제1이동정리 | 도함수의 변환 | 적분의 변환 | 초깃값 정리 | 최종값 정리 | 단위계단함수 |

1 라플라스 변환

어떤 시간함수 $f(t)$에 e^{-st}을 곱하고, 이를 시간에 대해서 0부터 ∞까지 적분한 것을 함수 $f(t)$의 **라플라스 변환**(Laplace transform)이라고 하며, 다음과 같이 $\mathcal{L}[f(t)]$ 또는 $F(s)$로 나타낸다.

★ 라플라스 변환 ★

$$F(s) = \mathcal{L}[f(t)] = \int_0^\infty f(t)e^{-st}\,dt \tag{2.17}$$

이때 시간함수 $f(t)$의 라플라스 변환이 존재하려면 다음이 성립해야 한다.

$$\lim_{t \to \infty} f(t)\,e^{-st} = 0 \tag{2.18}$$

다행스럽게도 대부분의 함수는 이 조건을 만족한다. 그러므로 이 책에서 취급하는 모든 시간함수 $f(t)$는 식 (2.18)을 만족하는 것으로 가정한다.

Q $\lim_{t \to \infty} f(t)\,e^{-st} = 0$이 성립하지 않는 경우는?

A 예를 들어, $f(t) = e^{t^2}$이나 $f(t) = e^{at}\,(a \geq s)$인 경우에는 성립하지 않는다.

다음 예제들을 통해 기본 함수의 라플라스 변환을 살펴보자.

예제 2-5

$f(t) = 10$의 라플라스 변환을 구하라.

풀이

식 (2.17)을 이용해 다음과 같이 구한다.

$$F(s) = \int_0^\infty 10e^{-st}\,dt = \left[\frac{10}{-s}e^{-st}\right]_0^\infty = \frac{10}{s}$$

예제 2-6

$f(t) = e^{-5t}$의 라플라스 변환을 구하라.

풀이

식 (2.17)을 이용해 다음과 같이 구한다.

$$F(s) = \int_0^\infty e^{-5t}e^{-st}\,dt = \int_0^\infty e^{-(s+5)t}\,dt = \left[\frac{1}{-(s+5)}e^{-(s+5)t}\right]_0^\infty = \frac{1}{s+5}$$

자동제어공학에서 자주 쓰이는 기본 함수의 라플라스 변환을 정리하면 [표 2-2]와 같다.

[표 2-2] 기본 함수의 라플라스 변환

$f(t)$	$F(s)$
c	$\frac{c}{s}$
t	$\frac{1}{s^2}$
t^2	$\frac{2}{s^3}$
t^n	$\frac{n!}{s^{n+1}}$
e^{-at}	$\frac{1}{s+a}$
$\sin\omega t$	$\frac{\omega}{s^2+\omega^2}$
$\cos\omega t$	$\frac{s}{s^2+\omega^2}$

예제 2-7

[표 2-2]를 이용하여 다음 함수의 라플라스 변환을 구하라.

(a) $f(t)=1$ (b) $f(t)=10e^{-3t}$ (c) $f(t)=5t^4$ (d) $f(t)=100\cos 5t$

풀이

(a) $F(s)=\dfrac{1}{s}$ (b) $F(s)=\dfrac{10}{s+3}$

(c) $F(s)=5\times\dfrac{4!}{s^5}=\dfrac{120}{s^5}$ (d) $F(s)=100\times\dfrac{s}{s^2+5^2}=\dfrac{100s}{s^2+25}$

예제 2-8

$f(t)=\sin(\omega t+\theta)$의 라플라스 변환을 구하라.

풀이

$$f(t)=\sin(\omega t+\theta)=\sin\omega t\cdot\cos\theta+\cos\omega t\cdot\sin\theta \quad \cdots(1)$$

$$\begin{aligned}\mathcal{L}[\sin(\omega t+\theta)]&=\cos\theta\,\mathcal{L}[\sin\omega t]+\sin\theta\,\mathcal{L}[\cos\omega t]\\&=\cos\theta\frac{\omega}{s^2+\omega^2}+\sin\theta\frac{s}{s^2+\omega^2}=\frac{(\sin\theta)s+\omega\cos\theta}{s^2+\omega^2}\end{aligned} \quad \cdots(2)$$

2 라플라스 역변환

복소수 s의 함수 $F(s)$는 시간 t의 함수 $f(t)$의 라플라스 변환이다. 여기에서는 라플라스 변환을 실행한 함수 $F(s)$에서 본래의 함수 $f(t)$를 찾는 방법을 살펴보자.

$F(s)$에서 $f(t)$를 구하는 것을 $F(s)$의 **라플라스 역변환**(inverse Laplace transform)이라고 하며, 다음과 같이 나타낸다.

$$\mathcal{L}^{-1}[F(s)]=f(t) \tag{2.19}$$

예를 들어, $f(t)=e^{-5t}$을 생각해보자. 이 함수의 라플라스 변환은 다음과 같다.

$$F(s)=\mathcal{L}[e^{-5t}]=\frac{1}{s+5} \tag{2.20}$$

따라서 라플라스 역변환은 다음과 같이 된다.

$$f(t) = \mathcal{L}^{-1}\left[\frac{1}{s+5}\right] = e^{-5t} \tag{2.21}$$

즉 $F(s) = \dfrac{1}{s+5}$ 의 라플라스 역변환 $f(t)$는 다음과 같다.

$$f(t) = e^{-5t}$$

기본 함수의 라플라스 역변환은 [표 2-2]를 이용하여 간단히 구할 수 있다.

예제 2-9

[표 2-2]를 이용하여 다음 함수의 라플라스 역변환을 구하라.

(a) $\dfrac{1}{s-5}$ (b) $\dfrac{10}{s}$ (c) $\dfrac{4}{s^3}$ (d) $\dfrac{6}{s^2+9}$

풀이

(a) e^{5t} (b) 10 (c) $2t^2$ (d) $2\sin 3t$

예제 2-10

다음 함수의 라플라스 역변환을 구하라.

(a) $\dfrac{1}{2s-6}$ (b) $\dfrac{1}{s^5}$ (c) $\dfrac{10}{2-5s}$ (d) $\dfrac{10s}{s^2+25}$

풀이

(a) $\mathcal{L}^{-1}\left[\dfrac{1}{2s-6}\right] = \mathcal{L}^{-1}\left[\dfrac{1}{2}\times\dfrac{1}{s-3}\right] = \dfrac{1}{2}\mathcal{L}^{-1}\left[\dfrac{1}{s-3}\right] = \dfrac{1}{2}e^{3t}$

(b) $\mathcal{L}^{-1}\left[\dfrac{1}{s^5}\right] = \mathcal{L}^{-1}\left[\dfrac{1}{4!}\times\dfrac{4!}{s^5}\right] = \dfrac{1}{24}\mathcal{L}^{-1}\left[\dfrac{4!}{s^5}\right] = \dfrac{1}{24}t^4$

(c) $\mathcal{L}^{-1}\left[\dfrac{10}{2-5s}\right] = \mathcal{L}^{-1}\left[\dfrac{10}{-5\left(s-\dfrac{2}{5}\right)}\right] = \mathcal{L}^{-1}\left[-2\times\dfrac{1}{\left(s-\dfrac{2}{5}\right)}\right] = -2e^{\frac{2}{5}t}$

(d) $\mathcal{L}^{-1}\left[\dfrac{10s}{s^2+25}\right] = \mathcal{L}^{-1}\left[10\times\dfrac{s}{s^2+5^2}\right] = 10\,\mathcal{L}^{-1}\left[\dfrac{s}{s^2+5^2}\right] = 10\cos 5t$

■ 부분분수 전개법

주어진 라플라스 변환의 분모 차수가 높거나 식이 길면 [표 2-2]에서 비슷한 식을 찾기가 어렵다. 이런 경우에는 주어진 라플라스 변환을 부분분수로 전개하여 기본 함수의 형태를 얻어야 하는데, 이러한 방법을 **부분분수 전개법**(partial fraction expansion)이라고 한다. 부분분수 전개는 분자나 분모의 차수가 높은 분수식을 차수가 낮은 여러 분수식의 합으로 표시하는 것이다.

예제 2-11

다음 함수를 부분분수로 전개하여 라플라스 역변환을 구하라.

$$\frac{3s+7}{s^2-2s-3}$$

풀이

먼저 주어진 분수의 분모를 인수분해하면

$$\frac{3s+7}{s^2-2s-3}=\frac{3s+7}{(s+1)(s-3)} \quad \cdots (1)$$

이므로, 이를 전개하면 다음과 같다.

$$\frac{3s+7}{s^2-2s-3}=\frac{A}{s+1}+\frac{B}{s-3} \quad \cdots (2)$$

양변에 $(s+1)(s-3)$을 곱하면

$$\begin{aligned} 3s+7 &= A(s-3)+B(s+1) \quad \cdots (3) \\ &= (A+B)s+(-3A+B) \end{aligned}$$

이다. 이때 s 값에 관계없이 등식이 항상 성립하기 위해서는 다음을 만족해야 한다.

$$\begin{aligned} A+B&=3 \\ -3A+B&=7 \end{aligned} \quad \cdots (4)$$

이 연립방정식을 풀면 $A=-1$, $B=4$이므로 라플라스 역변환을 구하면 다음과 같다.

$$\begin{aligned} \mathcal{L}^{-1}\left[\frac{3s+7}{s^2-2s-3}\right] &= \mathcal{L}^{-1}\left[-\frac{1}{s+1}+\frac{4}{s-3}\right] \quad \cdots (5) \\ &= -e^{-t}+4e^{3t} \end{aligned}$$

예제 2-12

다음 함수를 부분분수로 전개하여 라플라스 역변환을 구하라.

$$\frac{s-1}{s(s+2)}$$

풀이

주어진 함수를 부분분수로 전개하면 다음과 같다.

$$\frac{s-1}{s(s+2)}=\frac{A}{s}+\frac{B}{s+2} \qquad \cdots (1)$$

양변에 $s(s+2)$를 곱하면

$$\begin{aligned} s-1 &= A(s+2)+Bs \\ &= (A+B)s+2A \end{aligned} \qquad \cdots (2)$$

이다. 이때 s 값에 관계없이 등식이 항상 성립하기 위해서는 다음을 만족해야 한다.

$$A+B=1$$
$$2A=-1$$

이 연립방정식을 풀면 $A=-\frac{1}{2}$, $B=\frac{3}{2}$ 이므로 라플라스 역변환을 구하면 다음과 같다.

$$\begin{aligned} \mathcal{L}^{-1}\left[\frac{s-1}{s(s+2)}\right] &= \mathcal{L}^{-1}\left[-\frac{\frac{1}{2}}{s}+\frac{\frac{3}{2}}{s+2}\right] \\ &= -\frac{1}{2}+\frac{3}{2}e^{-2t} \end{aligned} \qquad \cdots (3)$$

예제 2-13

다음 함수를 부분분수로 전개하여 라플라스 역변환을 구하라.

$$\frac{3(2s^2-4s-3)}{s^2(s-3)}$$

풀이

주어진 함수를 부분분수로 전개하면 다음과 같다.

$$\frac{3(2s^2-4s-3)}{s^2(s-3)}=\frac{A}{s^2}+\frac{B}{s}+\frac{C}{s-3} \qquad \cdots (1)$$

양변에 $s^2(s-3)$을 곱하면

$$\begin{aligned} 6s^2-12s-9 &= A(s-3)+Bs(s-3)+Cs^2 \\ &= (B+C)s^2+(A-3B)s-3A \qquad \cdots (2) \end{aligned}$$

이다. 이때 s 값에 관계없이 등식이 항상 성립하기 위해서는 다음을 만족해야 한다.

$$\begin{aligned} B+C &= 6 \\ A-3B &= -12 \\ -3A &= -9 \end{aligned}$$

이 연립방정식을 풀면 $A=3$, $B=5$, $C=1$이므로 라플라스 역변환을 구하면 다음과 같다.

$$\begin{aligned} \mathcal{L}^{-1}\left[\frac{3(2s^2-4s-3)}{s^2(s-3)}\right] &= \mathcal{L}^{-1}\left[\frac{3}{s^2}+\frac{5}{s}+\frac{1}{s-3}\right] \\ &= 3t+5+e^{3t} \qquad \cdots (3) \end{aligned}$$

Q **부분분수의 상수를 쉽게 구하는 방법은?**

A [예제 2-11]의 $\dfrac{3s+7}{s^2-2s-3}=\dfrac{A}{s+1}+\dfrac{B}{s-3}$에서 양변에 $(s+1)$을 곱한 후 s에 (-1)을 대입하여 A 값을 구하고, 다시 양변에 $(s-3)$을 곱해 s에 3을 대입하여 B를 구하면, 연립방정식을 풀지 않아도 되므로 좀 더 쉽게 부분분수의 상수를 구할 수 있다. 그러나 이 방법은 항상 사용할 수 있는 방법은 아니며, [예제 2-13]과 같이 분모에 제곱 또는 세제곱 항 등이 있을 때는 수정이 필요하다.

3 라플라스 변환의 기본 정리

여기에서는 라플라스 변환의 중요한 정리들을 유도 과정 없이 간단하게 살펴보자. 기본 정리들을 알고 있으면 라플라스 변환을 쉽게 구할 수 있다. 먼저 **제1이동정리**(first translation theorem)는 다음과 같다.

★ 제1이동정리 ★

$\mathcal{L}[f(t)]=F(s)$일 때 다음이 성립한다.

$$\mathcal{L}[e^{at}f(t)]=F(s-a) \iff \mathcal{L}^{-1}[F(s-a)]=e^{at}f(t)$$

예제 2-14

제1이동정리를 이용하여 다음 함수의 라플라스 변환을 구하라.

(a) $e^{3t}t$　　(b) $e^{-t}\cos 5t$　　(c) $e^{3t}\sin 100t$

풀이

(a) $\mathcal{L}[t]=\dfrac{1}{s^2}$ 이므로 $\mathcal{L}[e^{3t}t]=\dfrac{1}{(s-3)^2}$ 이다.

(b) $\mathcal{L}[\cos 5t]=\dfrac{s}{s^2+5^2}$ 이므로 $\mathcal{L}[e^{-t}\cos 5t]=\dfrac{(s+1)}{(s+1)^2+5^2}=\dfrac{s+1}{s^2+2s+26}$ 이다.

(c) $\mathcal{L}[\sin 100t]=\dfrac{100}{s^2+100^2}$ 이므로 $\mathcal{L}[e^{3t}\sin 100t]=\dfrac{100}{(s-3)^2+100^2}=\dfrac{100}{s^2-6s+10009}$ 이다.

예제 2-15

제1이동정리를 이용하여 다음 함수의 라플라스 역변환을 구하라.

(a) $F(s)=\dfrac{6}{(s+2)^3}$　　(b) $F(s)=\dfrac{3s+9}{s^2+8s+25}$

풀이

(a) $\mathcal{L}^{-1}\left[\dfrac{2}{s^3}\right]=t^2$ 이므로 라플라스 역변환을 구하면 다음과 같다.

$$\mathcal{L}^{-1}\left[\frac{6}{(s+5)^3}\right]=3\mathcal{L}^{-1}\left[\frac{2}{(s+5)^3}\right]=3e^{-5t}t^2 \quad \cdots (1)$$

(b) 먼저 주어진 함수를 정리하면 다음과 같다.

$$\frac{3s+9}{s^2+8s+25}=\frac{3s+9}{(s^2+8s+16)+9}=\frac{3(s+4)-3}{(s+4)^2+3^2} \quad \cdots (2)$$

[표 2-2]에 의해

$$\mathcal{L}^{-1}\left[\frac{s}{s^2+3^2}\right]=\cos 3t,\ \mathcal{L}^{-1}\left[\frac{3}{s^2+3^2}\right]=\sin 3t \quad \cdots (3)$$

이므로, 라플라스 역변환을 구하면 다음과 같다.

$$\begin{aligned}\mathcal{L}^{-1}\left\{\frac{3s+9}{s^2+8s+25}\right\}&=\mathcal{L}^{-1}\left\{\frac{3(s+4)-3}{(s+4)^2+3^2}\right\}\\&=\mathcal{L}^{-1}\left\{\frac{3(s+4)}{(s+4)^2+3^2}-\frac{3}{(s+4)^2+3^2}\right\}\\&=3e^{-4t}\cos 3t-e^{-4t}\sin 3t\end{aligned} \quad \cdots (4)$$

Q **제1이동정리는 주로 어떤 경우에 사용할까?**

A 라플라스 변환보다는 라플라스 역변환에 더 유용하게 사용된다. 왜냐하면 라플라스 변환에서는 지수함수가 첨가되어 있어도 적분을 직접 계산하는 것이 별로 어렵지 않지만, 라플라스 역변환에서는 이 정리를 모르면 역변환이 불가능하기 때문이다.

★ 도함수의 변환 ★

$\mathcal{L}[f(t)] = F(s)$, $\lim_{t\to 0} f(t) = f(0)$, $\lim_{t\to 0} f'(t) = f'(0)$일 때 다음이 성립한다.

❶ $\mathcal{L}\left[\frac{d}{dt} f(t)\right] = sF(s) - f(0)$

❷ $\mathcal{L}\left[\frac{d^2}{dt^2} f(t)\right] = s^2 F(s) - sf(0) - f'(0)$

★ 적분의 변환 ★

$\mathcal{L}[f(t)] = F(s)$일 때 다음이 성립한다.

$$\mathcal{L}\left[\int_0^t f(t)\, dt\right] = \frac{F(s)}{s}$$

예제 2-16

다음 식의 라플라스 변환을 구하라. 단, $i(0) = 0$이다.

$$10i(t) + 0.4\frac{d}{dt}i(t) + \frac{1}{0.2}\int_0^t i(t)\, dt = 280\sin 377t$$

풀이

양변을 라플라스 변환하면 다음과 같다.

$$\mathcal{L}\left\{10i(t) + 0.4\frac{d}{dt}i(t) + \frac{1}{0.2}\int_0^t i(t)\, dt\right\} = \mathcal{L}\{280\sin 377t\}$$

$$10I(s) + 0.4\{sI(s) - i(0)\} + 5 \times \frac{I(s)}{s} = 280 \times \frac{377}{s^2 + 377^2}$$

$$\left\{10 + 0.4s + \frac{5}{s}\right\} I(s) = 280 \times \frac{377}{s^2 + 377^2}$$

★ 초깃값 정리와 최종값 정리 ★

$\mathcal{L}[f(t)] = F(s)$ 이면 다음이 성립한다. 단, $t \to \infty$ 일 때 $f(t)$의 극한값이 존재해야 한다.

❶ 초깃값 정리(initial value theorem) : $\lim_{t \to 0} f(t) = \lim_{s \to \infty} sF(s)$

❷ 최종값 정리(final value theorem) : $\lim_{t \to \infty} f(t) = \lim_{s \to 0} sF(s)$

예제 2-17

어떤 함수 $f(t)$의 라플라스 변환이 다음과 같을 때, 이 함수의 초깃값 $f(0)$을 구하라.

(a) $F(s) = \dfrac{3s^2 - 2s + 3}{s(s^2+1)}$ (b) $F(s) = \dfrac{2}{s} + \dfrac{2s}{s^2+16}$

풀이 2

(a) $\lim_{t \to 0} f(t) = \lim_{s \to \infty} s \times \dfrac{3s^2 - 2s + 3}{s(s^2+1)} = \lim_{s \to \infty} \dfrac{3s^2 - 2s + 3}{(s^2+1)} = 3$

(b) $\lim_{t \to 0} f(t) = \lim_{s \to \infty} s \times \left\{\dfrac{2}{s} + \dfrac{2s}{s^2+16}\right\} = \lim_{s \to \infty} \left\{2 + \dfrac{2s^2}{s^2+16}\right\} = 4$

예제 2-18

어떤 함수 $f(t)$의 라플라스 변환이 다음과 같을 때, 이 함수의 최종값 $f(\infty)$를 구하라.

(a) $F(s) = \dfrac{2s^2 + 4s + 2}{s(s^2+2s+2)}$ (b) $F(s) = \dfrac{6}{(s+2)^4}$

풀이 3

(a) $\lim_{t \to \infty} f(t) = \lim_{s \to 0} s \times \dfrac{2s^2 + 4s + 2}{s(s^2+2s+2)} = \lim_{s \to 0} \dfrac{2s^2 + 4s + 2}{s^2+2s+2} = 1$

(b) $\lim_{t \to \infty} f(t) = \lim_{s \to 0} s \times \dfrac{6}{(s+2)^4} = 0$

2 (a)의 원함수는 $f(t) = 3 - 2\sin t$ 이고, (b)의 원함수는 $f(t) = 2 + 2\cos 4t = 4\cos^2 2t$ 이다.

3 (a)의 원함수는 $f(t) = 1 + e^{-t}(\sin t + \cos t)$ 이고, (b)의 원함수는 $f(t) = t^3 e^{-2t}$ 이다.

Q 초깃값 정리와 최종값 정리는 언제 사용할까?

A 라플라스 역변환을 구하기가 복잡한 식일 때, 그 역변환에 의하여 구해지는 시간함수 자체가 필요한 것이 아니라 오직 그 시간함수의 초깃값과 최종값만 알면 되는(필요로 하는) 경우에 사용한다. 그러면 복잡한 라플라스 역변환을 구하지 않고도 초깃값과 최종값을 쉽게 구할 수 있다. 그러나 최종값 정리는 $t \to \infty$ 일 때 $f(t)$ 의 극한값이 존재하지 않는 경우에는 사용할 수 없다. 이 점을 명심해야 한다.

4 단위계단함수

몇 개의 불연속함수[4]를 알고 있으면 복잡한 함수의 라플라스 변환을 쉽게 구할 수 있는 경우가 많다. 이때 이용되는 불연속함수들 중에서 가장 많이 쓰이는 것이 단위계단함수이다. [그림 2-6]과 같은 함수를 **단위계단함수**(unit step function)라고 하며, 다음과 같이 정의한다.

$$u_s(t-a) = \begin{cases} 0, & t < a \\ 1, & t > a \end{cases} \tag{2.22}$$

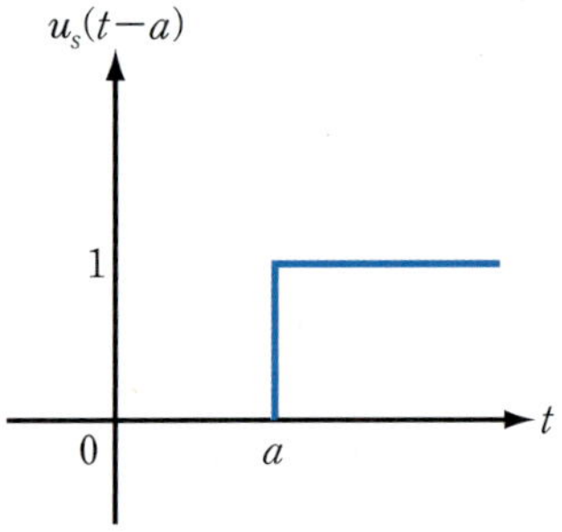

[그림 2-6] 단위계단함수

단위계단함수의 특징은 [그림 2-7(a)]와 같은 함수 $f(t)$에 단위계단함수를 곱하면 [그림 2-7(b)]와 같이 $t < a$인 구간에서 그 함수가 잘려 없어진다는 것이다. 이를 식으로 나타내면 다음과 같다.

$$f(t)u_s(t-a) = \begin{cases} 0, & t < a \\ f(t), & t > a \end{cases} \tag{2.23}$$

4 불연속함수는 어떤 구간이나 그 구간의 특정한 시간에 값이 ∞ 이거나 여러 개의 값을 갖는 함수를 말한다.

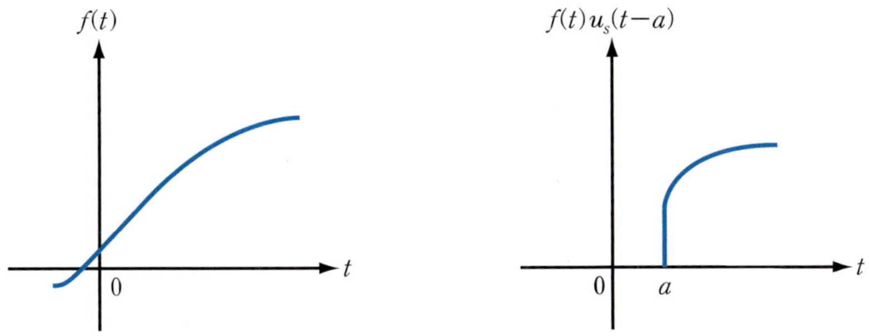

(a) $f(t)$ (b) $f(t)\,u_s(t-a)$

[그림 2-7] $f(t)$의 그래프를 지른 $f(t)\,u_s(t-a)$의 그래프

또한 [그림 2-8]과 같이 어떤 함수 $f(t)$에 대해

$$f(t-a)\,u_s(t-a) \tag{2.24}$$

는 함수 $f(t)$의 $t<0$의 값을 0으로 하는

$$f(t)\,u_s(t)=\begin{cases}0\quad, & t<0\\ f(t), & t>0\end{cases} \tag{2.25}$$

을 a 만큼 평행이동시킨 함수를 의미한다.

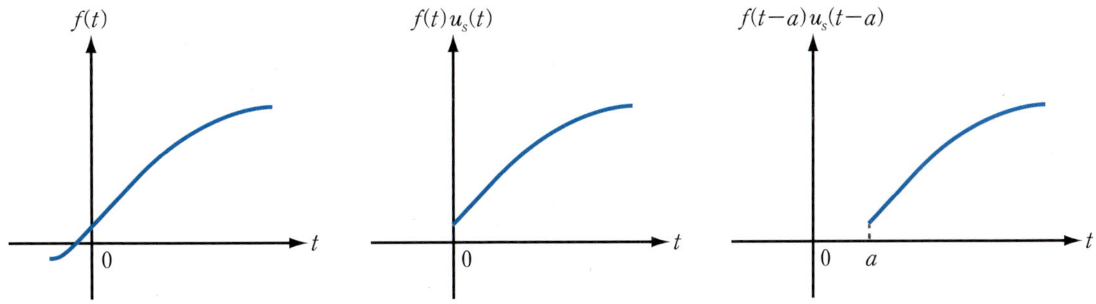

(a) $f(t)$ (b) $f(t)\,u_s(t)$ (c) $f(t-a)\,u_s(t-a)$

[그림 2-8] $f(t)$의 그래프를 평행이동시킨 $f(t-a)\,u_s(t-a)$의 그래프

예제 2-19

[그림 2-9]와 같은 함수를 단위계단함수로 나타내라.

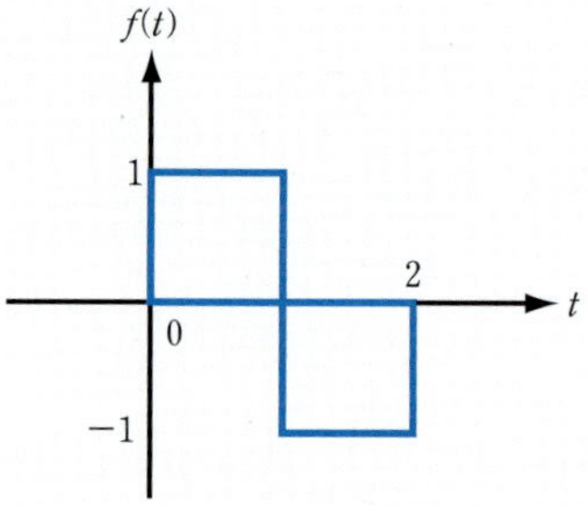

[그림 2-9] [예제 2-19]의 함수 $f(t)$

풀이

[그림 2-9]의 함수 $f(t)$는 [그림 2-10]과 같이 서로 다른 3개의 함수 합으로 생각할 수 있다.

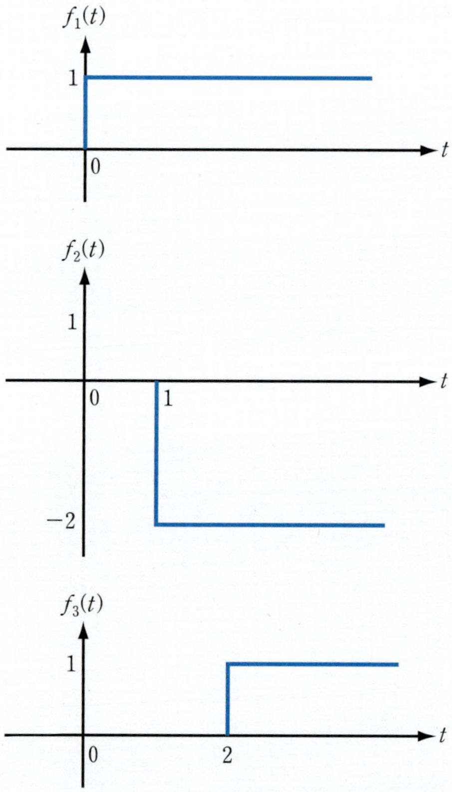

[그림 2-10] [그림 2-9]의 함수 $f(t)$의 분리

따라서 [그림 2-10]의 함수식을 각각 구하여 합하면 다음과 같다.

$$f(t) = f_1(t) + f_2(t) + f_3(t) = u_s(t) - 2u_s(t-1) + u_s(t-2)$$

또한 단위계단함수의 라플라스 변환을 구하면 다음과 같다.

$$\begin{aligned}\mathcal{L}\left[u_s(t-a)\right] &= \int_0^{\infty} u_s(t-a)e^{-st}\,dt \\ &= \int_0^{a} u_s(t-a)e^{-st}\,dt + \int_a^{\infty} u_s(t-a)e^{-st}\,dt \\ &= 0 + \int_a^{\infty} e^{-st}\,dt \\ &= \left[\frac{1}{-s}e^{-st}\right]_a^{\infty} \\ &= \frac{e^{-as}}{s}\end{aligned}$$

즉 단위계단함수의 라플라스 변환은 다음과 같다.

★ 단위계단함수의 라플라스 변환 ★

$$\mathcal{L}\left[u_s(t-a)\right] = \frac{e^{-as}}{s} \tag{2.26}$$

이때 $a=0$이면 다음과 같이 된다.

$$\mathcal{L}\left[u_s(t)\right] = \frac{1}{s} \tag{2.27}$$

단위계단함수는 **함수 컷터**(function cutter)라고도 하는데, 불연속함수를 표현할 때 대단히 유용하며 자동제어시스템의 대표적인 입력으로 사용되는 매우 중요한 함수이다.

SECTION 2.3 행렬

행렬은 자동제어시스템의 입출력 관계를 표시할 때 편리하게 이용된다. 이 절에서는 행렬의 정의를 살펴보고, 행렬의 종류와 연산에 대해 살펴본다.

Keywords | 행렬 | 행벡터 | 열벡터 | 행렬식 | 역행렬 | 수반행렬 |

1 행렬의 정의

행렬(matrix)은 수를 행과 열로 배열한 것으로, 여러 요소 사이의 복잡한 관계를 간단히 취급하기 위해 $m \times n$개의 수를 다음과 같이 m행과 n열에 배치한 것을 말한다.

$$\begin{bmatrix} a_{11} & a_{12} & a_{13} & \cdots & a_{1n} \\ a_{21} & a_{22} & a_{23} & \cdots & a_{2n} \\ & \vdots & & \vdots & \vdots \\ a_{m1} & a_{m2} & a_{m3} & \cdots & a_{mn} \end{bmatrix} \tag{2.28}$$

행렬을 구성하는 a_{11}, a_{12}, a_{23}, $\cdots$, a_{ij}를 행렬의 요소(element)라고 하며, 가로의 줄을 행(row), 세로의 줄을 열(column)이라고 한다. m개의 행과 n개의 열인 행렬을 $(m \times n)$ 행렬이라 하고, $(m \text{ by } n)$ 행렬이라고 읽는다. 이때 $m \times n$을 행렬의 차수라고 한다.

2 행렬의 종류

배열의 형태와 요소의 값에 따라 분류되는 행렬의 종류를 정리하면 [표 2-3]과 같다. 단위행렬은 숫자 1과 똑같은 역할을 하며, (2×2) 단위행렬이나 (4×4) 단위행렬은 똑같지만, 굳이 구분하고자 할 때는 I_2, I_4와 같이 표현한다.

행렬 중에서 행이 하나뿐인 행렬, 즉 $(1 \times n)$ 행렬을 **행벡터**(row vector)라고 하고, 열이 하나뿐인 $(m \times 1)$ 행렬을 **열벡터**(column vector)라고 한다.

다음 행렬 A와 B는 행벡터이고, 행렬 C와 D는 열벡터이다.

$$\mathbf{A}=\begin{bmatrix}2 & 5\end{bmatrix} \qquad \mathbf{B}=\begin{bmatrix}3 & 0 & -8\end{bmatrix}$$

$$\mathbf{C}=\begin{bmatrix}-4\\6\\15\end{bmatrix} \qquad \mathbf{D}=\begin{bmatrix}7\\ \\-3\end{bmatrix}$$

[표 2-3] 행렬의 종류

종류	설명	예시
정방행렬 (square matrix)	행의 수와 열의 수가 같은, 즉 $m=n$인 행렬이다.	$\begin{bmatrix}1 & 5 & -4\\7 & -2 & 3\\6 & 1 & 4\end{bmatrix}$, $\begin{bmatrix}-4 & 2\\3 & 0\end{bmatrix}$
대각행렬 (diagonal matrix)	정방행렬 중에서 대각요소 이외의 모든 요소가 0인 행렬이다.	$\begin{bmatrix}5 & 0 & 0\\0 & 2 & 0\\0 & 0 & 4\end{bmatrix}$, $\begin{bmatrix}3 & 0\\0 & -7\end{bmatrix}$
단위행렬 (unit matrix)	대각행렬 중에서 대각요소가 모두 1인 행렬로 I로 표기한다.	$\begin{bmatrix}1 & 0 & 0\\0 & 1 & 0\\0 & 0 & 1\end{bmatrix}$, $\begin{bmatrix}1 & 0\\0 & 1\end{bmatrix}$
전치행렬 (transposed matrix)	어떤 행렬 A에서 행과 열을 교환하여 만든 행렬로 $\mathbf{A}^{\mathrm{T}}$ 또는 $\mathbf{A}'$으로 표기한다.	$\mathbf{A}=\begin{bmatrix}1 & 5 & -4\\7 & -2 & 3\\6 & 1 & 4\end{bmatrix}$ ➜ $\mathbf{A}^{\mathrm{T}}=\begin{bmatrix}1 & 7 & 6\\5 & -2 & 1\\-4 & 3 & 4\end{bmatrix}$
대칭행렬 (symmetric matrix)	어떤 행렬과 그 행렬의 전치행렬이 같은 행렬이다.	$\mathbf{A}=\mathbf{A}^{\mathrm{T}}$

3 행렬식

행렬의 **행렬식**(determinant)은 정방행렬에 대해 그 행렬의 요소를 요소로 하는 행렬식으로, det A 또는 |A|로 나타낸다.

$$\mathbf{A}=\begin{bmatrix}3 & -1\\4 & 2\end{bmatrix} \rightarrow \det\mathbf{A}=\begin{vmatrix}3 & -1\\4 & 2\end{vmatrix}$$

행렬식은 행렬과 달라, 보기에는 복잡해 보여도 하나의 숫자에 지나지 않는다.

★ (2×2) 행렬식 ★

$$\begin{vmatrix}a_{11} & a_{12}\\a_{21} & a_{22}\end{vmatrix}=a_{11}\times a_{22}-a_{12}\times a_{21}$$

예를 들어, $\begin{vmatrix} 3 & 2 \\ 4 & 5 \end{vmatrix} = 3\times 5 - 4\times 2 = 7$이다. 또한 (3×3) 행렬식은 다음과 같이 계산한다.

$$\begin{vmatrix} a_{11} & a_{12} & a_{13} \\ a_{21} & a_{22} & a_{23} \\ a_{31} & a_{32} & a_{33} \end{vmatrix} = a_{11}\begin{vmatrix} a_{22} & a_{23} \\ a_{32} & a_{33} \end{vmatrix} - a_{12}\begin{vmatrix} a_{21} & a_{23} \\ a_{31} & a_{33} \end{vmatrix} + a_{13}\begin{vmatrix} a_{21} & a_{22} \\ a_{31} & a_{32} \end{vmatrix}$$

어떤 행렬이나 행렬식의 i 행과 j 열을 제거한 나머지 요소로 이루어진 행렬식을 요소 a_{ij}의 **소행렬식**(minor determinant)이라고 하며, Δ_{ij} 또는 M_{ij}로 표시한다. 또한 요소 a_{ij}의 소행렬식에 $(-1)^{i+j}$을 곱한 것을 요소 a_{ij}의 **여인수**(cofactor)라고 하며, C_{ij}로 나타낸다.

다음 행렬 $\mathbf{A}$ 의 소행렬식과 여인수를 구해보자.

$$\mathbf{A} = \begin{bmatrix} 2 & 4 & 3 \\ 1 & 5 & -2 \\ 0 & 6 & 4 \end{bmatrix}$$

먼저 소행렬식을 구하면

$$\Delta_{11} = \begin{vmatrix} 5 & -2 \\ 6 & 4 \end{vmatrix} = 32, \quad \Delta_{12} = \begin{vmatrix} 1 & -2 \\ 0 & 4 \end{vmatrix} = 4, \quad \Delta_{13} = \begin{vmatrix} 1 & 5 \\ 0 & 6 \end{vmatrix} = 6$$

이고, 여인수를 구하면 다음과 같다.

$$C_{11} = \begin{vmatrix} 5 & -2 \\ 6 & 4 \end{vmatrix} = 32, \quad C_{12} = -\begin{vmatrix} 1 & -2 \\ 0 & 4 \end{vmatrix} = -4, \quad C_{13} = \begin{vmatrix} 1 & 5 \\ 0 & 6 \end{vmatrix} = 6$$

행렬 $\mathbf{A}$ 의 행렬식은 소행렬식 또는 여인수로 다음과 같이 계산할 수 있다.

$$\begin{aligned} |\mathbf{A}| &= a_{11}\times\Delta_{11} - a_{12}\times\Delta_{12} + a_{13}\times\Delta_{13} \\ &= a_{11}\times C_{11} + a_{12}\times C_{12} + a_{13}\times C_{13} \\ &= 2\times 32 - 4\times 4 + 3\times 6 = 66 \end{aligned}$$

4 역행렬

어떤 행렬에 곱해져 단위행렬을 만드는 행렬을 그 행렬의 **역행렬**(inverse matrix)이라고 한다. 역행렬을 구하기 위해서는 먼저 수반행렬을 구해야 한다. **수반행렬**(adjoint matrix)은 정방행렬의 각 요소를 그들의 여인수로 바꾼 후 다시 전치행렬을 구한 행렬로, 다음과 같이 $adj\ \mathbf{A}$ 로 나타낸다.

★ 수반행렬 ★

$$\mathbf{A} = \begin{bmatrix} a_{11} & a_{12} & a_{13} & \cdots & a_{1n} \\ a_{21} & a_{22} & a_{23} & \cdots & a_{2n} \\ & \vdots & & \vdots & \vdots \\ a_{n1} & a_{n2} & a_{n3} & \cdots & a_{nn} \end{bmatrix} \rightarrow adj\,\mathbf{A} = \begin{bmatrix} C_{11} & C_{12} & C_{13} & \cdots & C_{1n} \\ C_{21} & C_{22} & C_{23} & \cdots & C_{2n} \\ & \vdots & & \vdots & \vdots \\ C_{n1} & C_{n2} & C_{n3} & \cdots & C_{nn} \end{bmatrix}^{\mathrm{T}} \quad (2.29)$$

다음 행렬 A의 수반행렬을 구해보자.

$$\mathbf{A} = \begin{bmatrix} 2 & 3 & -4 \\ 0 & -4 & 2 \\ 1 & -1 & 5 \end{bmatrix}$$

먼저 여인수를 구하면

$$C_{11} = \begin{vmatrix} -4 & 2 \\ -1 & 5 \end{vmatrix} = -18 \qquad C_{12} = -\begin{vmatrix} 0 & 2 \\ 1 & 5 \end{vmatrix} = 2 \qquad C_{13} = \begin{vmatrix} 0 & -4 \\ 1 & -1 \end{vmatrix} = 4$$

$$C_{21} = -\begin{vmatrix} 3 & -4 \\ -1 & 5 \end{vmatrix} = -11 \qquad C_{22} = \begin{vmatrix} 2 & -4 \\ 1 & 5 \end{vmatrix} = 14 \qquad C_{23} = -\begin{vmatrix} 2 & 3 \\ 1 & -1 \end{vmatrix} = 5$$

$$C_{31} = \begin{vmatrix} 3 & -4 \\ -4 & 2 \end{vmatrix} = -10 \qquad C_{32} = -\begin{vmatrix} 2 & -4 \\ 0 & 2 \end{vmatrix} = -4 \qquad C_{33} = \begin{vmatrix} 2 & 3 \\ 0 & -4 \end{vmatrix} = -8$$

이므로, 행렬 A의 수반행렬은 다음과 같다.

$$adj\,\mathbf{A} = \begin{bmatrix} -18 & 2 & 4 \\ -11 & 14 & 5 \\ -10 & -4 & -8 \end{bmatrix}^{\mathrm{T}} = \begin{bmatrix} -18 & -11 & -10 \\ 2 & 14 & -4 \\ 4 & 5 & -8 \end{bmatrix} \quad (2.30)$$

행렬 A의 역행렬은 $\mathbf{A}^{-1}$으로 나타내고, 행렬과 역행렬 사이의 관계는 다음과 같다.

$$\mathbf{A}^{-1}\mathbf{A} = \mathbf{A}\,\mathbf{A}^{-1} = \mathbf{I} \quad (2.31)$$

★ 역행렬 ★

$$\mathbf{A}^{-1} = \frac{adj\,\mathbf{A}}{|\mathbf{A}|} \quad (2.32)$$

따라서 $|\mathbf{A}| = 0$인 행렬 A는 역행렬을 구할 수 없으며, 이러한 행렬을 **특이행렬**(singular marix)이라고 한다.

예제 2-20

행렬 $\mathbf{A} = \begin{bmatrix} -1 & 2 & -3 \\ 2 & 1 & 0 \\ 4 & -2 & 5 \end{bmatrix}$ 의 역행렬을 구하라.

풀이

여인수를 구하면 다음과 같다.

$$C_{11} = \begin{vmatrix} 1 & 0 \\ -2 & 5 \end{vmatrix} = 5 \qquad C_{12} = -\begin{vmatrix} 2 & 0 \\ 4 & 5 \end{vmatrix} = -10 \qquad C_{13} = \begin{vmatrix} 2 & 1 \\ 4 & -2 \end{vmatrix} = -8$$

$$C_{21} = -\begin{vmatrix} 2 & -3 \\ -2 & 5 \end{vmatrix} = -4 \qquad C_{22} = \begin{vmatrix} -1 & -3 \\ 4 & 5 \end{vmatrix} = 7 \qquad C_{23} = -\begin{vmatrix} -1 & 2 \\ 4 & -2 \end{vmatrix} = 6$$

$$C_{31} = \begin{vmatrix} 2 & -3 \\ 1 & 0 \end{vmatrix} = 3 \qquad C_{32} = -\begin{vmatrix} -1 & -3 \\ 2 & 0 \end{vmatrix} = -6 \qquad C_{33} = \begin{vmatrix} -1 & 2 \\ 2 & 1 \end{vmatrix} = -5$$

따라서 수반행렬은 다음과 같다.

$$adj\,\mathbf{A} = \begin{bmatrix} 5 & -10 & -8 \\ -4 & 7 & 6 \\ 3 & -6 & -5 \end{bmatrix}^{\mathrm{T}} = \begin{bmatrix} 5 & -4 & 3 \\ -10 & 7 & -6 \\ -8 & 6 & -5 \end{bmatrix} \qquad \cdots (1)$$

또한 행렬 A의 행렬식을 구하면

$$\begin{aligned} |\mathbf{A}| &= a_{11}\,C_{11} + a_{12}\,C_{12} + a_{13}\,C_{13} && \cdots (2) \\ &= (-1)\times 5 + 2\times(-10) + (-3)\times(-8) \\ &= -5 - 20 + 24 = -1 && \cdots (3) \end{aligned}$$

이다. 따라서 행렬 A의 역행렬을 구하면 다음과 같다.

$$\mathbf{A}^{-1} = \frac{adj\,\mathbf{A}}{|\mathbf{A}|} = \frac{\begin{bmatrix} 5 & -4 & 3 \\ -10 & 7 & -6 \\ -8 & 6 & -5 \end{bmatrix}}{-1} = \begin{bmatrix} -5 & 4 & -3 \\ 10 & -7 & 6 \\ 8 & -6 & 5 \end{bmatrix} \qquad \cdots (4)$$

5 행렬의 연산

행렬도 대수식처럼 더하거나 뺄 수 있고 상수와 같은 스칼라값을 행렬에 곱하거나 나눌 수 있다. 또한 역을 취하기도 하고, 전치(transpose)시키기도 한다.

■ 등식 관계

$\mathrm{A} = [a_{ij}]$, $\mathrm{B} = [b_{ij}]$ 에서 모든 i, j에 대해 다음을 만족하면 $\mathrm{A} = \mathrm{B}$이다.

$$a_{ij} = b_{ij}$$

■ 덧셈과 뺄셈

행렬 A, B, C에 대해 $\mathrm{A} \pm \mathrm{B} = \mathrm{C}$이면 모든 원소에 대해 다음을 만족한다.

$$c_{ij} = a_{ij} \pm b_{ij}$$

■ 곱셈

행렬 A와 행렬 B의 곱셈 $\mathrm{AB} = \mathrm{C}$는 A의 열의 수와 B의 행의 수가 같아야만 연산이 가능하다. 그 결과인 행렬 C의 요소 c_{ij}는 A의 i행 요소들과 B의 j행 요소들을 차례로 곱하여 합한 것이다. 다음의 예를 살펴보자.

$$\begin{bmatrix} 2 & 3 \\ 4 & 5 \\ 1 & 2 \end{bmatrix} \begin{bmatrix} 2 & 5 & 4 \\ 1 & 2 & 3 \end{bmatrix} = \begin{bmatrix} 2\times2+3\times1 & 2\times5+3\times2 & 2\times4+3\times3 \\ 4\times2+5\times1 & 4\times5+5\times2 & 4\times4+5\times3 \\ 1\times2+2\times1 & 1\times5+2\times2 & 1\times4+2\times3 \end{bmatrix} = \begin{bmatrix} 7 & 16 & 17 \\ 13 & 30 & 31 \\ 4 & 9 & 10 \end{bmatrix}$$

즉 (3×2) 행렬과 (2×3) 행렬을 곱하면 다음과 같이 (3×3) 행렬이 된다.

$$(3 \times 2) \times (2 \times 3) = (3 \times 3)$$

■ 결합법칙과 교환법칙

행렬의 덧셈과 뺄셈은 결합법칙과 교환법칙이 성립하지만, 행렬의 곱셈은 결합법칙만 성립하고 교환법칙은 성립하지 않는다.

- 결합법칙 $(\mathrm{A} + \mathrm{B}) + \mathrm{C} = \mathrm{A} + (\mathrm{B} + \mathrm{C})$
  $(\mathrm{A} \times \mathrm{B}) \times \mathrm{C} = \mathrm{A} \times (\mathrm{B} \times \mathrm{C})$
- 교환법칙 $\mathrm{A} + \mathrm{B} = \mathrm{B} + \mathrm{A}$
  $\mathrm{A} \times \mathrm{B} \neq \mathrm{B} \times \mathrm{A}$

■ 스칼라값의 곱셈

어떤 행렬에 숫자를 곱하는 것은 모든 요소에 그 숫자를 곱한 것과 같다. 그러나 행렬식에 숫자를 곱할 때는 한 열이나 한 행에만 곱한다.

$$3\times\begin{bmatrix}1 & 2\\4 & 10\end{bmatrix}=\begin{bmatrix}1\times3 & 2\times3\\4\times3 & 10\times3\end{bmatrix}=\begin{bmatrix}3 & 6\\12 & 30\end{bmatrix}$$

$$3\times\begin{vmatrix}1 & 2\\4 & 10\end{vmatrix}=\begin{vmatrix}1\times3 & 2\times3\\4 & 10\end{vmatrix}=\begin{vmatrix}1\times3 & 2\\4\times3 & 10\end{vmatrix}=6$$

■ 기타 행렬의 법칙

$$\mathbf{AI}=\mathbf{IA}=\mathbf{A}$$

$$(\mathbf{A}^{\mathrm{T}})^{\mathrm{T}}=\mathbf{A}$$

$$(\mathbf{A}+\mathbf{B})^{\mathrm{T}}=\mathbf{A}^{\mathrm{T}}+\mathbf{B}^{\mathrm{T}}$$

$$(\mathbf{AB})^{\mathrm{T}}=\mathbf{B}^{\mathrm{T}}\mathbf{A}^{\mathrm{T}}$$

$$(\mathbf{A}^{-1})^{-1}=\mathbf{A}$$

$$(\mathbf{AB})^{-1}=\mathbf{B}^{-1}\mathbf{A}^{-1}$$

예제 2-21

행렬 $\mathbf{A}=\begin{bmatrix}1 & 2\\3 & 4\end{bmatrix}$와 $\mathbf{B}=\begin{bmatrix}5 & 6\\7 & 8\end{bmatrix}$에 대해 다음을 구하라.

(a) $\mathbf{AB}$ (b) $\mathbf{BA}$ (c) $(\mathbf{AB})^{\mathrm{T}}$

(d) $(\mathbf{AB})^{-1}$ (e) $\mathbf{B}^{\mathrm{T}}\mathbf{A}^{\mathrm{T}}$ (f) $\mathbf{B}^{-1}\mathbf{A}^{-1}$

풀이

(a) $\mathbf{AB}=\begin{bmatrix}1 & 2\\3 & 4\end{bmatrix}\begin{bmatrix}5 & 6\\7 & 8\end{bmatrix}=\begin{bmatrix}19 & 22\\43 & 50\end{bmatrix}$

(b) $\mathbf{BA}=\begin{bmatrix}5 & 6\\7 & 8\end{bmatrix}\begin{bmatrix}1 & 2\\3 & 4\end{bmatrix}=\begin{bmatrix}23 & 34\\31 & 46\end{bmatrix}$

(c) $(\mathbf{AB})^{\mathrm{T}}=\left(\begin{bmatrix}1 & 2\\3 & 4\end{bmatrix}\begin{bmatrix}5 & 6\\7 & 8\end{bmatrix}\right)^{\mathrm{T}}=\begin{bmatrix}19 & 22\\43 & 50\end{bmatrix}^{\mathrm{T}}=\begin{bmatrix}19 & 43\\22 & 50\end{bmatrix}$

(d) $(\mathbf{AB})^{-1} = \left(\begin{bmatrix} 1 & 2 \\ 3 & 4 \end{bmatrix}\begin{bmatrix} 5 & 6 \\ 7 & 8 \end{bmatrix}\right)^{-1} = \begin{bmatrix} 19 & 22 \\ 43 & 50 \end{bmatrix}^{-1}$

$$= \frac{adj\begin{bmatrix} 19 & 22 \\ 43 & 50 \end{bmatrix}}{\begin{vmatrix} 19 & 22 \\ 43 & 50 \end{vmatrix}} = \frac{\begin{bmatrix} 50 & -43 \\ -22 & 19 \end{bmatrix}^{\mathrm{T}}}{950-946}$$

$$= \frac{\begin{bmatrix} 50 & -22 \\ -43 & 19 \end{bmatrix}}{4} = \begin{bmatrix} 12.5 & -5.5 \\ -10.75 & 4.75 \end{bmatrix}$$

(e) $\mathbf{B}^{\mathrm{T}}\mathbf{A}^{\mathrm{T}} = \begin{bmatrix} 5 & 6 \\ 7 & 8 \end{bmatrix}^{\mathrm{T}}\begin{bmatrix} 1 & 2 \\ 3 & 4 \end{bmatrix}^{\mathrm{T}} = \begin{bmatrix} 5 & 6 \\ 7 & 8 \end{bmatrix}\begin{bmatrix} 1 & 2 \\ 3 & 4 \end{bmatrix} = \begin{bmatrix} 19 & 43 \\ 22 & 50 \end{bmatrix}$

(f) $\mathbf{B}^{-1}\mathbf{A}^{-1} = \begin{bmatrix} 5 & 6 \\ 7 & 8 \end{bmatrix}^{-1}\begin{bmatrix} 1 & 2 \\ 3 & 4 \end{bmatrix}^{-1}$

$$= \frac{adj\begin{bmatrix} 5 & 6 \\ 7 & 8 \end{bmatrix}}{\det\begin{bmatrix} 5 & 6 \\ 7 & 8 \end{bmatrix}} \times \frac{adj\begin{bmatrix} 1 & 2 \\ 3 & 4 \end{bmatrix}}{\det\begin{bmatrix} 1 & 2 \\ 3 & 4 \end{bmatrix}}$$

$$= \frac{\begin{bmatrix} 8 & -7 \\ -6 & 5 \end{bmatrix}^{\mathrm{T}}}{5\times 8-7\times 6} \times \frac{\begin{bmatrix} 4 & -3 \\ -2 & 1 \end{bmatrix}^{\mathrm{T}}}{1\times 4-3\times 2}$$

$$= \frac{\begin{bmatrix} 8 & -6 \\ -7 & 5 \end{bmatrix}}{-2} \times \frac{\begin{bmatrix} 4 & -2 \\ -3 & 1 \end{bmatrix}}{-2}$$

$$= \begin{bmatrix} -4 & 3 \\ 3.5 & -2.5 \end{bmatrix}\begin{bmatrix} -2 & 1 \\ 1.5 & -0.5 \end{bmatrix} = \begin{bmatrix} 12.5 & -5.5 \\ -10.75 & 4.75 \end{bmatrix}$$

CHAPTER

02 연습문제

2.1 복소수 $P=3-j4$를 지수식으로 나타내면?

㉮ $-7e^{-j31°}$ ㉯ $5e^{-j53.13°}$

㉰ $7e^{-j31°}$ ㉱ $5e^{j126.87°}$

2.2 지수식으로 표시된 복소수 $P=10e^{j30°}$을 직교좌표식으로 나타내면?

㉮ $5.0-j8.7$ ㉯ $5.0+j8.7$

㉰ $10+j5.8$ ㉱ $8.7+j5.0$

2.3 $(3-j2)+(2+j5)(4-j)+\dfrac{1}{4+j3}$을 간단히 나타내면?

㉮ $16.16+j15.88$ ㉯ $4-j3$

㉰ $20.5+j12.4$ ㉱ $-12.12-j30.59$

2.4 복소수 $P=\dfrac{10\angle 60°\times 8\angle 30°\times 2\angle -45°}{5\angle 120°\times 4\angle -30°}$를 계산하면?

㉮ $11\angle 22.5°$ ㉯ $8\angle 30°$

㉰ $8\angle -45°$ ㉱ $-8\angle 45°$

2.5 복소함수 $G(s)=\dfrac{s+2}{(s+1)(s+3)}$에서 $s=j2$일 때, 이 복소함수의 값은?

㉮ $25-j16$ ㉯ $0.15+j0.15$

㉰ $0.57+j0.48$ ㉱ $0.22-j0.28$

2.6 $s=1+j2$일 때, 복소함수 $F(s)=s^2-4s+2-j10$의 값은?

㉮ $30-j26$ ㉯ $-5-j14$

㉰ $-3+j45$ ㉱ $-10-j10$

2.7 복소함수 $F(s)=\dfrac{2s^2+10s+8}{s^3+5s^2+6s}$의 영점이나 극점이 아닌 것은?

㉮ 0 ㉯ 1 ㉰ -2 ㉱ -4

2.8 함수 $f(t)$의 라플라스 변환을 바르게 정의한 식은?

㉮ $\int_{-\infty}^{0} f(t)\,e^{st}\,dt$ ㉯ $\int_{-\infty}^{\infty} f(t)\,e^{-st}\,dt$

㉰ $\int_{0}^{\infty} f(t)\,e^{-st}\,dt$ ㉱ $\int_{0}^{\infty} f(t)\,e^{st}\,dt$

2.9 단위계단함수 $u_s(t)$의 라플라스 변환은?

㉮ $\dfrac{1}{s+1}$ ㉯ $\dfrac{1}{s}e^{-st}$ ㉰ $\dfrac{1}{e^{-st}}$ ㉱ $\dfrac{1}{s}$

2.10 단위계단함수 $u_s(t-3)$의 라플라스 변환은?

㉮ $\dfrac{e^{-3s}}{s}$ ㉯ 1 ㉰ 3 ㉱ $\dfrac{1}{s+3}$

2.11 함수 $f(t)=4t$의 라플라스 변환은?

㉮ $30s$ ㉯ $\dfrac{4}{s^2}$ ㉰ $\dfrac{30}{s^3}$ ㉱ $5s^3$

2.12 함수 $f(t)=1-e^{-5t}$의 라플라스 변환은?

㉮ $\dfrac{5}{s(s+5)}$ ㉯ $u_s(s)-e^{-5s}$

㉰ $\dfrac{1}{s(s-5)}$ ㉱ $\dfrac{1}{s^2+5s+1}$

2.13 함수 $f(t)=te^{-10t}$의 라플라스 변환은?

㉮ $\dfrac{10}{s+10}$ ㉯ $\dfrac{1}{(s+10)^2}$

㉰ $\dfrac{2s}{(s+10)^2}$ ㉱ $\dfrac{1}{s^2(s+10)}$

2.14 다음 그림과 같은 단위계단함수의 라플라스 변환은?

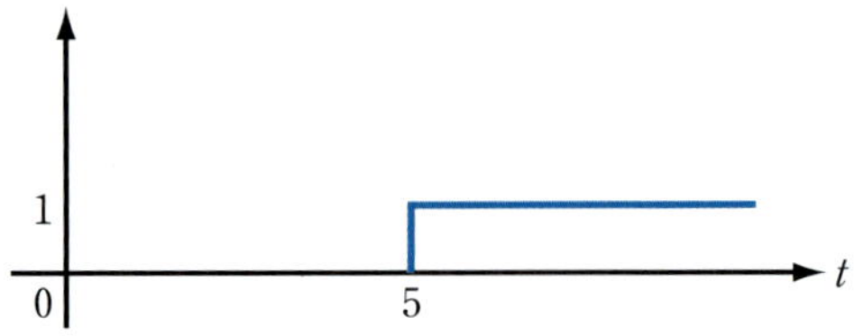

㉮ $U(s-5)$ ㉯ $\frac{1}{s-5}$ ㉰ $\frac{1}{s+5}$ ㉱ $\frac{e^{-5s}}{s}$

2.15 다음 그림과 같은 펄스의 라플라스 변환은?

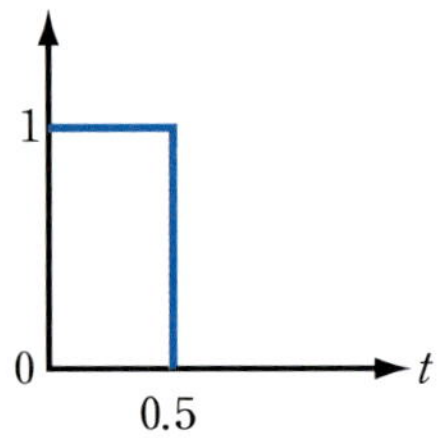

㉮ $\frac{1}{s}e^{-0.5s}$ ㉯ $\frac{1}{s}e^{0.5s}$ ㉰ $\frac{1}{s}(1-e^{-0.5s})$ ㉱ $\frac{1}{s}(1-e^{0.5s})$

2.16 $20e^{-10t}\sin 5t$의 라플라스 변환은?

㉮ $\frac{100}{s^2+20s+125}$ ㉯ $\frac{200}{s^2-10s+25}$

㉰ $\frac{100(s+10)}{(s+10)^2+5^2}$ ㉱ $\frac{1000}{(s+5)^2+100}$

2.17 $e^{-t}\cos 10t$의 라플라스 변환은?

㉮ $\frac{s}{(s+1)(s^2+100)}$ ㉯ $\frac{e^{-s}}{s^2+100}$

㉰ $\frac{s+1}{(s+1)^2+10^2}$ ㉱ $\frac{s+1}{s^2+2s+100}$

2.18 다음 중 라플라스 변환이 틀린 것은?

㉮ $\mathcal{L}[e^{-5t}] = \dfrac{1}{s+5}$　　㉯ $\mathcal{L}[30] = \dfrac{30}{s}$

㉰ $\mathcal{L}[u_s(t-2)] = e^{-2s}$　　㉱ $\mathcal{L}[e^{-5t}\cos 10t] = \dfrac{s+5}{(s+5)^2+100}$

2.19 함수 $f(t)$의 라플라스 변환이 $F(s) = \dfrac{4s^2-2s+5}{s^3+s+5}$ 일 때, 이 함수의 초깃값 $f(0)$는?

㉮ 0　　㉯ 4　　㉰ 1　　㉱ ∞

2.20 라플라스 변환이 다음과 같은 전류 $i(t)$의 초깃값 $i(0)$는?

$$I(s) = \frac{100}{5s(s+2)}$$

㉮ 0　　㉯ 4　　㉰ 1　　㉱ ∞

2.21 함수 $f(t)$의 라플라스 변환이 $F(s) = \dfrac{5s+12}{s(s^2+2s+5)}$ 일 때, 이 함수의 최종값 $f(\infty)$는?

㉮ 0　　㉯ 5　　㉰ 2.4　　㉱ ∞

2.22 어떤 제어시스템의 출력 $c(t)$의 라플라스 변환식이 $C(s) = \dfrac{10}{s^2+7s+10}$ 일 때, 시간이 많이 지난 정상상태의 출력값은?

㉮ 0　　㉯ 1　　㉰ 2　　㉱ ∞

2.23 $\dfrac{1}{s^3}$ 의 라플라스 역변환은?

㉮ t^3　　㉯ $e^{-2t}u_s(t)$　　㉰ $e^{-3}u(t+3)$　　㉱ $\dfrac{1}{2}t^2$

2.24 $\mathcal{L}^{-1}\left[\dfrac{s}{(s+3)^2}\right]$ 를 구하면?

㉮ $2t^2$　　㉯ $e^{-3t}(1-3t)$　　㉰ e^{-3t}　　㉱ $t+e^{-3t}$

2.25 $\dfrac{2s+26}{s^2+6s+25}$ 의 라플라스 역변환은?

㉮ $3te^{-6t}$　㉯ $-3e^{-2t}+5e^{-3t}$

㉰ $5e^{-2t}-2e^{-3t}$　㉱ $2e^{-3t}\cos 4t+5e^{-3t}\sin 4t$

2.26 다음 행렬 A, B의 곱으로 만들어지는 행렬 AB의 2행 2열의 요소는?

$$A=\begin{bmatrix}2 & 5\\ 1 & 4\\ 3 & 7\end{bmatrix},\quad B=\begin{bmatrix}-1 & 0\\ 2 & 4\end{bmatrix}$$

㉮ 0　㉯ -10　㉰ 16　㉱ -4

2.27 $5\times\begin{bmatrix}1 & 2\\ 3 & 4\end{bmatrix}$ 를 계산하면?

㉮ $\begin{bmatrix}5 & 10\\ 15 & 20\end{bmatrix}$　㉯ $\begin{bmatrix}5 & 2\\ 3 & 20\end{bmatrix}$　㉰ $\begin{bmatrix}5 & 10\\ 3 & 4\end{bmatrix}$　㉱ $\begin{bmatrix}1 & 10\\ 15 & 4\end{bmatrix}$

2.28 다음 행렬 중 특이행렬은?

㉮ $\begin{bmatrix}-1 & 2\\ 2 & 0\end{bmatrix}$　㉯ $\begin{bmatrix}2 & -2\\ -1 & 4\end{bmatrix}$　㉰ $\begin{bmatrix}1 & 0\\ 0 & 1\end{bmatrix}$　㉱ $\begin{bmatrix}1 & 1\\ 1 & 1\end{bmatrix}$

2.29 행렬식 $\begin{vmatrix}6 & 5 & 0\\ -1 & 8 & -7\\ -2 & 4 & 0\end{vmatrix}$ 의 값은?

㉮ 0　㉯ 1　㉰ 186　㉱ 238

2.30 $\begin{bmatrix}1 & 2\\ 3 & 4\end{bmatrix}^{-1}$ 을 계산하면?

㉮ $\begin{bmatrix}2 & -1.5\\ -1 & 0.5\end{bmatrix}$　㉯ $\begin{bmatrix}-2 & 1\\ 1.5 & -0.5\end{bmatrix}$　㉰ $\begin{bmatrix}1 & -3\\ -2 & 4\end{bmatrix}$　㉱ $\begin{bmatrix}-2 & 1.5\\ 1 & -0.5\end{bmatrix}$

CHAPTER

03

자동제어시스템의 모델링

자동제어시스템을 해석하고 설계할 때, 시스템의 입출력 관계를 수식적으로 표현하는 일은 매우 중요하다. 이를 자동제어시스템의 모델링(modeling)이라고 하고, 모델링을 통해 얻은 수식적 표현을 자동제어시스템의 모델(model)이라고 한다.

자동제어시스템의 입출력 관계는 보통 미분방정식으로 표현되는데, 미분방정식은 차수가 커지면 그 해를 구하기가 어렵다. 따라서 자동제어시스템에서는 대부분 직관적인 판단이 쉬운 전달함수와 시변 및 비선형시스템에서도 사용할 수 있는 상태방정식을 이용한다. 이 장에서는 이러한 전달함수와 상태방정식에 대해 살펴보고, 기본 제어요소들의 모델링을 알아본다.

CONTENTS

SECTION 3.1 전달함수

SECTION 3.2 블록선도

SECTION 3.3 신호흐름선도

SECTION 3.4 상태방정식

SECTION 3.5 제어요소의 모델링

SECTION 3.6 상태방정식과 전달함수의 관계

연습문제

SECTION

3.1 전달함수

자동제어시스템의 입출력 관계는 전달함수를 이용하여 나타낸다. 따라서 이 절에서는 전달함수의 정의를 알아보고, 라플라스 변환을 이용하여 전달함수를 구하는 방법을 살펴본다.

Keywords | 전달함수 |

[그림 3-1]과 같이 입력 $x(t)$에 대해 출력 $y(t)$가 나오는 자동제어시스템을 살펴보자.

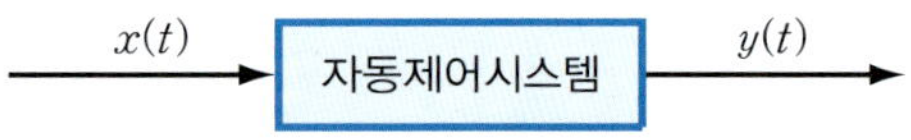

[그림 3-1] 입력이 $x(t)$, 출력이 $y(t)$인 자동제어시스템

다음과 같이 입력의 라플라스 변환 $X(s)$로 출력의 라플라스 변환 $Y(s)$를 나누어 얻어지는 식 $G(s)$를 자동제어시스템의 **전달함수**(transfer function)라고 한다.

★ 전달함수의 정의 ★

$$G(s) = \frac{Y(s)}{X(s)} \tag{3.1}$$

다만, 입력이 가해지기 전에는 이 시스템의 모든 상태(전압이나 전류, 변위, 속도 등)가 0이었다고 가정한다. 이를 '모든 초기 조건은 0'이라고 표현한다.

[그림 3-2]와 같이 전달함수가 $G(s)$인 자동제어시스템에 입력 $x(t)$를 가하여 출력 $y(t)$가 얻어진다면, 입력과 출력의 관계는 다음과 같이 된다.

$$Y(s) = G(s)\,X(s) \tag{3.2}$$

$$y(t) = \mathcal{L}^{-1}[G(s)\,X(s)] \tag{3.3}$$

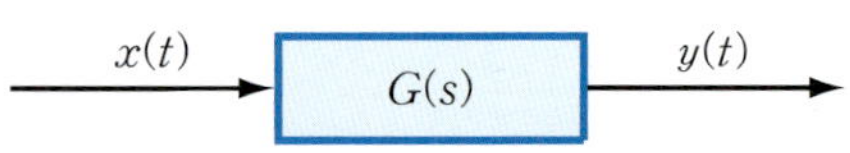

[그림 3-2] 전달함수가 $G(s)$인 자동제어시스템

예제 3-1

입력과 출력 관계가 다음과 같이 미분방정식으로 표현되는 자동제어시스템의 전달함수를 구하라.

$$\frac{d^2}{dt^2}c(t)+2\frac{d}{dt}c(t)+3c(t)=5\frac{d}{dt}r(t)+4r(t)$$

풀이

라플라스 변환을 구하고, 모든 초기 조건을 0으로 가정하면

$$[\{s^2C(s)-sc(0)-\dot{c}(0)\}+2\{sC(s)-c(0)\}+3C(s)]=[5\{sR(s)-r(0)\}+4R(s)]$$
$$s^2C(s)+2sC(s)+3C(s)=5sR(s)+4R(s)$$
$$(s^2+2s+3)C(s)=(5s+4)R(s)$$

이다. 그러므로 전달함수를 구하면 다음과 같다.

$$G(s)=\frac{C(s)}{R(s)}=\frac{5s+4}{s^2+2s+3}$$

예제 3-2

[그림 3-3]과 같이 입력 힘 $f(t)$에 대한 변위 $y(t)$를 출력으로 하는 기계시스템의 힘의 방정식은 다음과 같다. 이 기계시스템의 전달함수 $G(s)$를 구하라.

$$5\frac{d^2}{dt^2}y(t)+2\frac{d}{dt}y(t)+3y(t)=f(t)$$

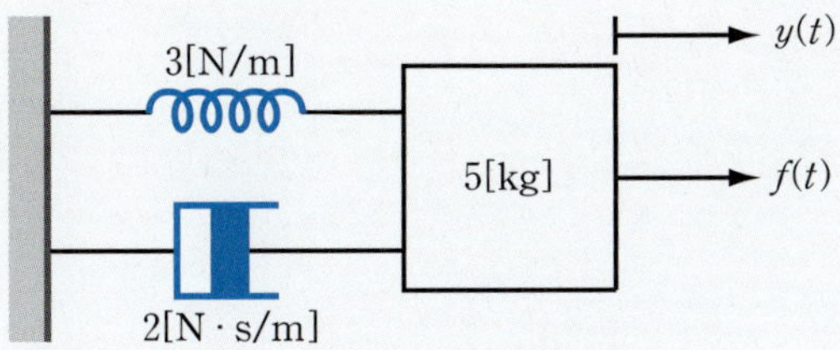

[그림 3-3] [예제 3-2]의 기계시스템 구성

풀이

주어진 힘의 방정식의 양변을 라플라스 변환하면 다음과 같다.

$$5\{s^2Y(s)-sy(0)-\dot{y}(0)\}+2\{sY(s)-y(0)\}+3Y(s)=F(s) \quad \cdots(1)$$

이때 모든 초기 조건을 0으로 하면

$$5s^2Y(s)+2sY(s)+3Y(s)=F(s) \qquad \cdots (2)$$

$$(5s^2+2s+3)Y(s)=F(s)$$

가 된다. 따라서 전달함수를 구하면 다음과 같다.

$$G(s)=\frac{Y(s)}{F(s)}=\frac{1}{5s^2+2s+3} \qquad \cdots (3)$$

예제 3-3

[그림 3-4]와 같은 RC 직렬회로망에서 입력전압 $v_i(t)$와 출력전압 $v_o(t)$는 다음과 같이 표현된다. 이때 전달함수 $G(s)$를 구하라.

$$v_i(t)=1000\,i(t)+\frac{1}{0.002}\int_0^t i(t)\,dt$$

$$v_o(t)=\frac{1}{0.002}\int_0^t i(t)\,dt$$

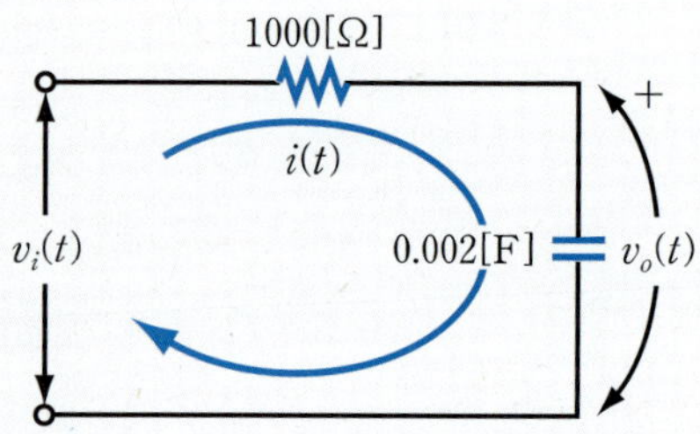

[그림 3-4] [예제 3-3]의 RC 직렬회로망

풀이

입력전압과 출력전압의 라플라스 변환을 구하면 각각 다음과 같다.

$$V_i(s)=1000I(s)+\frac{1}{0.002}\frac{I(s)}{s}=\left(1000+\frac{1}{0.002s}\right)I(s) \qquad \cdots (1)$$

$$V_o(s)=\frac{I(s)}{0.002s} \qquad \cdots (2)$$

따라서 전달함수를 구하면 다음과 같다.

$$G(s)=\frac{V_o(s)}{V_i(s)}=\frac{\frac{1}{0.002s}}{1000+\frac{1}{0.002s}}=\frac{1}{2s+1} \qquad \cdots (3)$$

별해

[그림 3-5]와 같은 임피던스 직렬회로에서 출력전압 $V_o(s)$는 다음과 같다.

$$V_o(s) = V_i(s) \times \frac{Z_2}{Z_1 + Z_2} \quad \cdots (4)$$

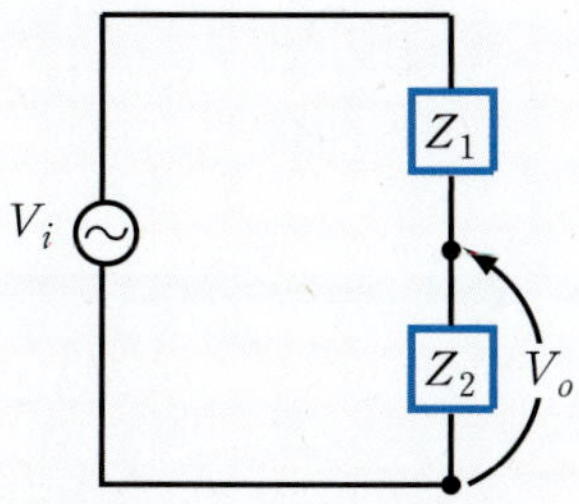

[그림 3-5] 임피던스 직렬회로

따라서 [그림 3-4]의 RC 직렬회로망에서 전달함수 $G(s)$는 다음과 같이 간단히 구할 수 있다.

$$G(s) = \frac{V_o(s)}{V_o(s)} = \frac{Z_2}{Z_1 + Z_2} = \frac{\frac{1}{0.002s}}{1000 + \frac{1}{0.002s}} = \frac{1}{2s+1} \quad \cdots (5)$$

전달함수를 이용해 자동제어시스템을 모델링하는 방법은 자동제어시스템을 해석하거나 설계할 때 유용한 점이 많지만, 선형시불변시스템(linear time-invariant systems)에만 적용할 수 있으며 시변시스템(time-varying systems)이나 비선형시스템(nonlinear system)에는 사용할 수 없다는 결점이 있다.

SECTION
3.2 블록선도

자동제어시스템은 여러 가지 요소의 결합으로 구성되는데, 이러한 각 요소의 역할에 대한 개념과 그들의 상호관계를 효과적으로 파악하기 위해 블록선도를 사용하여 시스템을 표시한다. 이 절에서는 이러한 블록선도의 표기법과 등가변환에 대해 학습한다.

Keywords | 블록선도 | 블록선도의 구성단위 | 블록선도의 등가변환 | 전향경로 전달함수 | 개루프 전달함수 | 폐루프 전달함수 | 단위귀환 제어시스템 |

1 블록선도의 표기법

자동제어시스템의 **블록선도**(block diagram)는 단방향성(unidirectional)의 블록들로 구성된다. 각 블록들 안에는 선의 경로를 따라 입력과 출력 사이의 관계를 알 수 있도록 각 요소의 전달함수를 기입한다. 이때 블록선도는 [표 3-1]과 같이 네 개의 구성단위만 사용한다.

[표 3-1] 블록선도의 구성단위

종류	기호	연산
신호		화살표 방향으로만 전달
전달요소	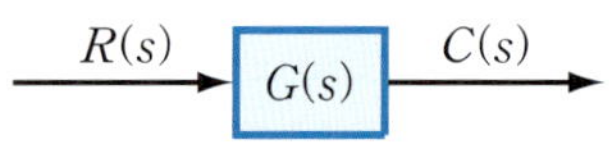	$C(s)=G(s)R(s)$
가산점	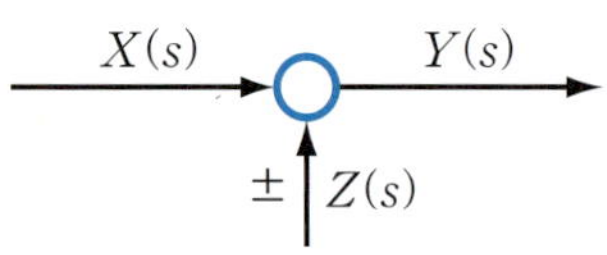	$Y(s)=X(s)\pm Z(s)$
인출점	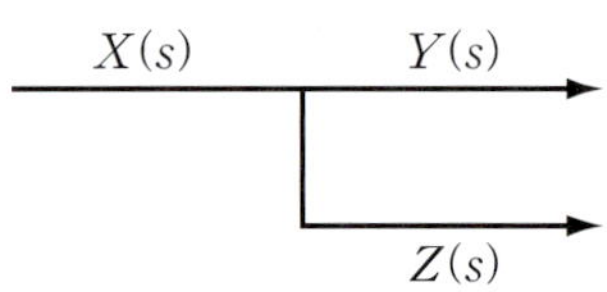	$X(s)=Y(s)=Z(s)$

예제 3-4

[그림 3-6]과 같은 전기회로망에서 저항 R에 걸리는 전류 $i(t)$와 콘덴서에 걸리는 전압 $v_o(t)$가 다음과 같을 때, 블록선도를 그려라.

$$i(t) = \frac{1}{R}\{v_i(t) - v_o(t)\}$$

$$v_o(t) = \frac{1}{C}\int_0^t i(t)\,dt$$

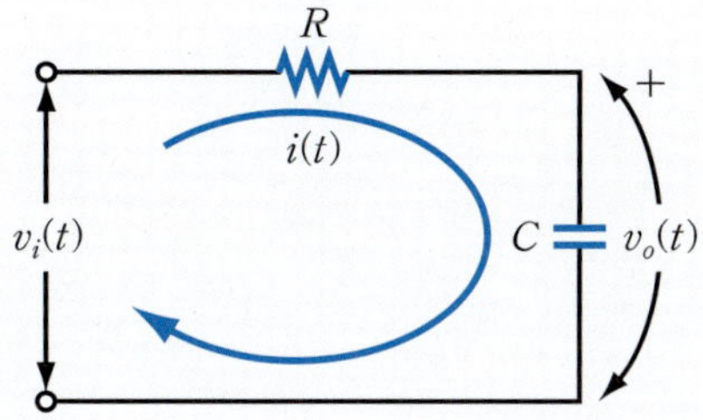

[그림 3-6] [예제 3-4]의 전기회로망

풀이

전류 $i(t)$와 전압 $v_o(t)$의 라플라스 변환을 구하면 각각 다음과 같다.

$$I(s) = \frac{1}{R}\{V_i(s) - V_o(s)\} \quad \cdots (1)$$

$$V_o(s) = \frac{1}{Cs} I(s) \quad \cdots (2)$$

$I(s)$의 식에서 블록선도에 가산점이 필요함을 알 수 있다. 식 (1)과 식 (2)를 이용하여 블록선도를 그리면 [그림 3-7]과 같다.

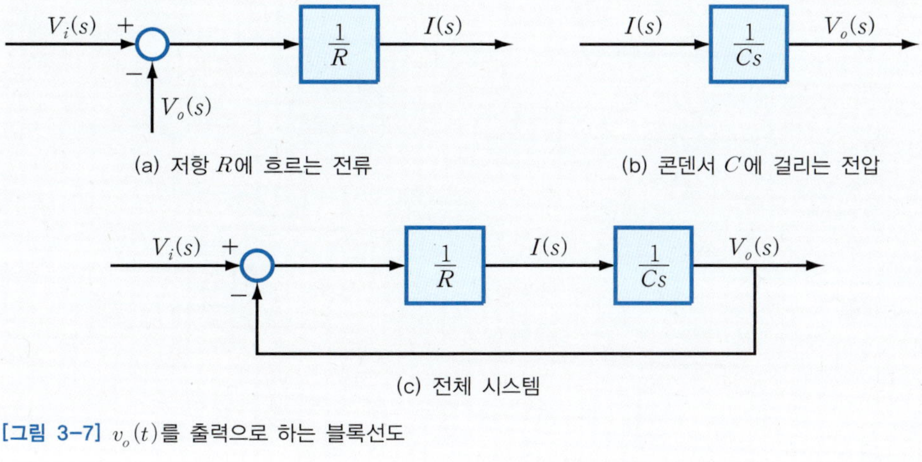

[그림 3-7] $v_o(t)$를 출력으로 하는 블록선도

[그림 3-7]의 블록선도에서는 출력을 $v_o(t)$로 했으나, 만일 출력을 $i(t)$로 하여 블록선도를 그리면 [그림 3-8]과 같다.

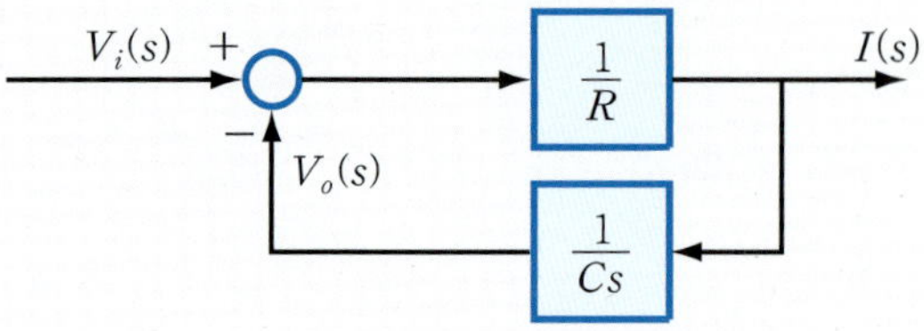

[그림 3-8] $i(t)$를 출력으로 하는 블록선도

2 블록선도의 등가변환

자동제어공학에서 자주 사용하는 몇 가지 중요한 블록선도의 등가변환을 정리하면 [표 3-2]와 같다.

[표 3-2] 블록선도의 등가변환

번호	블록연산	블록선도	등가 블록선도
1	교환	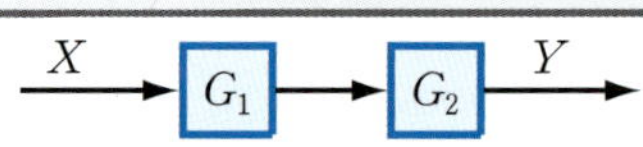	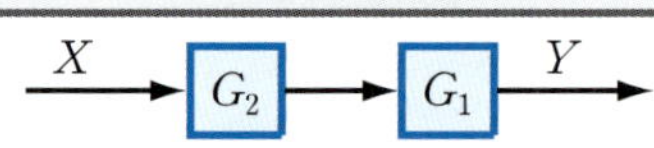
2	직렬결합	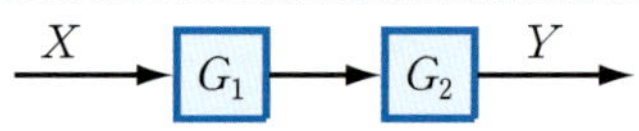	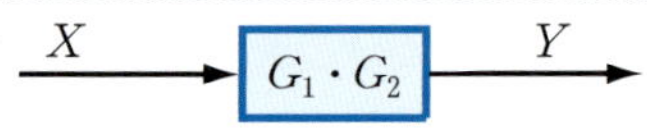
3	병렬결합	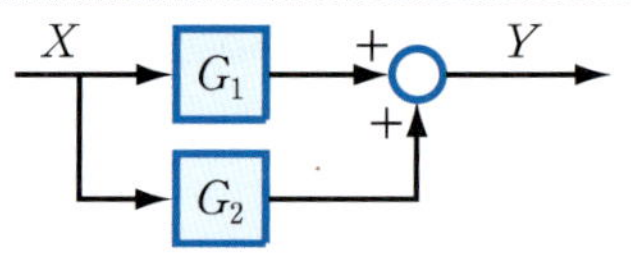	
4	가산점을 앞으로 이동	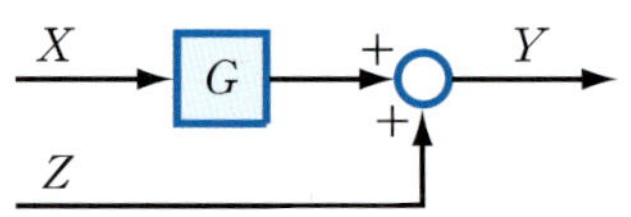	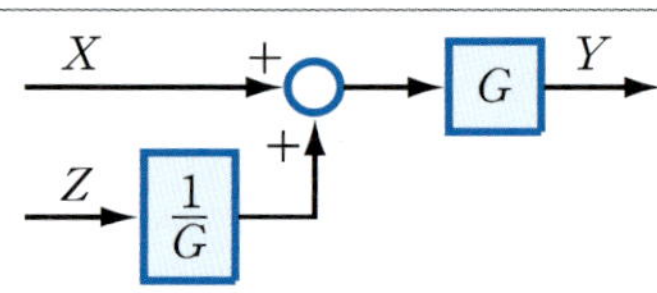
5	가산점을 뒤로 이동	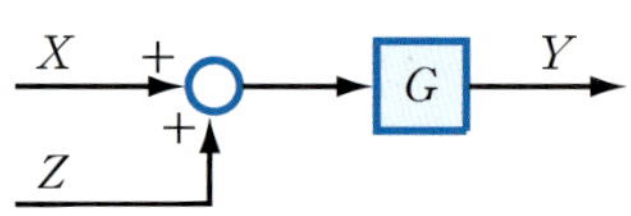	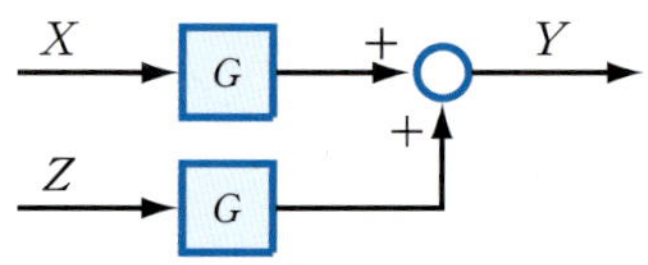
6	인출점을 앞으로 이동	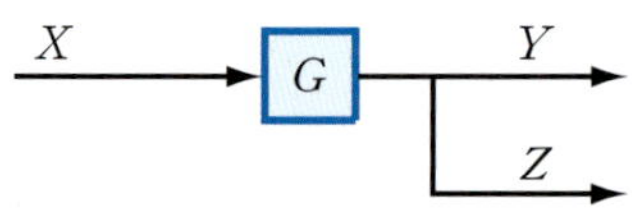	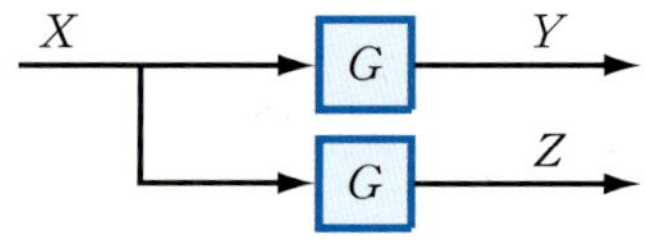
7	인출점을 뒤로 이동	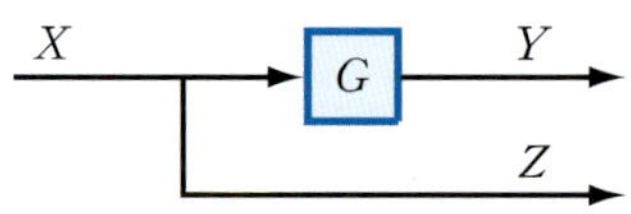	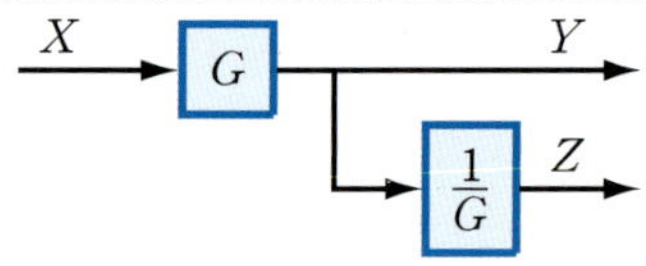

자동제어시스템을 해석하고 전체 전달함수를 구하기 위해서는 먼저 자동제어시스템의 신호에 대한 전달경로를 블록선도로 표시하고, 그 다음에 해석하기 편하도록 블록선도를 정리해야 한다.

예제 3-5

[그림 3-9(a)]와 같은 폐루프 제어시스템의 등가변환이 [그림 3-9(b)]와 같음을 보여라.

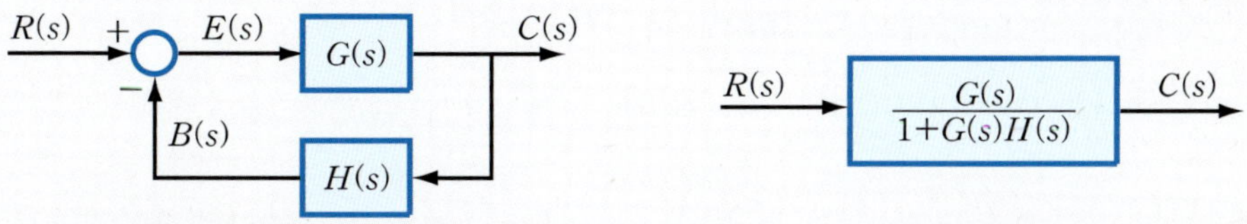

(a) 폐루프 제어시스템의 블록선도 (b) 등가변환 블록선도

[그림 3-9] [예제 3-5]의 등가변환

풀이

[그림 3-9(a)]의 블록선도를 살펴보면

$$E(s) = R(s) - B(s) \quad \cdots (1)$$

$$C(s) = G(s)\,E(s) \quad \cdots (2)$$

이다. 이때 $B(s) = H(s)\,C(s)$이므로

$$E(s) = R(s) - H(s)\,C(s) \quad \cdots (3)$$

$$C(s) = G(s)\,E(s) = G(s)\,\{R(s) - H(s)\,C(s)\} \quad \cdots (4)$$

가 된다. 이를 정리하면

$$C(s) + G(s)\,H(s)\,C(s) = G(s)\,R(s) \quad \cdots (5)$$

$$\{1 + G(s)\,H(s)\}\,C(s) = G(s)\,R(s) \quad \cdots (6)$$

이므로, $C(s)$는 다음과 같다.

$$C(s) = \frac{G(s)}{1 + G(s)\,H(s)}\,R(s) \quad \cdots (7)$$

따라서 이 식에 의해 블록선도를 그리면 [그림 3-9(b)]와 같다.

[그림 3-9(a)]는 폐루프 제어시스템의 기본 블록선도이며, 이 시스템의 전달함수는 다음과 같다.

$$M(s) = \frac{C(s)}{R(s)} = \frac{G(s)}{1+G(s)H(s)}$$

폐루프 제어시스템에서 전달함수를 표현할 때, 다음과 같은 용어들을 사용한다.

- **전향경로 전달함수**(feed forward transfer function) : $G(s)$
- **개루프 전달함수**(open-loop transfer function) : $G(s)H(s)$
- **폐루프 전달함수**(closed-loop transfer function) : $\dfrac{G(s)}{1+G(s)H(s)}$

[그림 3-9(a)]와 같이 어떤 폐루프 제어시스템을 하나의 귀환요소에 의한 귀환 제어시스템으로 표시한 것을 **표준형**(canonical form)이라고 한다. 그리고 [그림 3-10]과 같이 귀환요소의 전달함수가 $H(s)=1$인 제어시스템을 특별히 **단위귀환 제어시스템**(unity feedback control system) 또는 **직결귀환 제어시스템**(direct feedback control system)이라고 한다.

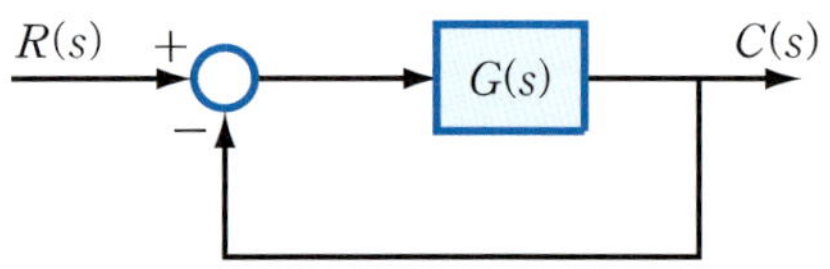

[그림 3-10] 단위귀환 제어시스템

단위귀환 제어시스템의 폐루프 전달함수는 다음과 같다.

$$M(s) = \frac{G(s)}{1+G(s)} \tag{3.4}$$

예제 3-6

[그림 3-11]과 같이 복잡한 귀환 제어시스템의 전체 폐루프 전달함수를 구하라.

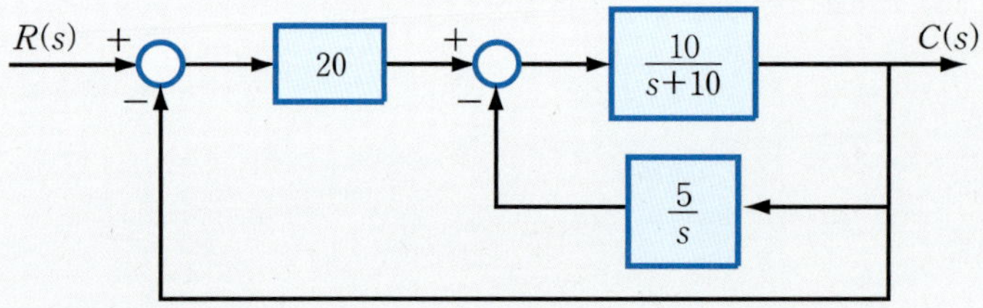

[그림 3-11] [예제 3-6]의 귀환 제어시스템

풀이

다음과 같은 순서로 폐루프 전달함수 $M(s)$를 구한다.

❶ 블록선도를 간단히 하기 위해 먼저 안쪽에 있는 귀환루프의 전달함수를 구하면 다음과 같다.

$$\frac{\dfrac{10}{s+10}}{1+\dfrac{10}{s+10}\times\dfrac{5}{s}}=\frac{10s}{s^2+10s+50} \qquad \cdots(1)$$

그러면 [그림 3-12]와 같이 블록선도가 간략화된다.

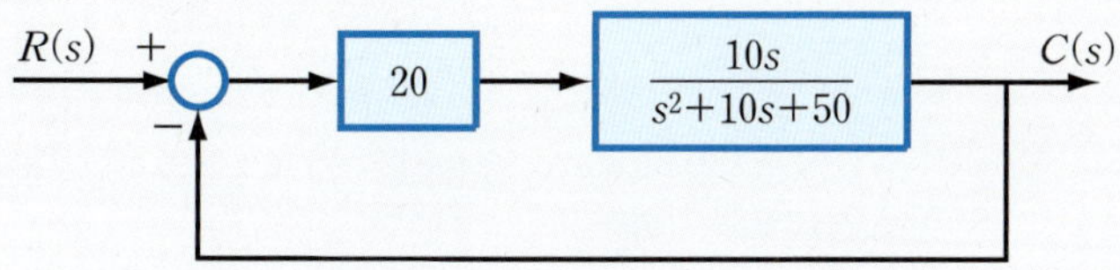

[그림 3-12] 간략화된 [그림 3-11]의 귀환 제어시스템

❷ 전향경로에 있는 직렬결합을 간략화하여 블록선도를 나타내면 [그림 3-13]과 같다.

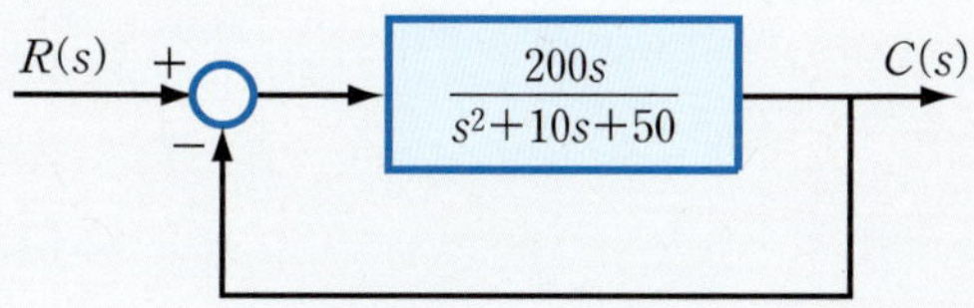

[그림 3-13] 직렬결합을 간략화한 [그림 3-12]의 귀환 제어시스템

❸ 전체 폐루프 전달함수를 구하면 다음과 같다.

$$M(s)=\frac{\dfrac{200s}{s^2+10s+50}}{1+\dfrac{200s}{s^2+10s+50}} \qquad \cdots(2)$$

$$=\frac{200s}{s^2+210s+50} \qquad \cdots(3)$$

SECTION

3.3 신호흐름선도

블록선도는 자동제어시스템을 구성하는 요소들의 상호관계를 이해할 때는 편리하나, 수식적으로 취급할 때는 불편하다. 따라서 수식적으로 취급하기 편한 신호흐름선도를 이용하기도 한다. 이 절에서는 신호흐름선도의 정의와 기본 법칙을 학습한다. 그리고 자동제어시스템을 신호흐름선도로 나타낼 때 그 시스템의 전달함수를 쉽게 구할 수 있는 메이슨의 이득공식을 살펴본다.

Keywords | 신호흐름선도 | 전향경로 | 경로이득 | 귀환루프 | 메이슨의 이득공식 |

1 신호흐름선도의 정의

두 변수 $x_1(t)$와 $x_2(t)$가 다음과 같이 표현되는 경우를 생각해보자.

$$x_2(t) = a_{21} x_1(t) \tag{3.5}$$

식 (3.5)는 두 변수(또는 신호) 사이의 인과관계를 나타낸다. 여기에서 a_{21}은 [그림 3-14(a)]와 같이 $x_1(t)$를 $x_2(t)$로 사상시키는 **수학적 연산자**(mathematical operator)이다. 다시 말해, $x_1(t)$를 입력하면 $x_2(t)$가 출력되는 입출력 관계를 나타낸다. 이러한 수학적 연산자를 이득 또는 **전송함수**(transmission function)라고 한다. 식 (3.5)의 관계를 신호흐름선도로 표시하면 [그림 3-14(a)]와 같다.

[그림 3-14] 간단한 신호흐름선도

이때 주의할 점은 $x_1(t)$가 입력되면 $x_2(t)$의 신호가 발생하지만, [그림 3-14(b)]처럼 $x_2(t)$에 의해 $x_1(t)$가 생기지는 않는다는 사실이다. 그러나 수학적으로는 다음과 같이 나타낼 수 있다.

$$x_1 = \frac{1}{a_{21}} x_2 \tag{3.6}$$

[그림 3-14(a)]에서 원으로 표시한 점을 **마디**(node)라고 하고, 화살표로 마디를 이은 선을 **가지**(branch)라고 한다. **신호흐름선도**(signal-flow graph)는 제어량이나 신호를 원(마디)으로, 전달함수를 화살표(가지)로 변형하여 표시하는 방법이다.

예를 들어, 증폭회로 $x_2(t) = 5x_1(t)$, 미분회로 $x_2(t) = \frac{d}{dt}x_1(t)$, 적분회로 $x_2(t) = \int_0^t x_1(t)\,dt$ 에 대한 라플라스 변환을 구하고, 이들에 대한 신호흐름선도를 그리면 [그림 3-15]와 같다. 단, 모든 초기 조건은 0으로 가정한다.

$$x_2(t) = 5x_1(t) \quad \rightarrow \quad X_2(s) = 5X_1(s) \tag{3.7}$$

$$x_2(t) = \frac{d}{dt}x_1(t) \quad \rightarrow \quad X_2(s) = sX_1(s) \tag{3.8}$$

$$x_2(t) = \int_0^t x_1(t)\,dt \quad \rightarrow \quad X_2(s) = \frac{1}{s}X_1(s) \tag{3.9}$$

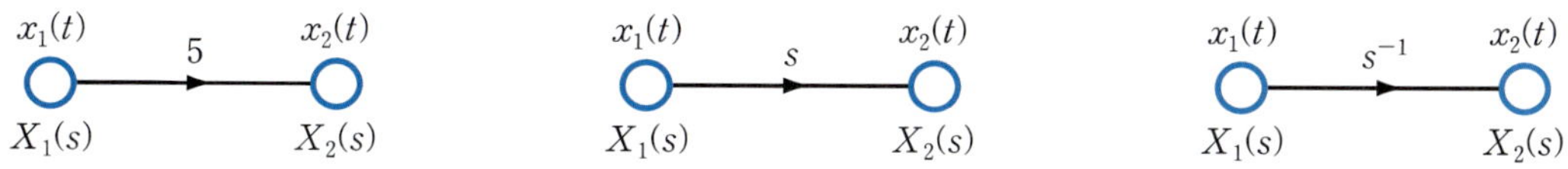

(a) 증폭회로 (b) 미분회로 (c) 적분회로

[그림 3-15] 증폭회로, 미분회로, 적분회로의 신호흐름선도

2 신호흐름선도의 주요 용어

신호흐름선도에서 자주 쓰이는 용어들을 살펴보자.

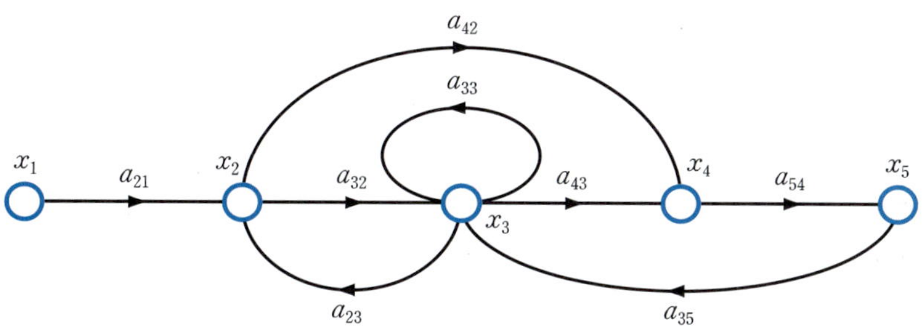

[그림 3-16] 신호흐름선도의 예

■ 입력마디

입력마디(input node)는 다른 마디에서 신호를 받지 않고 신호를 다른 마디로 보내기만 하는 마디이다. [그림 3-16]에서 입력마디는 x_1이다.

■ 경로

경로(path)는 같은 마디를 두 번 이상 지나가지 않으면서 화살표 방향을 따라 연속으로 이어지는 가지이다. [그림 3-16]을 보면 신호 x_1에서 가지 a_{21}을 거쳐 신호 x_2로 가는 경로, 신호 x_2에서 가지 a_{32}를 거쳐 신호 x_3로 가는 경로 등이 있다.

■ 출력마디

출력마디(output node)는 다른 마디로부터 신호를 받기만 하고 보내지는 않는 마디이다. 예를 들어, [그림 3-17(a)]에는 출력마디가 없다. 그러나 만약 신호 x_4를 출력마디로 하고 싶은 경우에는 [그림 3-17(b)]와 같이 신호 이름이 같은 마디를 하나 더 만들어 이득 1로 이으면 된다. 다만, 다른 설명이나 수식에서 x_4가 출력이라는 것이 명백히 드러나 있는 경우에는 수정하지 않고 [그림 3-17(a)]를 그대로 사용한다.

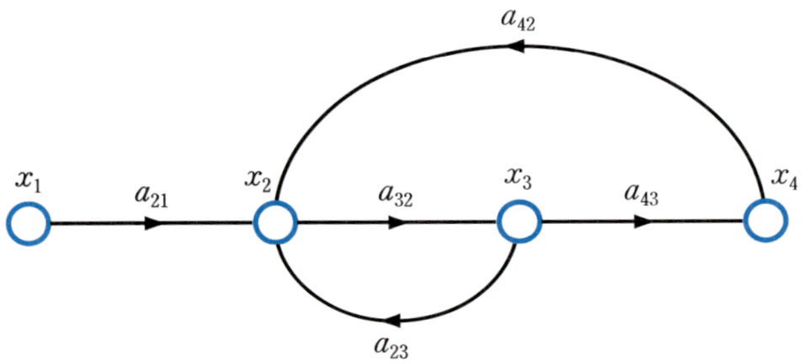

(a) 출력마디가 없는 신호흐름선도

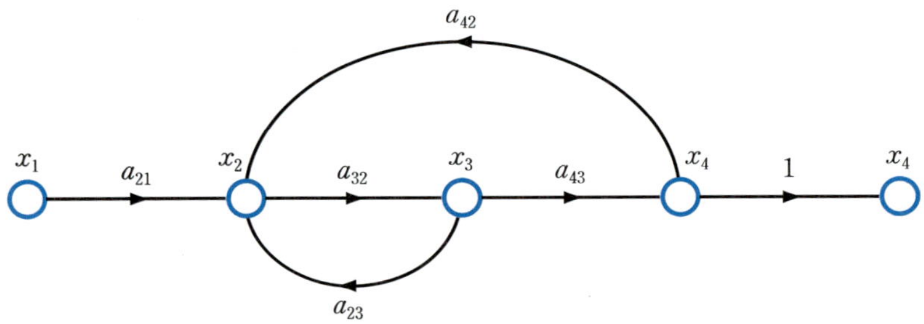

(b) 출력마디가 있는 신호흐름선도

[그림 3-17] 출력마디 표시 방법

■ 전향경로

전향경로(forward path)는 입력마디에서 시작하여 출력마디에서 끝나는 경로이다. [그림 3-16]에서는 경로 $x_1 - x_2 - x_3 - x_4 - x_5$ 와 경로 $x_1 - x_2 - x_4 - x_5$, 두 개의 전향경로가 있다.

■ 경로이득

경로이득(path gain)은 전향경로이득, 루프이득 등 경로를 이루는 가지의 모든 이득을 곱한 것을 말한다. [그림 3-16]에서 전향경로이득은 $a_{21}a_{32}a_{43}a_{54}$와 $a_{21}a_{42}a_{54}$이다.

■ 귀환루프

귀환루프(feedback loop)는 어떤 마디에서 시작하여 그 마디에서 끝나는 경로로, 단순하게 루프(loop)라고도 한다. [그림 3-16]의 귀환루프들을 나타내면 [그림 3-18]과 같다.

귀환루프 중에서 가지가 하나뿐인 루프, 즉 [그림 3-18(c)]처럼 마디 x_3와 가지 a_{33}로만 만들어지는 루프를 자기루프(self loop)라고 한다.

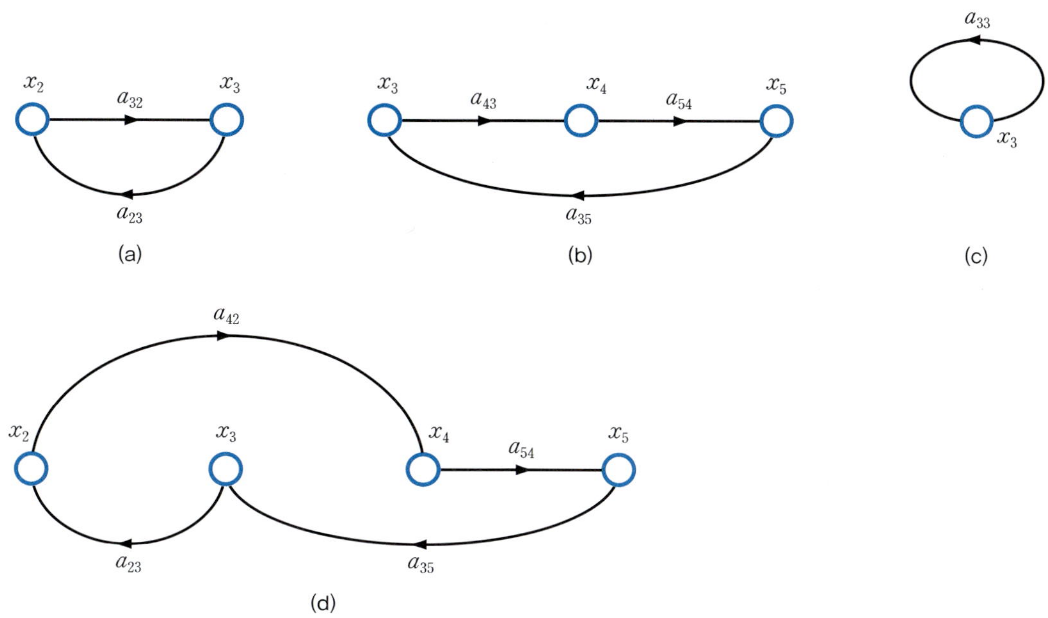

[그림 3-18] [그림 3-16]의 귀환루프들

3 신호흐름선도의 기본 법칙

신호흐름선도를 그리거나 해석할 때 필요한 몇 가지 기본 법칙에 대해 살펴보자.

■ 더하기 법칙

신호흐름선도에서 마디로 표시되는 변수의 값은 그 마디로 들어가는 모든 신호의 합과 같다. 따라서 [그림 3-19]는 다음과 같이 나타낼 수 있다.

$$x_4 = 3x_1 - 4x_2 + x_3 \tag{3.10}$$

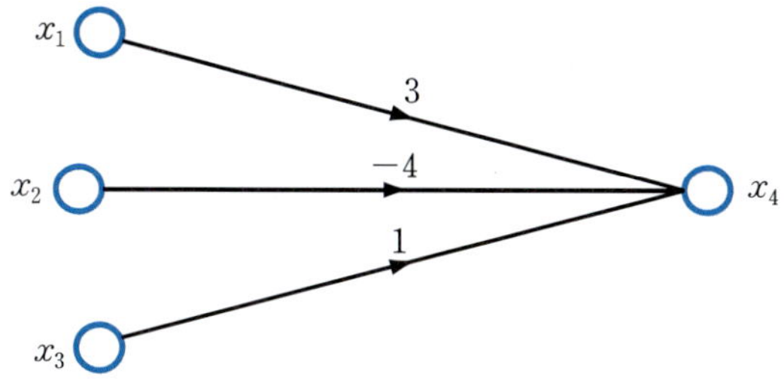

[그림 3-19] 더하기 법칙

■ 전송 법칙

어떤 한 마디에서 여러 마디로 신호가 전달될 때, 신호 크기는 한 마디에서 다른 한 마디로 각각 전송될 때와 똑같다. 따라서 [그림 3-20]은 다음과 같이 나타낼 수 있다.

$$x_2 = 3x_1 \tag{3.11}$$

$$x_3 = -4x_1 \tag{3.12}$$

$$x_4 = 5x_1 \tag{3.13}$$

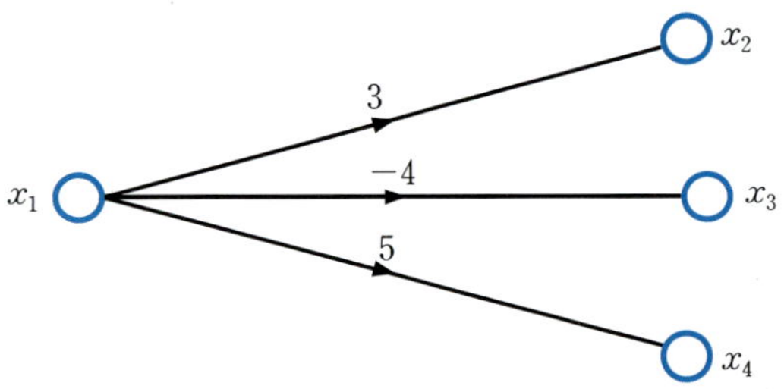

[그림 3-20] 전송 법칙

■ 곱하기 법칙

여러 개의 가지가 **종속접속**(cascade connection)되어 있을 때 가지의 이득을 각각 구하여 곱하면 하나의 이득을 갖는 가지로 나타낼 수 있다. 예를 들어, [그림 3-21(a)]와 같이 여러 개의 가지가 종속접속된 경우는 [그림 3-21(b)]와 같이 하나의 가지로 그릴 수 있다.

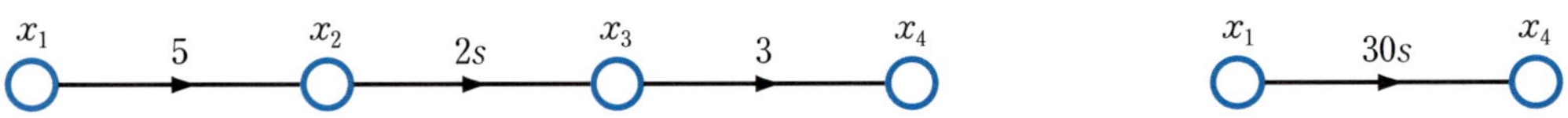

(a) 여러 개의 가지가 종속접속된 경우 (b) 하나의 가지로 그린 경우

[그림 3-21] 곱하기 법칙

예제 3-7

[그림 3-22]와 같은 블록선도로 표시되는 자동제어시스템의 신호흐름선도를 그려라.

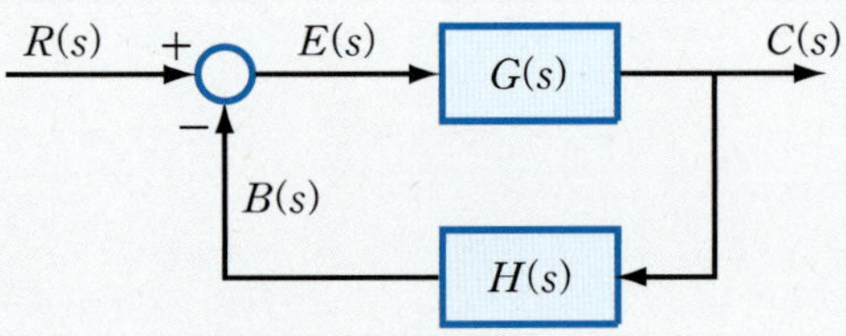

[그림 3-22] [예제 3-7]의 블록선도

풀이

블록선도의 각 신호들을 마디로 그리고, 요소의 블록을 가지로 그린다. 따라서 [그림 3-22]와 같은 블록선도는 [그림 3-23]과 같은 신호흐름선도로 쉽게 바꿀 수 있다.

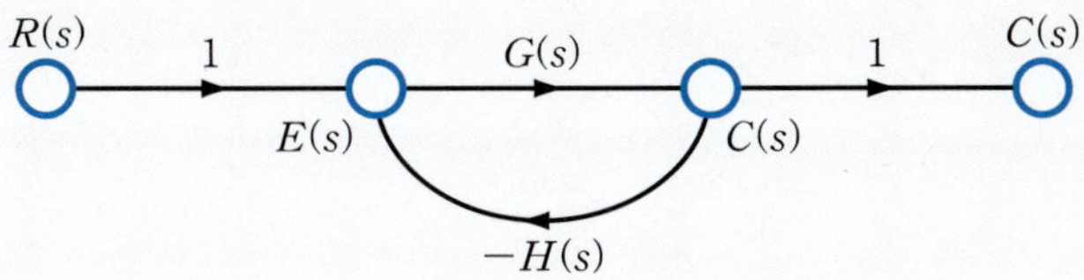

[그림 3-23] [그림 3-22]의 신호흐름선도

4 메이슨의 이득공식

메이슨의 이득공식(Mason's gain formula)은 어떤 자동제어시스템에서 변수들의 관계를 신호흐름선도로 나타낼 때, 그 시스템의 전달함수를 구하는 식이다. 신호흐름선도의 어떤 x_{in} 마디를 입력으로 x_{out} 마디를 출력으로 할 때의 전달함수 $M(s)$는 다음과 같이 구할 수 있다.

★ 메이슨의 이득공식 ★

$$M(s) = \frac{X_{out}(s)}{X_{in}(s)} = \sum_{k=1}^{N} \frac{M_k \Delta_k}{\Delta} \tag{3.14}$$

식 (3.14)의 각 요소를 정리하면 다음과 같다.

- N : x_{in} 마디에서 x_{out} 마디로 가는 전향경로의 총 수
- M_k : k번째 전향경로의 이득
- Δ_k : k번째 전향경로의 마디를 포함하고 있지 않은 루프의 Δ 값
- Δ : 1 − (모든 개별 루프이득의 합)
  + (공동 마디가 없이 떨어져 있는 루프 중 두 개씩 조합하여 이득을 곱한 값의 합)
  − (공동 마디가 없이 떨어져 있는 루프 중 세 개씩 조합하여 이득을 곱한 값의 합)
  + (⋯⋯)

메이슨의 이득공식을 쉽게 이해하기 위해 [그림 3-24]에 있는 몇몇의 경우에 대한 예를 직접 풀어보기를 권한다.

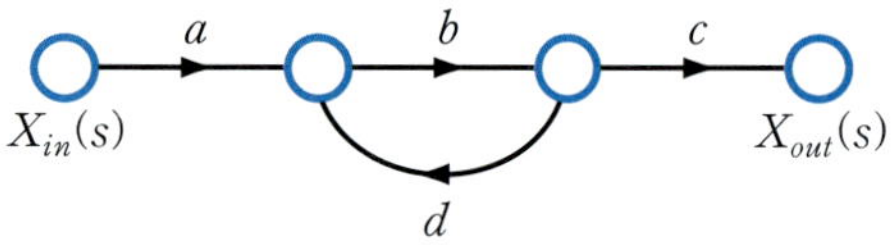

$N=1$, $M_1=abc$, $\Delta_1=1$, $\Delta=1-bd$

$$\therefore M(s)=\frac{abc}{1-bd}$$

(a) 전향경로 1개, 귀환루프 1개인 경우

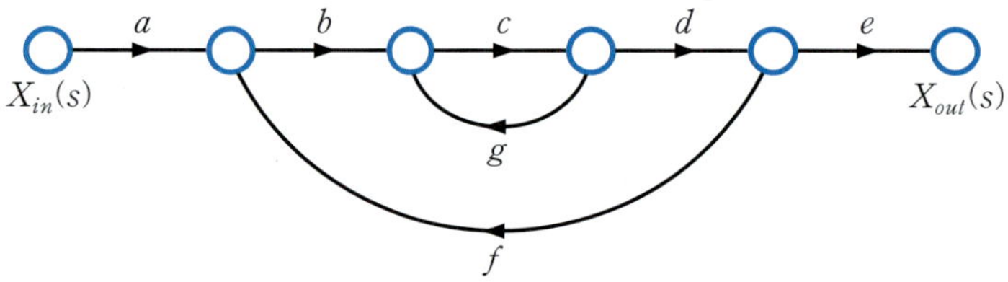

$N=1$, $M_1=abcde$, $\Delta_1=1$, $\Delta=1-(cg+bcdf)$

$$\therefore M(s)=\frac{abcde}{1-cg-bcdf}$$

(b) 전향경로 1개, 귀환루프 2개인 경우

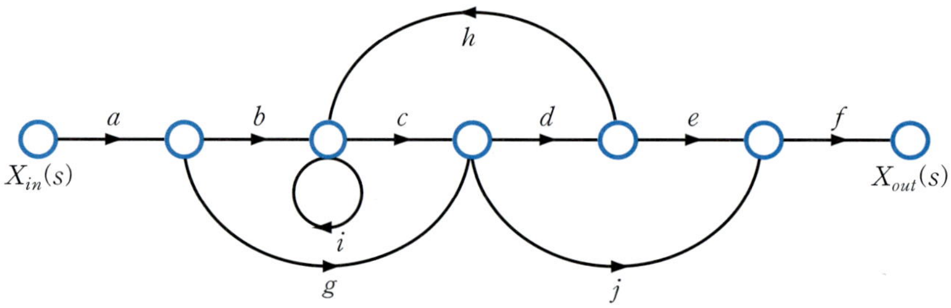

$N=4$, $M_1=abcdef$, $\Delta_1=1$, $M_2=agdef$, $\Delta_2=1-i$

$M_3=agjf$, $\Delta_3=1-i$, $M_4=abcjf$, $\Delta_4=1$, $\Delta=1-(i+cdh)$

$$\therefore M(s)=\frac{abcdef+agdef(1-i)+agjf(1-i)+abcjf}{1-i-cdh}$$

(c) 전향경로 4개, 귀환루프 2개인 경우

[그림 3-24] 메이슨의 이득공식 예

예제 3-8

[그림 3-25]와 같은 블록선도로 표시되는 자동제어시스템의 폐루프 전달함수 $\frac{C(s)}{R(s)}$ 를 구하라.

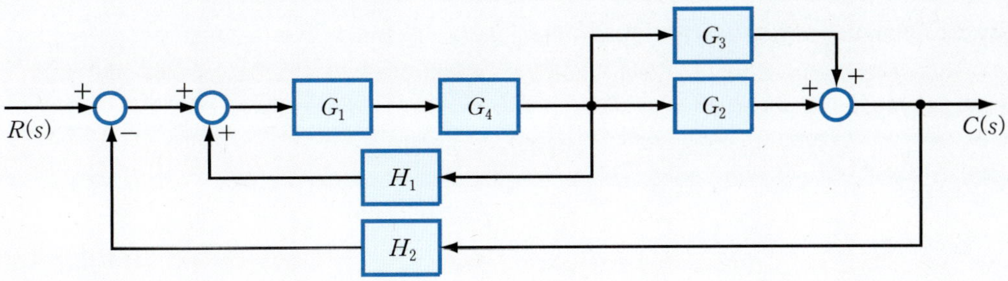

[그림 3-25] [예제 3-8]의 블록선도

풀이

블록선도의 등가변환으로 풀 수도 있지만, 신호흐름선도로 바꾼 후 메이슨의 이득공식을 이용하여 푸는 것이 더 쉽다. 먼저 [그림 3-25]의 블록선도를 신호흐름선도로 변환시키면 [그림 3-26]과 같다.

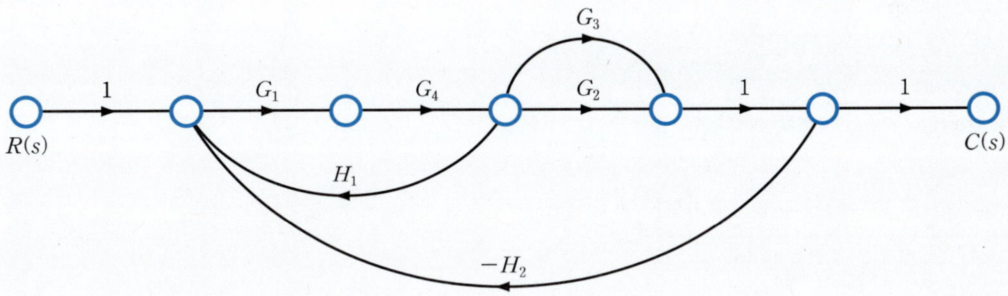

[그림 3-26] [그림 3-25]의 신호흐름선도

그러면 [그림 3-26]의 신호흐름선도에 대해

$$N=2$$

$$M_1 = G_1 G_4 G_2,\ \ \Delta_1 = 1$$

$$M_2 = G_1 G_4 G_3,\ \ \Delta_2 = 1$$

$$\Delta = 1-(G_1 G_4 H_1 - G_1 G_4 G_2 H_2 - G_1 G_4 G_3 H_2) \qquad \cdots (1)$$

이므로, 메이슨의 이득공식을 적용하여 전달함수를 구하면 다음과 같다.

$$M(s) = \frac{C(s)}{R(s)} = \frac{G_1 G_4 G_2 + G_1 G_4 G_3}{1 - G_1 G_4 H_1 + G_1 G_4 G_2 H_2 + G_1 G_4 G_3 H_2} \qquad \cdots (2)$$

SECTION
3.4 상태방정식

최근 자동제어공학에서는 시뮬레이션하기에 편리한 상태방정식을 이용하여 자동제어시스템을 모델링하는 상태공간 기법(state-space technique)을 많이 사용한다. 이 절에서는 상태방정식의 개념과 그 쓰임에 대해 살펴본다.

Keywords | 상태변수 | 상태방정식 | 선형결합 | 동태방정식 |

상태방정식을 이용한 자동제어시스템의 모델링에서는 입력과 출력 외에도 **상태변수**(state variable)라는 것을 사용한다. 이때 상태방정식은 상태변수들의 1차 연립미분방정식(system of first-order differential equations)으로 구성된다.

예를 들어, [그림 3-27]과 같은 RLC 직렬회로망의 상태방정식을 구해보자.

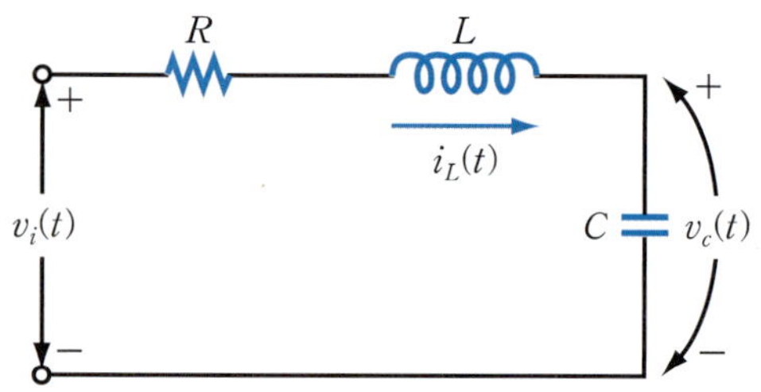

[그림 3-27] RLC 직렬회로망

이 회로망에 대한 미분방정식을 세우면 다음과 같다.

$$L\frac{d}{dt}i_L(t) + Ri_L(t) = v_i(t) - v_c(t) \tag{3.15}$$

$$C\frac{d}{dt}v_c(t) = i_L(t) \tag{3.16}$$

이때 코일 L에 흐르는 전류 $i_L(t)$와 콘덴서 C에 걸리는 전압 $v_c(t)$를 상태변수로 정하고, 미분방정식을 다시 정리하면 다음과 같다.

$$\frac{d}{dt}i_L(t) = -\frac{R}{L}i_L(t) - \frac{1}{L}v_c(t) + \frac{1}{L}v_i(t) \tag{3.17}$$

$$\frac{d}{dt}v_c(t) = \frac{1}{C}i_L(t) \tag{3.18}$$

식 (3.17)과 식 (3.18)의 1차 연립미분방정식을 **상태방정식**(state equation)이라고 하고, 행렬을 이용하여 다음과 같이 나타낸다.

$$\begin{bmatrix} \frac{d}{dt} i_L(t) \\ \\ \frac{d}{dt} v_c(t) \end{bmatrix} = \begin{bmatrix} -\frac{R}{L} & -\frac{1}{L} \\ \\ \frac{1}{C} & 0 \end{bmatrix} \begin{bmatrix} i_L(t) \\ \\ v_c(t) \end{bmatrix} + \begin{bmatrix} \frac{1}{L} \\ \\ 0 \end{bmatrix} v_i(t) \tag{3.19}$$

어떤 동적시스템(dynamic system)에서 상태변수는 $t = t_0$일 때의 변수들의 값을 알고 $t \geq t_0$일 때의 입력에 대한 정보를 갖고 있으면, $t > t_0$에서 그 시스템의 모든 상태를 알 수 있는 최소 개수의 변수가 된다. 즉 상태변수는 일반적으로 시스템의 에너지 상태를 나타내는 변수이다.

만약 어떤 시스템이 선형제어시스템이라면 다음과 같이 각각의 상태변수의 미분을 상태변수와 입력의 **선형결합**(linear combination)으로 표시할 수 있다.

$$\begin{aligned} \frac{d}{dt} x_1(t) &= a_{11} x_1(t) + a_{12} x_2(t) + \cdots + a_{1n} x_n(t) \\ &\quad + b_{11} u_1(t) + b_{12} u_1(t) + \cdots + b_{1m} u_m(t) \\ \frac{d}{dt} x_2(t) &= a_{21} x_1(t) + a_{22} x_2(t) + \cdots + a_{2n} x_n(t) \\ &\quad + b_{21} u_1(t) + b_{22} u_1(t) + \cdots + b_{2m} u_m(t) \\ &\vdots \\ \frac{d}{dt} x_n(t) &= a_{n1} x_1(t) + a_{n2} x_2(t) + \cdots + a_{nn} x_n(t) \\ &\quad + b_{n1} u_1(t) + b_{n2} u_1(t) + \cdots + b_{nm} u_m(t) \end{aligned} \tag{3.20}$$

여기에서 계수 a_{ij}, b_{ij}가 시간함수이면 시변제어시스템이며, 상수이면 시불변제어시스템이다. 식 (3.20)을 벡터와 행렬을 이용하여 다음과 같이 간단히 표시할 수 있다.

$$\dot{\mathbf{x}}(t) = \mathbf{A}\,\mathbf{x}(t) + \mathbf{B}\,\mathbf{u}(t) \tag{3.21}$$

이때 $\mathbf{A}$, $\mathbf{B}$는 다음과 같다.

$$\mathbf{A} = \begin{bmatrix} a_{11} & a_{12} & a_{13} & \cdots & a_{1n} \\ a_{21} & a_{22} & a_{23} & \cdots & a_{2n} \\ & \vdots & & \vdots & \vdots \\ a_{n1} & a_{n2} & a_{n3} & \cdots & a_{nn} \end{bmatrix}$$

$$\mathbf{B} = \begin{bmatrix} b_{11} & b_{12} & b_{13} & \cdots & b_{1m} \\ b_{21} & b_{22} & b_{23} & \cdots & b_{2m} \\ & \vdots & & \vdots & \vdots \\ b_{n1} & b_{n2} & b_{n3} & \cdots & b_{nm} \end{bmatrix}$$

일반적으로 선형시변시스템은 식 (3.21) 대신에

$$\dot{\mathbf{x}}(t) = \mathbf{A}(t)\mathbf{x}(t) + \mathbf{B}(t)\mathbf{u}(t) \tag{3.22}$$

로 표시하여 선형시불변시스템과 구분하여 사용한다. 그리고 선형시불변시스템의 출력방정식은 다음과 같이 나타낸다.

$$\mathbf{y}(t) = \mathbf{C}\,\mathbf{x}(t) + \mathbf{D}\,\mathbf{u}(t) \tag{3.23}$$

식 (3.21)과 식 (3.23)에서 계수행렬 $\mathbf{A}$, $\mathbf{B}$, $\mathbf{C}$, $\mathbf{D}$를 각각 **시스템행렬**(system matrix), **입력행렬**(input matrix), **출력행렬**(output matrix), **전송행렬**(transmission matrix)이라고 한다.

선형시불변시스템의 **동태방정식**(dynamic equation)은 다음과 같이 나타낸다.

★ 동태방정식 ★

상태방정식 : $\dot{\mathbf{x}}(t) = \mathbf{A}\,\mathbf{x}(t) + \mathbf{B}\,\mathbf{u}(t)$ (3.24)

출력방정식 : $\mathbf{y}(t) = \mathbf{C}\,\mathbf{x}(t) + \mathbf{D}\,\mathbf{u}(t)$ (3.25)

Q **상태방정식과 동태방정식의 차이는?**

A 엄밀하게는 상태방정식과 출력방정식을 합하여 동태방정식이라고 하나, 보통은 혼용하여 그냥 상태방정식이라고 부른다.

예제 3-9

[그림 3-28]과 같은 기계시스템의 미분방정식이 다음과 같을 때, 전달함수와 상태방정식을 구하라.

$$M\frac{d^2}{dt^2}y(t) + D\frac{d}{dt}y(t) + Ky(t) = f(t)$$

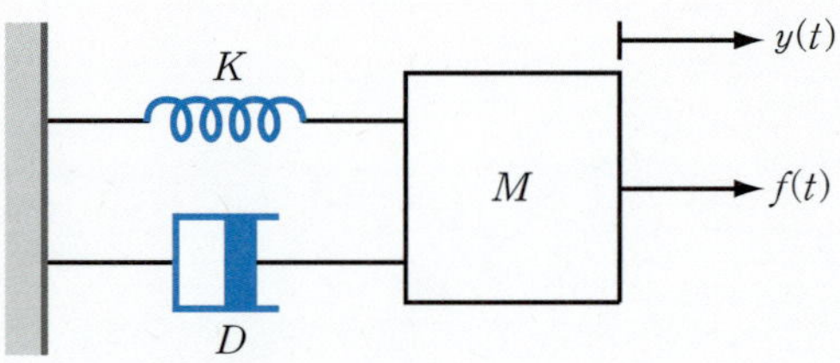

[그림 3-28] [예제 3-9]의 기계시스템

풀이

모든 초기 조건을 0으로 하고, 주어진 미분방정식의 라플라스 변환을 구하면 다음과 같다.

$$Ms^2 Y(s) + Ds\,Y(s) + KY(s) = F(s) \qquad \cdots (1)$$

그러므로 입력이 $f(t)$, 출력이 $y(t)$인 전달함수 $G(s)$를 구하면 다음과 같다.

$$G(s) = \frac{Y(s)}{F(s)} = \frac{1}{Ms^2 + Ds + K} \qquad \cdots (2)$$

이제 상태방정식을 구하기 위해 주어진 미분방정식을 정리하면

$$M\frac{d^2}{dt^2}y(t) = -Ky(t) - D\frac{d}{dt}y(t) + f(t) \qquad \cdots (3)$$

$$\frac{d^2}{dt^2}y(t) = -\frac{K}{M}y(t) - \frac{D}{M}\frac{d}{dt}y(t) + \frac{1}{M}f(t) \qquad \cdots (4)$$

이다. 여기에서 출력 $y(t)$와 출력의 변화율 $\frac{d}{dt}y(t)$를 각각 상태변수 $x_1(t)$, $x_2(t)$로 정하면 다음과 같은 관계를 갖는다.

$$y(t) = x_1(t)$$

$$\frac{d}{dt}y(t) = x_2(t) = \frac{d}{dt}x_1(t)$$

$$\frac{d^2}{dt^2}y(t) = \frac{d}{dt}x_2(t)$$

이들 관계를 이용하여 식 (4)를 다시 정리하면 다음과 같은 상태방정식을 얻을 수 있다.

$$\frac{d}{dt}x_1(t) = x_2(t) \qquad \cdots (5)$$

$$\frac{d}{dt}x_2(t) = -\frac{K}{M}x_1(t) - \frac{D}{M}x_2(t) + \frac{1}{M}f(t) \qquad \cdots (6)$$

식 (5)와 식 (6)을 행렬을 이용하여 나타내면 다음과 같다.

$$\begin{bmatrix} \dot{x}_1 \\ \dot{x}_2 \end{bmatrix} = \begin{bmatrix} 0 & 1 \\ -\frac{K}{M} & -\frac{D}{M} \end{bmatrix} \begin{bmatrix} x_1 \\ x_2 \end{bmatrix} + \begin{bmatrix} 0 \\ \frac{1}{M} \end{bmatrix} f(t) \qquad \cdots (7)$$

$$y(t) = \begin{bmatrix} 1 & 0 \end{bmatrix} \begin{bmatrix} x_1(t) \\ x_2(t) \end{bmatrix} \qquad \cdots (8)$$

SECTION 3.5

제어요소의 모델링

자동제어시스템은 여러 시스템이 결합되어 있어 매우 복잡해 보이지만, 사실 기본 제어요소의 유기적인 결합으로 구성되어 있다. 따라서 이 절에서는 기본 제어요소들의 모델링과 단위계단응답을 살펴본다.

Keywords | 비례요소 | 미분요소 | 적분요소 | 1차앞선요소 | 1차지연요소 | 2차지연요소 | 낭비시간요소 |

1 비례요소

[그림 3-29]와 같은 전위차계(일종의 가변저항)에서 입력전압과 출력전압은 다음과 같이 표현할 수 있다. 이때 입력 $x(t)$가 2배, 3배 증가하면 출력 $y(t)$도 입력에 비례하여 2배, 3배가 된다.

$$y(t) = Kx(t) \quad \text{단, } K = \frac{R}{R_0} \tag{3.26}$$

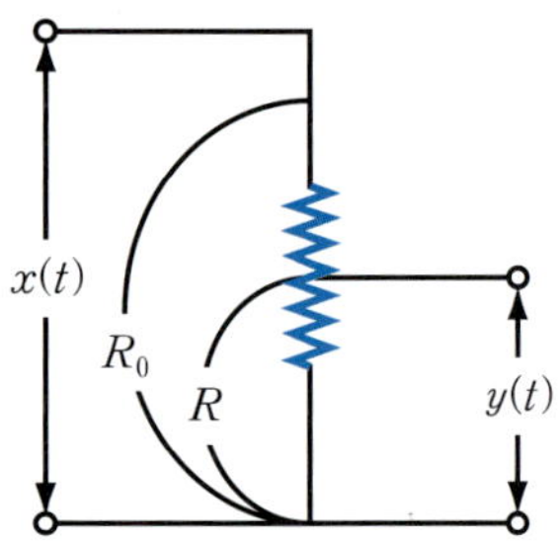

[그림 3-29] 전위차계

식 (3.26)의 라플라스 변환을 구하면

$$Y(s) = KX(s)$$

이므로, 전달함수는 다음과 같다.

$$G(s) = \frac{Y(s)}{X(s)} = K \tag{3.27}$$

이와 같이 입력에 정비례하여 출력이 변하는 요소를 **비례요소**(proportional element)라고 하며, 입력과 출력 사이에 시간 지연이 없기 때문에 0차 요소라고도 한다. 이때 비례상수 K를 **이득정수**(gain constant)라고 한다. 비례요소의 **단위계단응답**(단위계단입력에 대한 출력)[1]을 나타내면 [그림 3-30]과 같다.

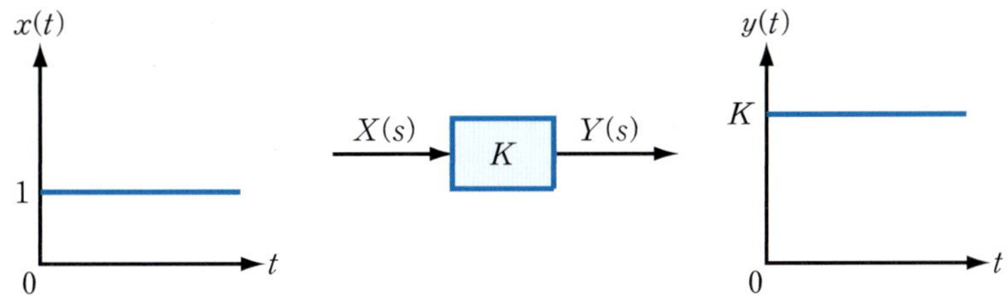

[그림 3-30] 비례요소의 단위계단응답

비례요소의 예로는 [그림 3-31]과 같은 변압기(transformer), 연산증폭기(operational amplifier) 등이 있다.

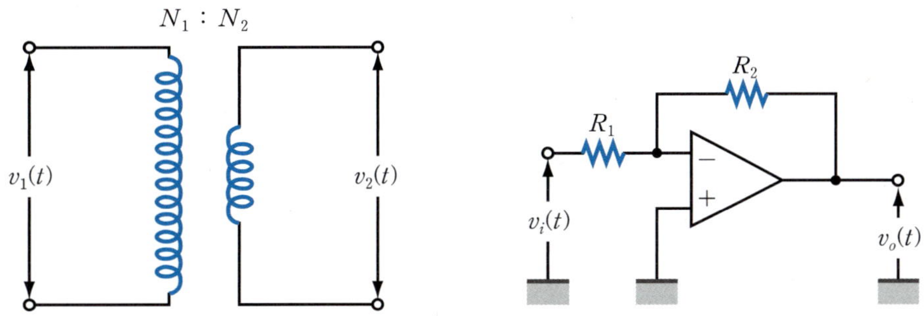

$$V_2(s) = \frac{N_2}{N_1} V_1(s)$$

(a) 변압기

$$V_O(s) = -\frac{R_2}{R_1} V_i(s)$$

(b) 연산증폭기

[그림 3-31] 비례요소의 예

1 4.2절을 참조하라.

Q 가변저항과 전위차계는 어떻게 다를까?

A [그림 3-32(a)]와 같은 오디오시스템의 음량 조절용 가변저항(rheostat)은 축을 1회전시키면 저항값이 최저값에서 최고값에 도달하지만, [그림 3-32(b)]와 같은 전위차계는 보통 3회, 4회 이상 회전시켜야 최고값에 도달한다. 저항값을 임의로 변화시킬 수 있는 모든 가변저항기(variable resistor)를 전위차계(potentiometer)라고 부르나, 굳이 구분한다면 일반 가변저항보다 저항값을 정밀하게 조절할 수 있는 것을 전위차계라고 한다.

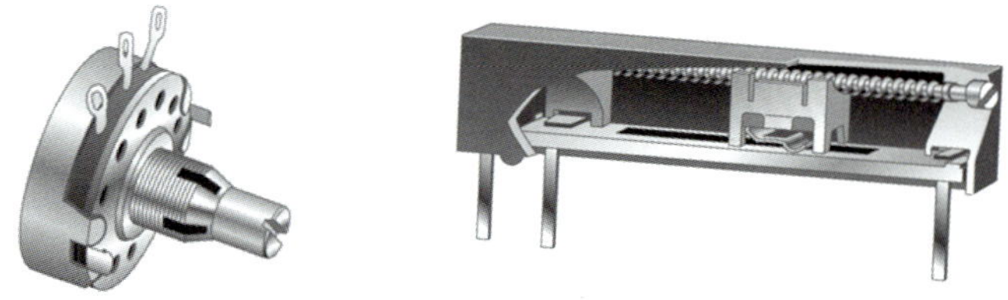

(a) 가변저항 (b) 전위차계

[그림 3-32] 가변저항과 전위차계

2 미분요소

[그림 3-33]과 같이 코일에 전류가 흐를 때, 이 코일 양단에 나타나는 전압은 다음과 같이 코일의 인덕턴스에 전류의 변화율을 곱하여 구할 수 있다.

$$v_L(t) = L\frac{d}{dt}i(t) \tag{3.28}$$

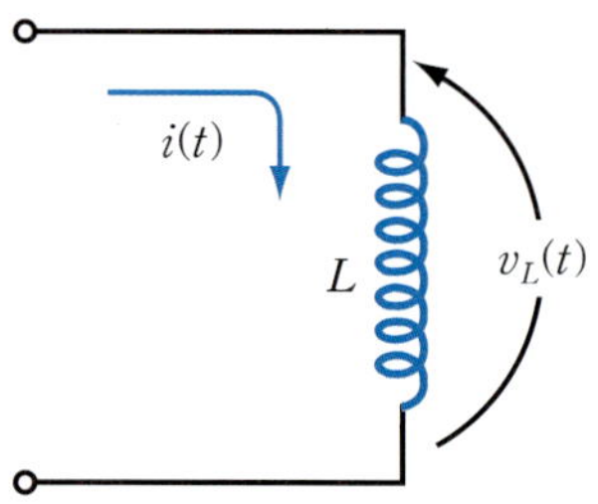

[그림 3-33] 인덕턴스 회로

식 (3.28)의 라플라스 변환을 구하면(초기 조건은 0) 다음과 같다.

$$V_L(s) = LsI(s)$$

따라서 전달함수는 다음과 같다.

$$G(s) = \frac{V_L(s)}{I(s)} = Ls \tag{3.29}$$

이와 같이 입력의 시간 변화율에 정비례하여 출력이 발생하는 요소를 **미분요소**(derivative control element)라고 한다. 미분요소의 단위계단응답을 나타내면 [그림 3-34]와 같다. 이때 화살표로 표시한 함수는 **임펄스함수**(impulse function)라고 하는데, 크기는 대단히 크나 시간은 대단히 짧은, 즉 순간적으로 가해지는 강한 충격 등을 나타낸다.

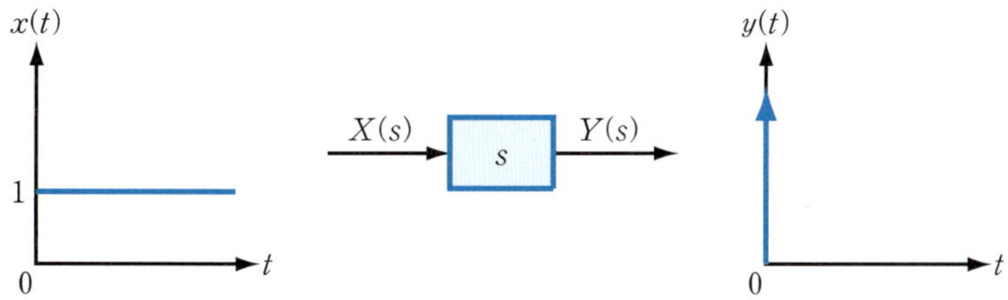

[그림 3-34] 미분요소의 단위계단응답

미분요소의 예로는 [그림 3-35]와 같은 속도계용 발전기(tachometer generator), 미분 연산증폭기 등이 있다.

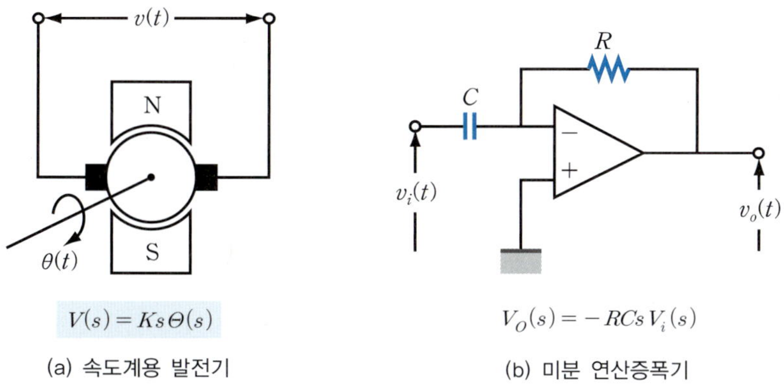

(a) 속도계용 발전기 (b) 미분 연산증폭기

[그림 3-35] 미분요소의 예

3 적분요소

[그림 3-36]과 같은 피스톤시스템에서 실린더(cylinder) 내에 유체를 일정한 압력으로 유입시키면 그 유입량에 따라 피스톤이 이동한다.

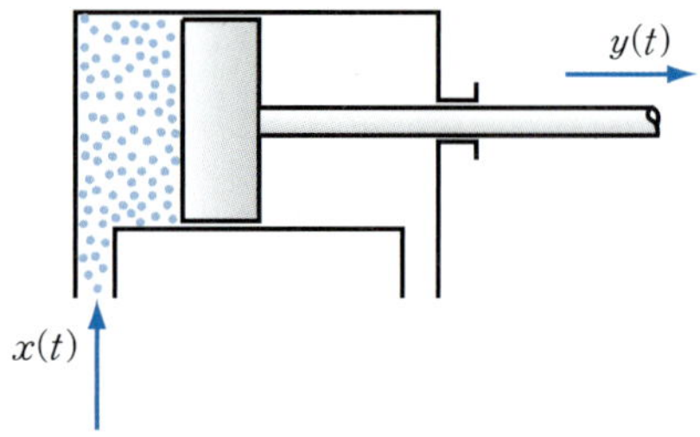

[그림 3-36] 피스톤시스템

단위시간당 유체 유입량 $x(t)$를 입력, 피스톤이 밀려 나온 거리 $y(t)$를 출력, 실린더의 단면적을 A라고 하면, 시간 0에서 t까지의 총 유입량 $Q(t)$는 다음과 같이 구할 수 있다.

$$Q(t) = \int_0^t x(t)\,dt \tag{3.30}$$

피스톤의 이동 거리 $y(t)$를 구하면

$$y(t) = \frac{1}{A}Q(t) = \frac{1}{A}\int_0^t x(t)\,dt = K\int_0^t x(t)\,dt \quad \text{단, } K = \frac{1}{A} \tag{3.31}$$

이고, 식 (3.31)의 라플라스 변환을 구하면

$$Y(s) = K\frac{X(s)}{s}$$

이므로, 전달함수는 다음과 같다.

$$G(s) = \frac{Y(s)}{X(s)} = \frac{K}{s} \tag{3.32}$$

이와 같이 입력의 적분값에 비례하여 출력이 발생하는 요소를 **적분요소**(integral control element)라고 하며, 적분요소의 단위계단응답을 나타내면 [그림 3-37]과 같다.

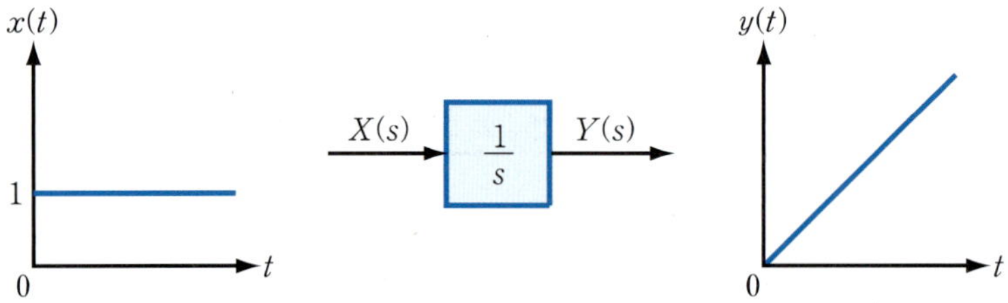

[그림 3-37] 적분요소의 단위계단응답

적분요소의 예로는 [그림 3-38]과 같은 수위계(water level system), RC 적분회로 등이 있다.

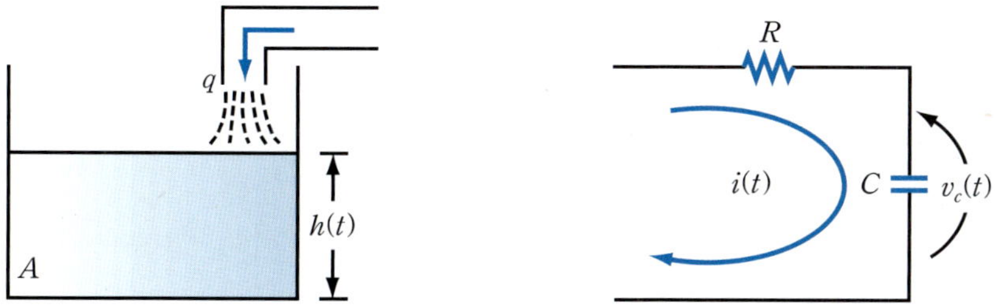

$$H(s) = \frac{1}{As}Q(s)$$

(a) 수위계

$$V_c(s) = \frac{1}{Cs}I(s)$$

(b) RC 적분회로

[그림 3-38] 적분요소의 예

4 1차앞선요소

[그림 3-39]의 RL 직렬회로와 같이 저항성분을 내포하고 있는 코일은 저항성분과 인덕턴스가 직렬로 연결되어 있다고 생각할 수 있으며, 이 코일에 전류가 흐르면 코일 양단에 전압강하가 나타난다. 이때 전류 $i(t)$를 입력, 코일에 나타나는 전압강하 $v(t)$를 출력으로 하는 회로에서 전류와 전압강하의 관계를 나타내면 다음과 같다.

$$L\frac{d}{dt}i(t) + Ri(t) = v(t) \tag{3.33}$$

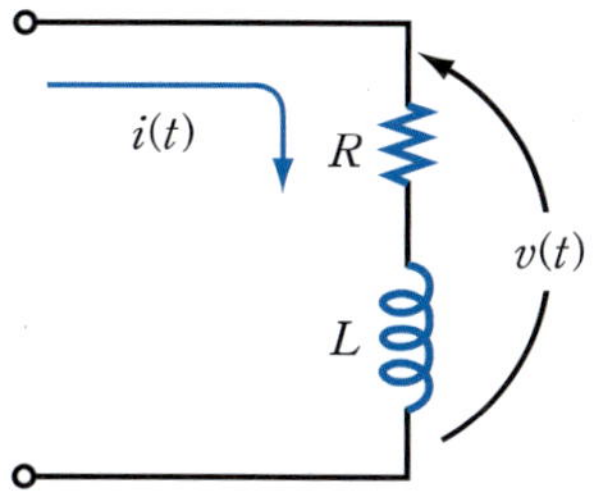

[그림 3-39] RL 직렬회로

식 (3.33)의 라플라스 변환을 구하면(초기 조건은 0)

$$LsI(s) + RI(s) = V(s)$$
$$(Ls + R)I(s) = V(s)$$

이므로, 전달함수는 다음과 같다.

$$G(s) = \frac{V(s)}{I(s)} = Ls + R = L\left(s + \frac{R}{L}\right) \tag{3.34}$$

1차앞선요소(first order lead element)는 비례요소와 미분요소가 병렬로 결합한 제어요소라고 할 수 있으며, 출력이 입력의 크기에 비례할 뿐만 아니라 입력의 미분값이 추가로 더해진다. 따라서 1차앞선요소의 전달함수는 다음과 같이 표시된다.

$$G(s) = K(s+a) \tag{3.35}$$

1차앞선요소의 **단위램프응답**(단위램프입력에 대한 출력)을 구해보자. 식 (3.35)에 단위램프입력의 라플라스 변환 $X(s) = \dfrac{1}{s^2}$ 을 곱하면

$$Y(s) = K(s+a)\frac{1}{s^2} = K\left(\frac{1}{s} + \frac{a}{s^2}\right)$$

이다. 이때 라플라스 역변환을 구하면 다음과 같다.

$$y(t) = \mathcal{L}^{-1}K\left(\frac{1}{s} + \frac{a}{s^2}\right) = K(1+at) = K + a_1 t \tag{3.36}$$

$$\text{단, } a_1 = Ka$$

1차앞선요소의 단위램프응답을 나타내면 [그림 3-40]과 같다. 1차앞선요소에서는 그 특성을 잘 알아볼 수 있도록, 다른 요소처럼 단위계단함수를 입력으로 가하지 않고 단위램프함수를 입력으로 가한 점을 주의하기 바란다.

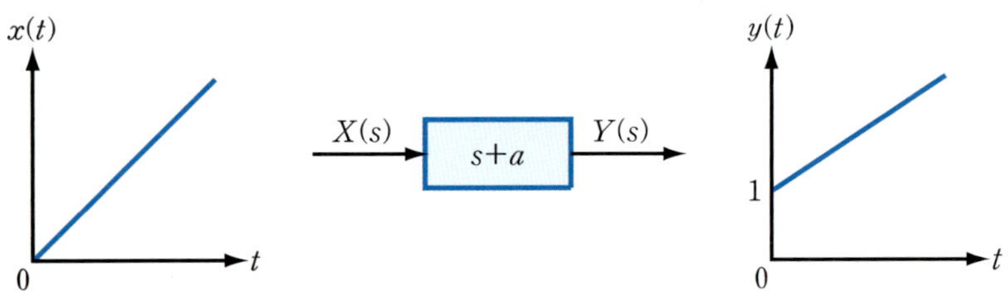

[그림 3-40] 1차앞선요소의 단위램프응답

Q ***RL* 직렬회로를 왜 병렬로 결합한 제어요소라고 할까?**

A [그림 3-41(a)]와 같은 RL 직렬회로에서 전류를 입력으로, 저항이나 인덕턴스에 걸리는 전압강하를 출력으로 하는 저항이나 인덕턴스의 전달함수를 구하면 각각 다음과 같이 된다.

$$G_R(s) = R, \quad G_L(s) = Ls$$

전체 전압강하를 출력으로 하면 전달함수는 다음과 같이 된다.

$$G(s) = R + Ls = G_R(s) + G_L(s) \neq G_R(s)G_L(s)$$

[그림 3-41(a)]에 대한 블록선도를 그리면 [그림 3-41(b)]와 같이 됨을 알 수 있다.

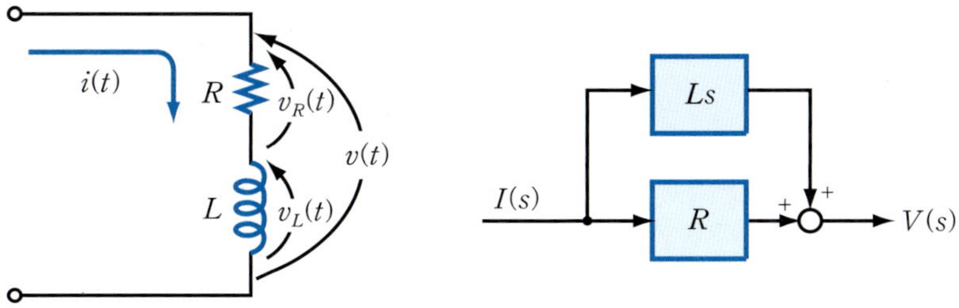

(a) RL 직렬회로 (b) RL 직렬회로의 블록선도

[그림 3-41] 1차앞선요소의 블록선도

5 1차지연요소

[그림 3-42]의 RL 직렬회로에서 인가전압 $v(t)$를 입력, 회로에 흐르는 전류 $i(t)$를 출력으로 하면 다음의 미분방정식을 얻는다.

$$L\frac{d}{dt}i(t)+Ri(t)=v(t) \tag{3.37}$$

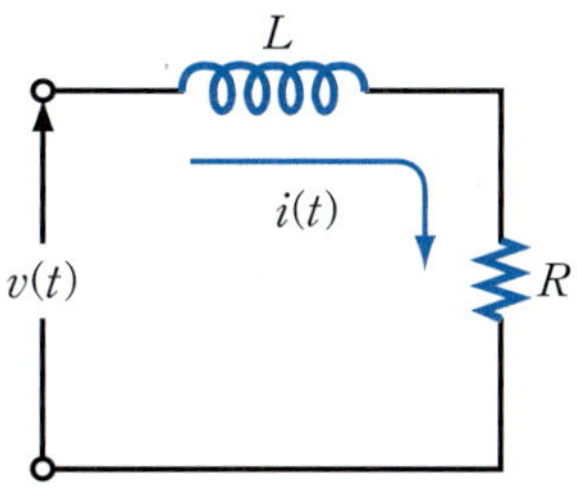

[그림 3-42] RL 직렬회로

식 (3.37)의 라플라스 변환을 구하면(초기 조건은 0)

$$LsI(s)+RI(s)=V(s)$$

$$I(s)=\frac{1}{Ls+R}V(s)$$

이므로, 전달함수는 다음과 같다.

$$G(s)=\frac{I(s)}{V(s)}=\frac{1}{Ls+R}=\frac{\frac{1}{L}}{s+\frac{R}{L}}=\frac{K}{s+a} \tag{3.38}$$

$$\text{단, } K=\frac{1}{L},\ a=\frac{R}{L}$$

단위계단응답을 구하기 위해 식 (3.38)에 단위계단입력의 라플라스 변환 $\frac{1}{s}$을 곱하면

$$I(s) = \frac{K}{(s+a)} \times \frac{1}{s} = \frac{K}{a}\left(\frac{1}{s} - \frac{1}{s+a}\right)$$

이다. 이때 라플라스 역변환을 구하면 다음과 같다.

$$i(t) = \mathcal{L}^{-1}\left[\frac{K}{a}\left(\frac{1}{s} - \frac{1}{s+a}\right)\right] = \frac{K}{a}(1-e^{-at}) = K_1(1-e^{-at}) \quad (3.39)$$

$$\text{단, } K_1 = \frac{K}{a}$$

여기에서 $\frac{1}{a}$을 **시정수**(time constant), K_1을 이득정수라고 한다. 출력이 입력의 일정한 값에 도달하는 데 시간의 늦음이 있는 요소를 지연요소라고 하며, 특히 [그림 3-43]과 같은 단위계단응답 특성을 나타내는 요소를 **1차지연요소**(first order lag element)라고 한다.

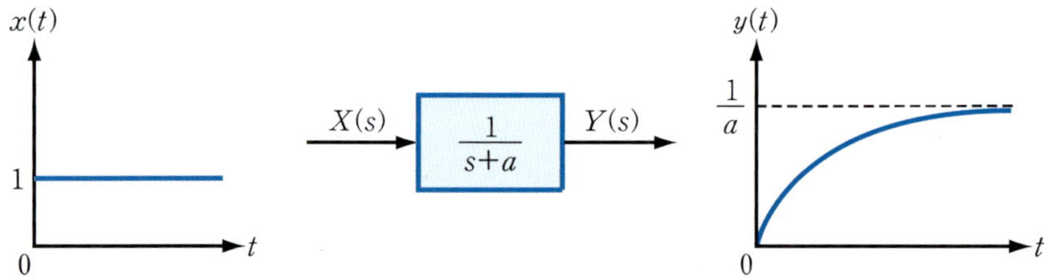

[그림 3-43] 1차지연요소의 단위계단응답

1차지연요소의 예로는 [그림 3-44]와 같은 RC 직렬회로, 수위계 등이 있다(수위계의 유도과정은 생략).

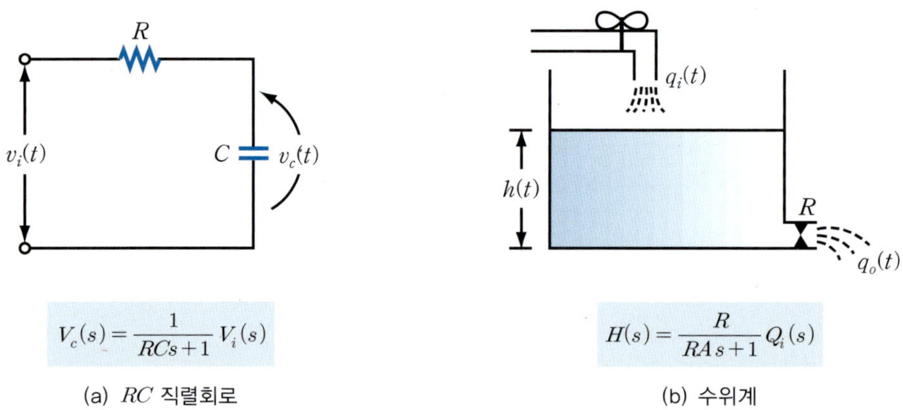

[그림 3-44] 1차지연요소의 예

6 2차지연요소

[그림 3-45]와 같이 점성마찰(viscous friction)이 있는 탄성시스템에 외부에서 가한 힘 $f(t)$를 입력, 물체의 이동거리 $y(t)$를 출력으로 하면, 이 시스템의 전달함수는 다음과 같다([예제 3-9] 참조).

$$G(s) = \frac{Y(s)}{F(s)} = \frac{1}{Ms^2 + Ds + K} \tag{3.40}$$

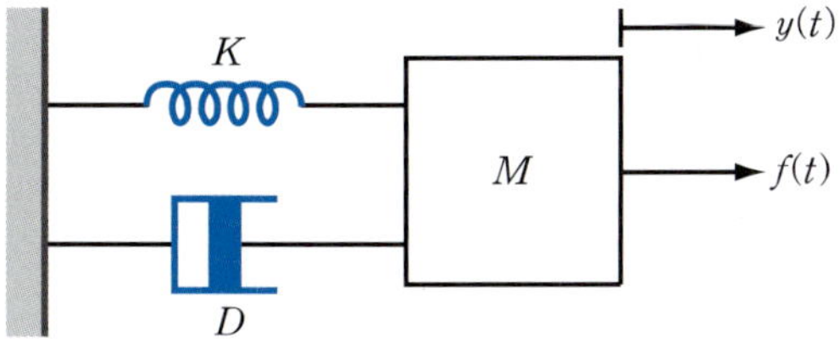

[그림 3-45] 점성마찰이 있는 탄성시스템

탄성시스템의 단위계단응답을 구하기 위해 식 (3.42)에 단위계단입력의 라플라스 변환 $\frac{1}{s}$을 곱하면

$$Y(s) = \frac{1}{(Ms^2 + Ds + K)} \times \frac{1}{s} = \frac{1}{M(s+\alpha)(s+\beta)s} \tag{3.41}$$

이다. 이때 식 (3.41)을 부분분수로 전개하면

$$Y(s) = \frac{K_1}{s} + \frac{K_2}{s+\alpha} + \frac{K_3}{s+\beta}$$

이므로, 라플라스 역변환을 구하면 다음과 같다.

$$y(t) = \mathcal{L}^{-1}\left[\frac{K_1}{s} + \frac{K_2}{s+\alpha} + \frac{K_3}{s+\beta}\right] = K_1 + K_2 e^{-\alpha t} + K_3 e^{-\beta t} \tag{3.42}$$

식 (3.42)로 표시되는 단위계단응답은 [그림 3-46]처럼 진동하며 일정한 값에 접근한다. 이와 같이 전달함수의 분모가 s의 2차식으로 표시되는 요소를 **2 차지연요소**(second order lag element)라고 한다.

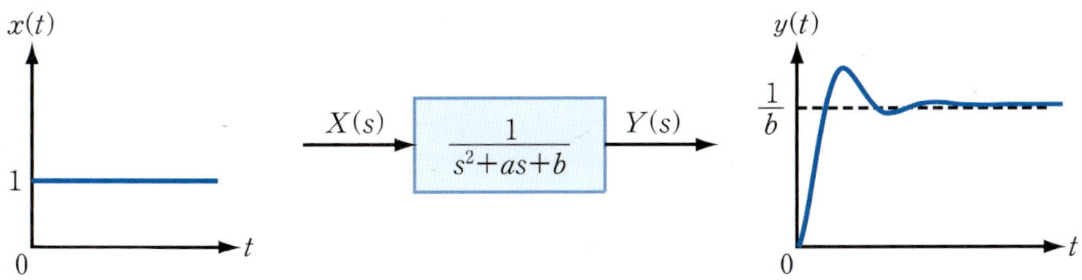

[그림 3-46] 2차지연요소의 단위계단응답

2차지연요소의 예로는 [그림 3-47]과 같은 RLC 직렬회로, 종속 접속된 수조시스템 등이 있다(수조시스템의 유도과정은 생략).

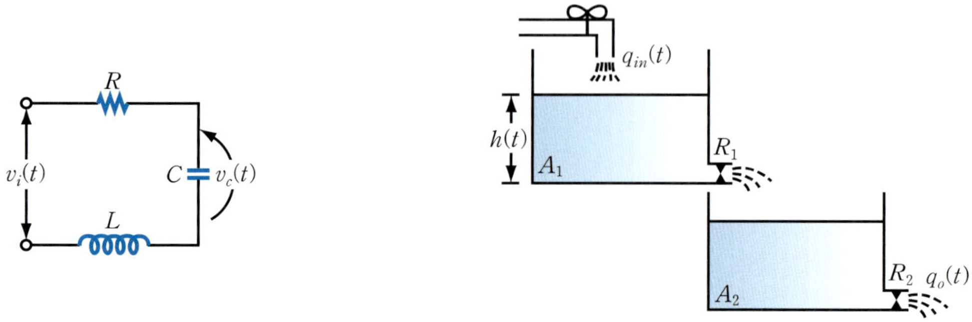

$$V_c(s) = \frac{1}{LCs^2 + RCs + 1} V_i(s)$$

(a) RLC 직렬회로

$$Q_o(s) = \frac{1}{(A_1R_1s+1)(A_2R_2s+1)} Q_{in}(s)$$

(b) 종속 접속된 수조시스템

[그림 3-47] 2차지연요소의 예

2차지연요소의 단위계단응답에 대해 좀 더 자세히 살펴보자. 식 (3.42)로 표시되는 출력 $y(t)$는 $-\alpha$, $-\beta$값에 따라 [그림 3-48]의 곡선들 중 어느 하나와 같이 그려진다. 이때 $-\alpha$, $-\beta$는 전달함수 식 (3.40)의 분모를 0으로 놓은 방정식

$$Ms^2 + Ds + K = 0 \tag{3.43}$$

의 근들로, 시스템의 응답을 결정하는 데 대단히 중요한 역할을 한다. 이 전달함수의 분모를 0으로 놓은 방정식을 **특성방정식**(characteristic equation)이라고 한다.[2]

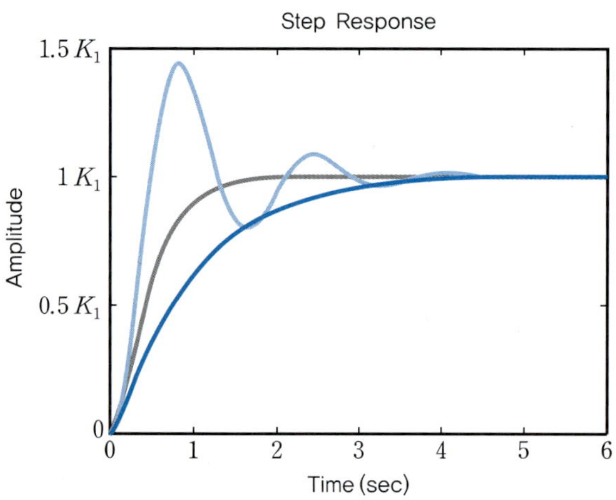

[그림 3-48] 특성방정식의 근에 따른 2차지연요소의 단위계단응답들

2 특성방정식은 4.2절에서 자세히 설명한다.

7 낭비시간요소

[그림 3-49]와 같이 강철판을 압연[3]하는 시스템을 살펴보자. 롤러가 누르는 지점에서 강철판의 두께를 $x(t)$, l [m] 만큼 떨어져 있는 지점에서 강철판의 두께를 $y(t)$, 강철판의 속도를 v [m/s] 라고 하면, $y(t)$는 항상 $x(t)$보다 $\tau = \frac{1}{v}$ 만큼 시간이 늦어진다. 이러한 관계를 식으로 나타내면 다음과 같다.

$$y(t) = x(t-\tau) \tag{3.44}$$

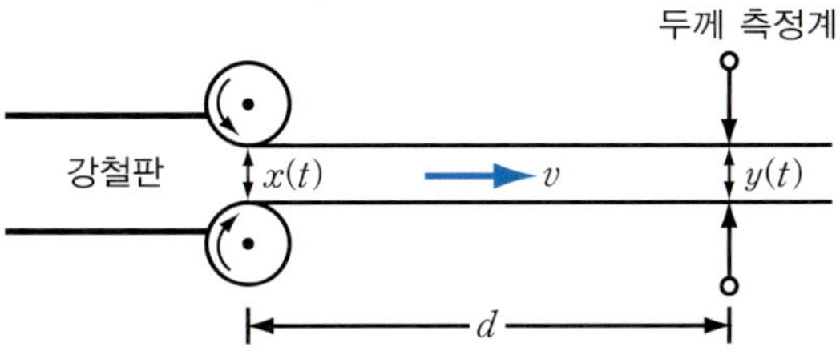

[그림 3-49] 강철판 압연시스템

식 (3.44)의 라플라스 변환을 구하면

$$Y(s) = e^{-\tau s}X(s) \tag{3.45}$$

이므로, 전달함수는 다음과 같다.

$$G(s) = e^{-\tau s} \tag{3.46}$$

이와 같이 입력을 출력으로 나타낼 때, 일정한 시간이 경과되는 요소를 **낭비시간요소**(dead time element)라고 하며, 낭비시간요소의 단위계단응답은 [그림 3-50]과 같다.

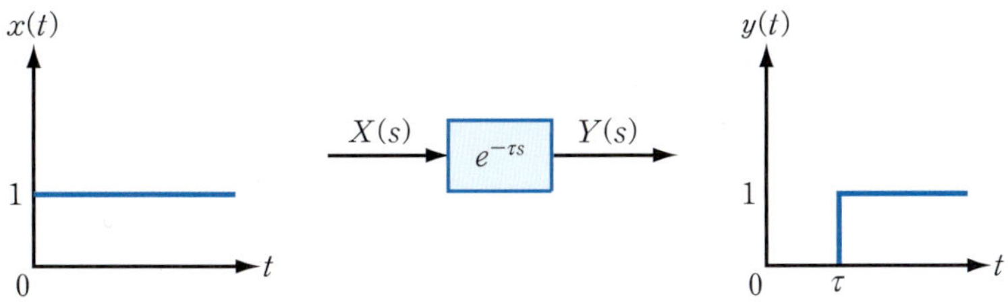

[그림 3-50] 낭비시간요소의 단위계단응답

3 회전하는 두 롤러 사이에 금속재료를 통과시켜 막대기, 판 등의 모양으로 가공하는 방법을 말한다.

낭비시간요소의 예로는 [그림 3-51]과 같이 보일러실에서 멀리 떨어져 있는 방의 온도조절시스템, 또는 배수 물의 온도조절시스템 등이 있다.

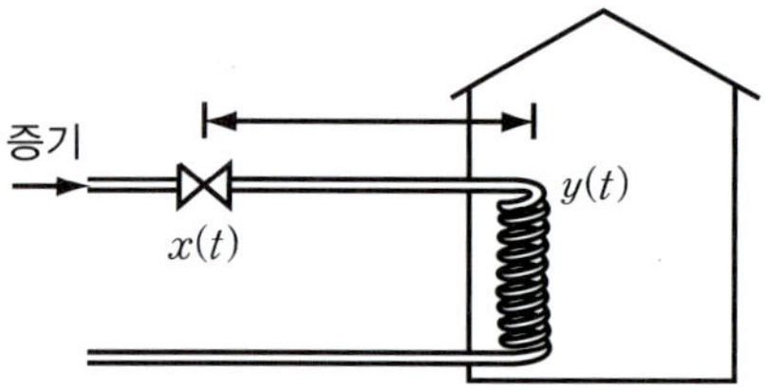

$$Y(s)=e^{-\tau s}X(s) \quad 단,\ \tau=\frac{l}{v}$$

(a) 방 온도조절시스템

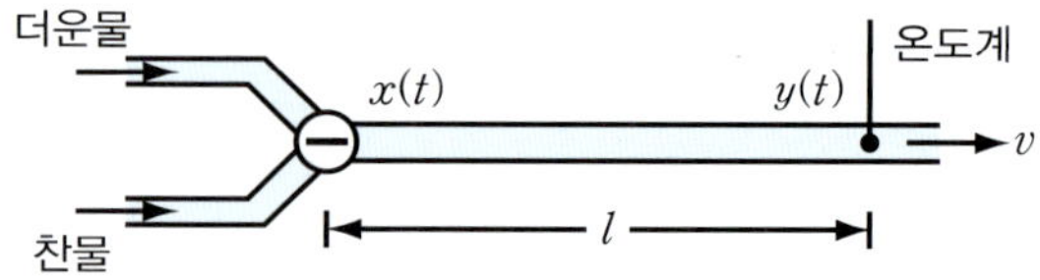

$$G(s)=\frac{Y(s)}{X(s)}=e^{-\tau s} \quad 단,\ \tau=\frac{l}{v}$$

(b) 배수관의 물 온도조절시스템

[그림 3-51] 낭비시간요소의 예

Q 낭비시간요소는 비선형시스템인가?

A 입력과 출력 사이에 시간지연이 있을 뿐 비례성과 중첩의 원리가 성립하므로 선형시스템이다. 또한 파라미터가 시간에 따라 변하는 것이 아니기 때문에 일반적으로 시변시스템이라고 말할 수 없다.

SECTION

3.6 상태방정식과 전달함수의 관계

자동제어시스템은 상태방정식이나 전달함수로 모델링할 수 있다. 상태방정식으로 표현하면 컴퓨터를 이용한 시뮬레이션을 쉽게 할 수 있어 편리하나, 그 시스템에 대한 직관적인 개념을 파악하는 데는 전달함수만 못하다. 이 절에서는 상태방정식으로 표현된 자동제어시스템의 전달함수를 구하는 방법을 살펴본다.

Keywords | 상태방정식 | 전달함수 |

다음과 같은 상태방정식으로 표시된 자동제어시스템의 전달함수를 구해보자.

$$\dot{\mathbf{x}} = \mathbf{A}\,\mathbf{x} + \mathbf{B}\,u \tag{3.47}$$

$$y = \mathbf{C}\,\mathbf{x} + \mathbf{D}\,u \tag{3.48}$$

모든 초기 조건을 0으로 하고, 식 (3.47)과 식 (3.48)의 라플라스 변환을 구하면

$$s\,\mathbf{X}(s) = \mathbf{A}\,\mathbf{X}(s) + \mathbf{B}\,U(s) \tag{3.49}$$

$$Y(s) = \mathbf{C}\,\mathbf{X}(s) + \mathbf{D}\,U(s) \tag{3.50}$$

이다. 이때 식 (3.49)에서 다음을 얻을 수 있다.

$$(s\,\mathbf{I} - \mathbf{A})\,\mathbf{X}(s) = \mathbf{B}\,U(s)$$

$$\mathbf{X}(s) = (s\,\mathbf{I} - \mathbf{A})^{-1}\mathbf{B}\,U(s) \tag{3.51}$$

식 (3.51)을 식 (3.50)에 대입하면

$$\begin{aligned} Y(s) &= \mathbf{C}\,(s\,\mathbf{I} - \mathbf{A})^{-1}\mathbf{B}\,U(s) + \mathbf{D}\,U(s) \\ &= \left[\mathbf{C}\,(s\,\mathbf{I} - \mathbf{A})^{-1}\mathbf{B} + \mathbf{D}\right]\,U(s) \end{aligned}$$

이다. 따라서 $u(t)$를 입력, $y(t)$를 출력으로 하는 전달함수는 다음과 같이 된다.

$$\begin{aligned} M(s) &= \frac{Y(s)}{U(s)} \\ &= \mathbf{C}\,(s\,\mathbf{I} - \mathbf{A})^{-1}\mathbf{B} + \mathbf{D} \qquad (3.52) \\ &= \mathbf{C} \times \frac{adj\,(s\,\mathbf{I} - \mathbf{A})}{|(s\,\mathbf{I} - \mathbf{A})|} \times \mathbf{B} + \mathbf{D} \\ &= \frac{\mathbf{C}\;adj\,(s\,\mathbf{I} - \mathbf{A})\,\mathbf{B} + |(s\,\mathbf{I} - \mathbf{A})|\mathbf{D}}{|(s\,\mathbf{I} - \mathbf{A})|} \qquad (3.53) \end{aligned}$$

또한 식 (3.53)으로부터 특성방정식이 다음과 같이 됨을 알 수 있다.

$$\Delta(s) = |(s\mathbf{I} - \mathbf{A})| = 0 \tag{3.54}$$

예제 3-10

상태방정식이 다음과 같은 자동제어시스템의 전달함수 $M(s)$를 구하라.

$$\begin{bmatrix} \frac{d}{dt}x_1 \\ \frac{d}{dt}x_2 \end{bmatrix} = \begin{bmatrix} -2 & -1 \\ -3 & 0 \end{bmatrix} \begin{bmatrix} x_1 \\ x_2 \end{bmatrix} + \begin{bmatrix} 5 \\ 2 \end{bmatrix} u$$

$$y = [2 \ \ 1] \begin{bmatrix} x_1 \\ x_2 \end{bmatrix}$$

풀이

$(s\mathbf{I} - \mathbf{A})$를 구하면

$$s\mathbf{I} - \mathbf{A} = \begin{bmatrix} s & 0 \\ 0 & s \end{bmatrix} - \begin{bmatrix} -2 & -1 \\ -3 & 0 \end{bmatrix} = \begin{bmatrix} s+2 & 1 \\ 3 & s \end{bmatrix} \quad \cdots (1)$$

이고, $(s\mathbf{I} - \mathbf{A})^{-1}$을 구하면

$$(s\mathbf{I} - \mathbf{A})^{-1} = \frac{adj(s\mathbf{I} - \mathbf{A})}{|s\mathbf{I} - \mathbf{A}|} = \frac{\begin{bmatrix} s & -1 \\ -3 & s+2 \end{bmatrix}}{s^2 + 2s - 3} \quad \cdots (2)$$

이다. 식 (3.52)를 이용하여 전달함수를 구하면 다음과 같다.

$$M(s) = \mathbf{C}(s\mathbf{I} - \mathbf{A})^{-1}\mathbf{B} + \mathbf{D} \quad \cdots (3)$$

$$= [2 \ \ 1] \frac{\begin{bmatrix} s & -1 \\ -3 & s+2 \end{bmatrix}}{s^2 + 2s - 3} \begin{bmatrix} 5 \\ 2 \end{bmatrix}$$

$$= \frac{12s - 15}{s^2 + 2s - 3} \quad \cdots (4)$$

예제 3-11

상태방정식이 다음과 같은 자동제어시스템의 특성방정식을 구하라.

$$\begin{bmatrix} \frac{d}{dt}x_1 \\ \frac{d}{dt}x_2 \\ \frac{d}{dt}x_3 \end{bmatrix} = \begin{bmatrix} 0 & 1 & 0 \\ 0 & 0 & 1 \\ -2 & -3 & -4 \end{bmatrix} \begin{bmatrix} x_1 \\ x_2 \\ x_3 \end{bmatrix} + \begin{bmatrix} 20 \\ 0 \\ 0 \end{bmatrix} u$$

$$y = [1 \;\; 0 \;\; 0] \begin{bmatrix} x_1 \\ x_2 \\ x_3 \end{bmatrix}$$

풀이

$(s\mathbf{I} - \mathbf{A})$를 구하면 다음과 같다.

$$(s\mathbf{I} - \mathbf{A}) = \begin{bmatrix} s & 0 & 0 \\ 0 & s & 0 \\ 0 & 0 & s \end{bmatrix} - \begin{bmatrix} 0 & 1 & 0 \\ 0 & 0 & 1 \\ -2 & -3 & -4 \end{bmatrix} = \begin{bmatrix} s & -1 & 0 \\ 0 & s & -1 \\ 2 & 3 & s+4 \end{bmatrix} \quad \cdots (1)$$

따라서 식 (3.54)에 의해 특성방정식은 다음과 같이 구해진다.

$$\Delta(s) = |(s\mathbf{I} - \mathbf{A})| = \begin{vmatrix} s & -1 & 0 \\ 0 & s & -1 \\ 2 & 3 & s+4 \end{vmatrix} \quad \cdots (2)$$

$$= s^3 + 4s^2 + 3s + 2 = 0$$

CHAPTER

03 연습문제

3.1 다음과 같은 미분방정식으로 입출력 관계가 표시되는 자동제어시스템의 전달함수는?

$$\frac{d^2}{dt^2}y+6\frac{d}{dt}y+10y=3\frac{d}{dt}x+5x$$

㉮ $G(s)=\dfrac{3s+5}{s^2+6s+10}$

㉯ $G(s)=\dfrac{5s+3}{10s^2+6s+1}$

㉰ $G(s)=\dfrac{5s+3}{s^2+6s+10}$

㉱ $G(s)=\dfrac{s-0.6}{(s-2)(s-5)}$

3.2 전달함수가 다음과 같은 시스템의 입출력 관계를 미분방정식으로 나타내면?

$$G(s)=\frac{1}{(s+4)(s-7)}$$

㉮ $\dfrac{d^2}{dt^2}y(t)+4\dfrac{d}{dt}y(t)-7y(t)=x(t)$

㉯ $\dfrac{d^2}{dt^2}y(t)-3\dfrac{d}{dt}y(t)-28y(t)=x(t)$

㉰ $\dfrac{d^2}{dt^2}y(t)+3\dfrac{d}{dt}y(t)+5y(t)=x(t)$

㉱ $\dfrac{d^2}{dt^2}y(t)-3\dfrac{d}{dt}y(t)-28y(t)=1$

3.3 전달함수가 다음과 같은 시스템의 입출력 관계를 미분방정식으로 나타내면?

$$G(s)=\frac{10}{s(s^2+3s+5)}$$

㉮ $\dfrac{d^2}{dt^2}y(t)+3\dfrac{d}{dt}y(t)+5y(t)=10$

㉯ $\dfrac{d^3}{dt^3}y(t)+\dfrac{d^2}{dt^2}y(t)+3\dfrac{d}{dt}y(t)+5y(t)=10x(t)$

㉰ $\dfrac{d^2}{dt^2}y(t)+3\dfrac{d}{dt}y(t)+5y(t)=10x(t)$

㉱ $\dfrac{d^3}{dt^3}y(t)+3\dfrac{d^2}{dt^2}y(t)+5\dfrac{d}{dt}y(t)=10x(t)$

3.4 다음 그림과 같은 저항회로에서 전압 E_1을 입력으로 하고, 전압 E_2를 출력으로 하는 전달함수를 구하면?

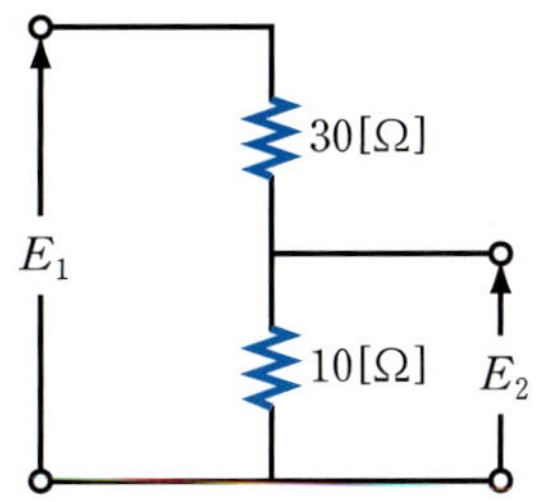

㉮ $G(s)=\dfrac{1}{s+3}$　　㉯ $G(s)=\dfrac{1}{4s+1}$

㉰ $G(s)=0.25$　　㉱ $G(s)=3s$

3.5 다음 그림과 같은 물리시스템의 상태방정식을 구하면?

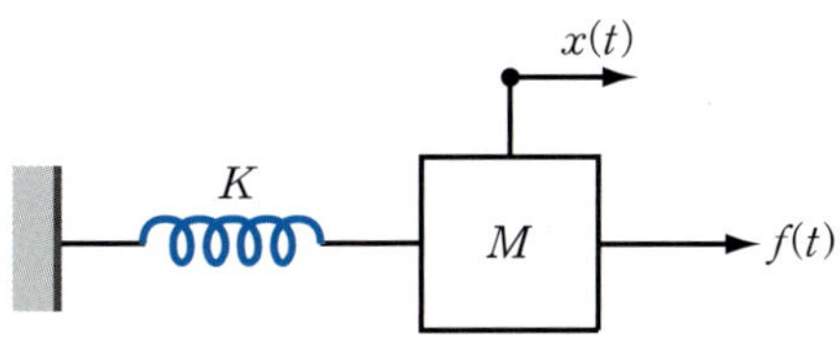

㉮ $\begin{bmatrix}\dot{x}_1\\ \dot{x}_2\end{bmatrix}=\begin{bmatrix}1 & 0\\ -\dfrac{K}{M} & 1\end{bmatrix}\begin{bmatrix}x_1\\ x_2\end{bmatrix}+\begin{bmatrix}0\\ \dfrac{1}{M}\end{bmatrix}f$　　㉯ $\begin{bmatrix}\dot{x}_1\\ \dot{x}_2\end{bmatrix}=\begin{bmatrix}0 & 1\\ -\dfrac{K}{M} & 0\end{bmatrix}\begin{bmatrix}x_1\\ x_2\end{bmatrix}+\begin{bmatrix}0\\ \dfrac{1}{M}\end{bmatrix}f$

㉰ $\begin{bmatrix}\dot{x}_1\\ \dot{x}_2\end{bmatrix}=\begin{bmatrix}-\dfrac{K}{M} & 1\\ 1 & 0\end{bmatrix}\begin{bmatrix}x_1\\ x_2\end{bmatrix}+\begin{bmatrix}\dfrac{1}{M}\\ 0\end{bmatrix}f$　　㉱ $\begin{bmatrix}\dot{x}_1\\ \dot{x}_2\end{bmatrix}=\begin{bmatrix}0 & 1\\ 1 & -\dfrac{K}{M}\end{bmatrix}\begin{bmatrix}x_1\\ x_2\end{bmatrix}+\begin{bmatrix}\dfrac{1}{M}\\ 0\end{bmatrix}f$

3.6 다음 그림과 같은 저항회로에서 인가전압 e_i를 입력으로, 저항에 흐르는 전류 i_R을 출력으로 하는 전달함수를 구하면?

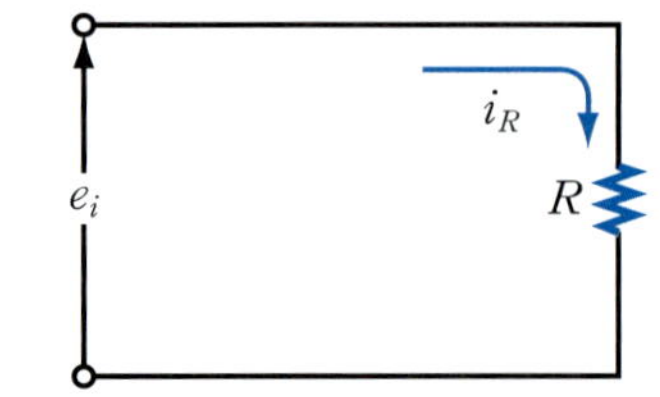

㉮ $G(s) = \frac{1}{R}$ ㉯ $G(s) = R$

㉰ $G(s) = \frac{R}{s+R}$ ㉱ $G(s) = \frac{1}{s+R}$

3.7 다음 그림과 같은 RC 회로망에서 인가전압 e_i를 입력으로, 콘덴서에 나타나는 전압 e_c를 출력으로 하는 전달함수를 구하면?

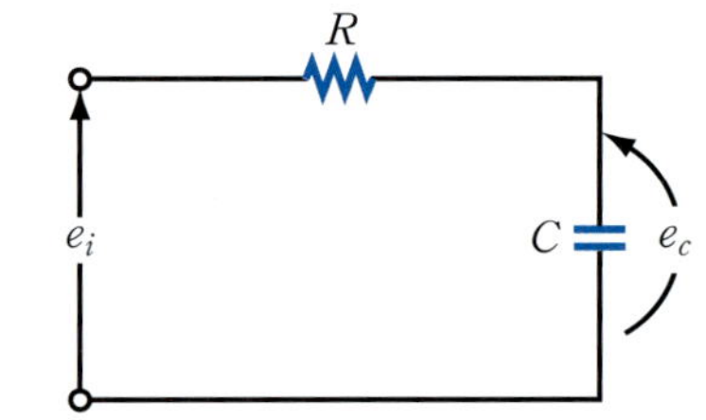

㉮ $G(s) = \frac{Cs}{s^2+RCs+1}$ ㉯ $G(s) = \frac{RCs}{s^2+s+RC}$

㉰ $G(s) = \frac{RC}{RCs+1}$ ㉱ $G(s) = \frac{1}{RCs+1}$

3.8 다음 그림과 같은 RL 회로에서 전압 $e_i(t)$를 입력으로, 전류 $i(t)$를 출력으로 하는 전달함수를 구하면?

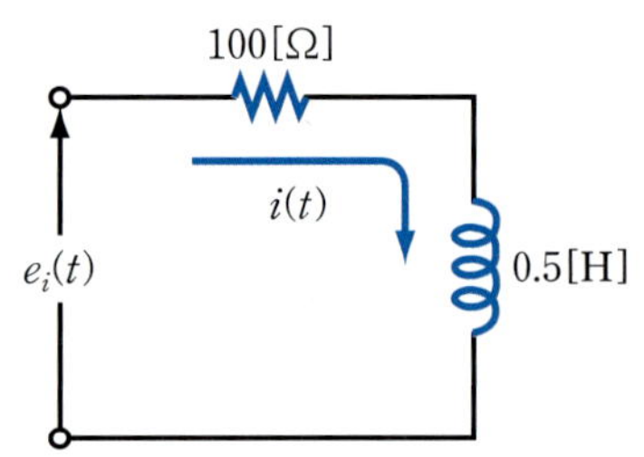

㉮ $G(s) = 0.005s$ ㉯ $G(s) = \frac{2}{s+200}$

㉰ $G(s) = 0.25(s+200)$ ㉱ $G(s) = \frac{1}{s^2+0.5s+100}$

3.9 다음 그림과 같은 회로에서 전압 e_1을 입력으로, 전압 e_2를 출력으로 하는 전달함수를 구하면?

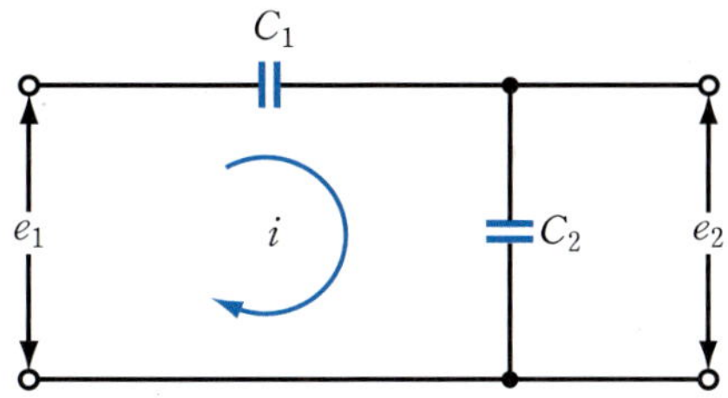

㉮ $G(s)=C_1\times C_2$ ㉯ $G(s)=C_2 s+C_1$

㉰ $G(s)=\dfrac{C_2}{C_1+C_2}$ ㉱ $G(s)=\dfrac{C_1}{C_1+C_2}$

3.10 다음 그림과 같은 RLC 직렬회로에서 전압 $v(t)$를 입력으로, 전류 $i(t)$를 출력으로 하는 전달함수를 구하면?

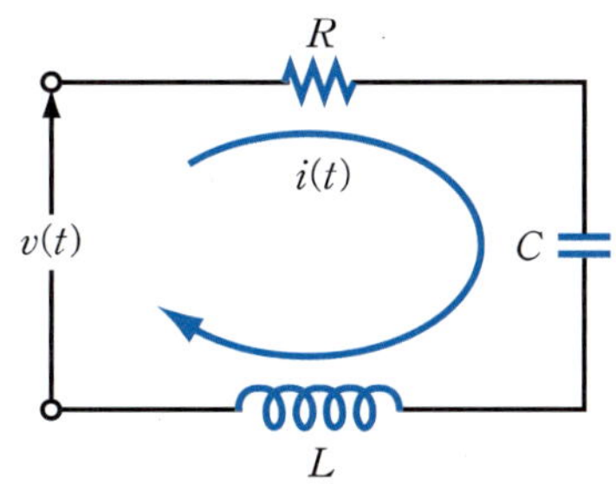

㉮ $G(s)=\dfrac{1}{LCs^2+RCs+1}$ ㉯ $G(s)=\dfrac{Cs}{LCs^2+RCs+1}$

㉰ $G(s)=\dfrac{1}{Cs}\left(\dfrac{1}{Ls+R}\right)$ ㉱ $G(s)=\dfrac{1}{Cs}$

3.11 다음 그림과 같은 RLC 직렬회로에서 인가전압 $v_i(t)$를 입력으로, 콘덴서 C에 걸리는 전압 $v_c(t)$를 출력으로 하는 전달함수를 구하면?

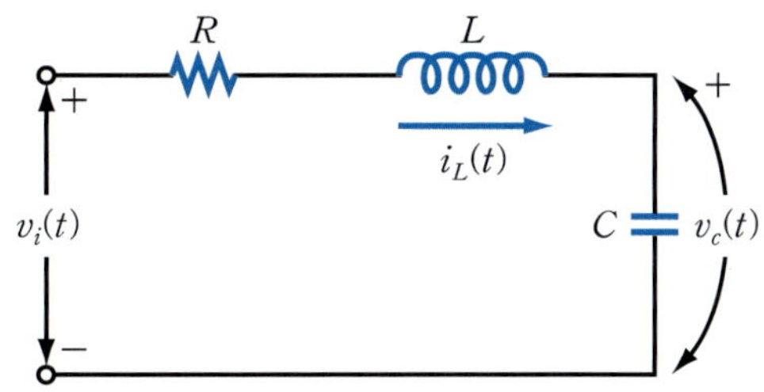

㉮ $G(s)=\dfrac{1}{RLs^2+LCs+1}$ ㉯ $G(s)=\dfrac{Cs}{(L+C)s+R}$

㉰ $G(s)=\dfrac{1}{LCs^2+RCs+1}$ ㉱ $G(s)=\dfrac{Cs}{LCs^2+RCs+1}$

3.12 다음 그림과 같은 회로에서 전류 $i(t)$를 입력으로, 전압 $e(t)$를 출력으로 하는 블록선도를 그린 것 중 옳은 것은?

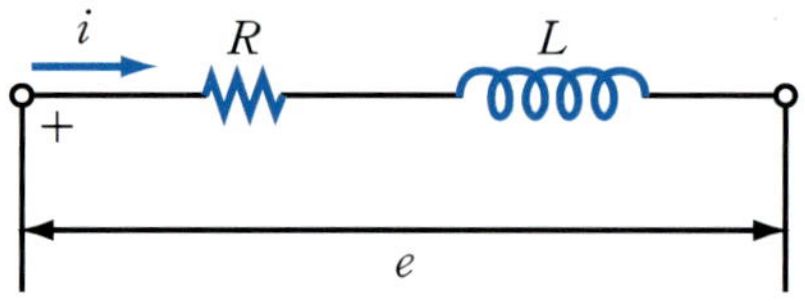

㉮ 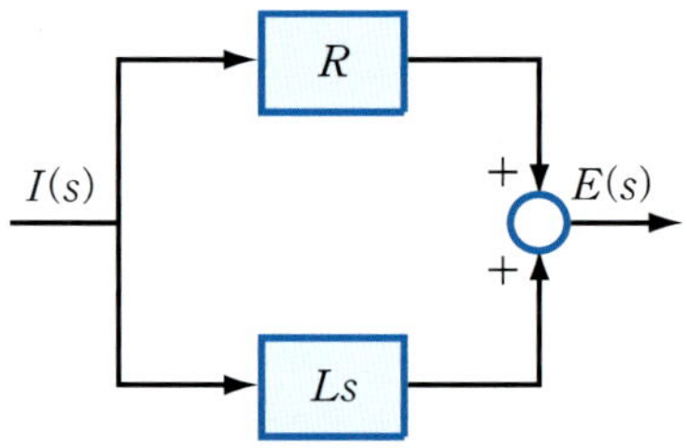

㉯ 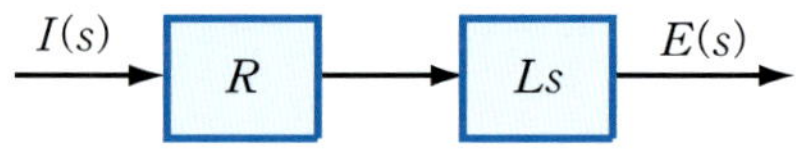

㉰ 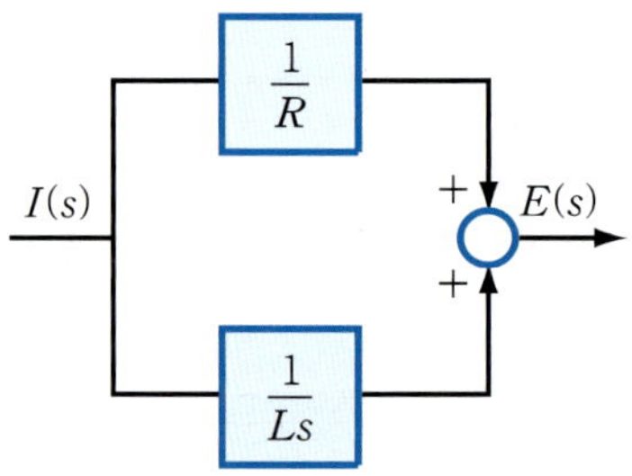

㉱ 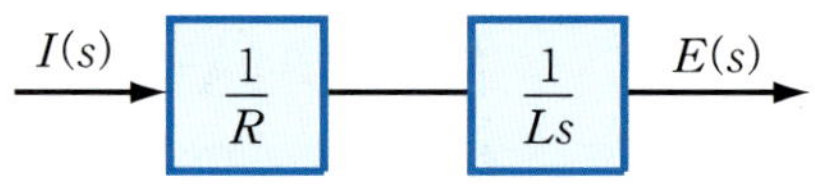

3.13 다음과 같은 폐루프 제어시스템의 전체 전달함수를 구하면?

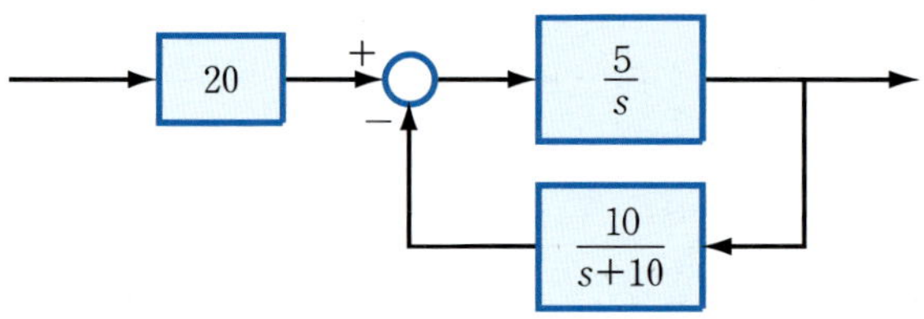

㉮ $\dfrac{0.5(s+10)}{s^2+10s+5}$ ㉯ $\dfrac{100(s+10)}{s^2+10s+50}$

㉰ $\dfrac{20(s+10)}{s^2+10s+50}$ ㉱ $\dfrac{100}{s^2+10s+100}$

3.14 다음과 같은 폐루프 제어시스템의 전체 전달함수를 구하면?

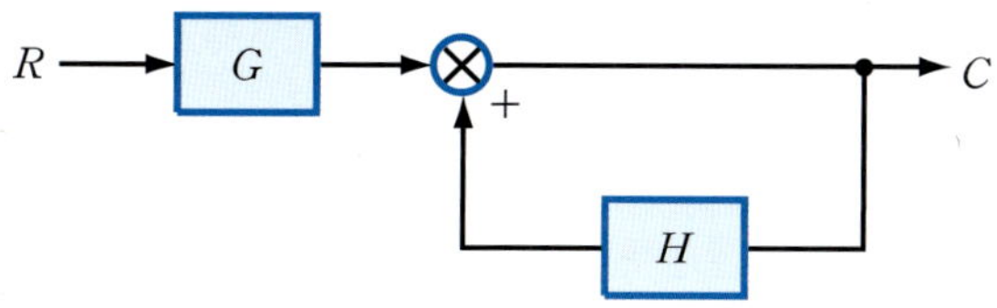

㉮ $\dfrac{G}{1-GH}$　　㉯ $G+GH$

㉰ $\dfrac{G}{1-H}$　　㉱ $\dfrac{G}{1+GH}$

3.15 다음과 같은 폐루프 제어시스템의 전체 전달함수를 구하면?

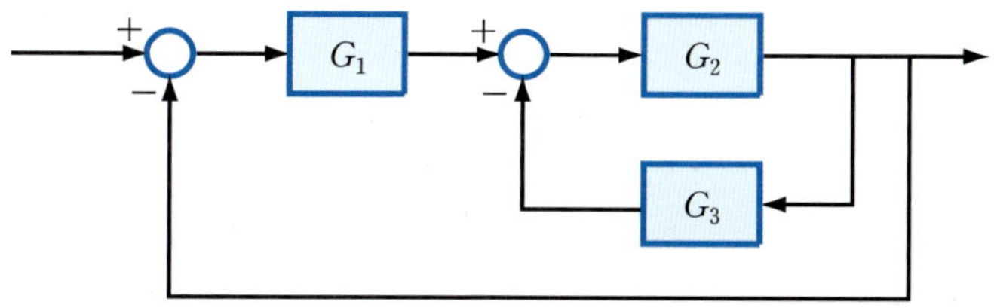

㉮ $\dfrac{G_2G_3}{1-G_1G_2-G_2G_3}$　　㉯ $\dfrac{G_1G_2}{1-G_1G_2+G_2G_3}$

㉰ $\dfrac{G_1G_2G_3}{G_1G_2+G_2G_3+G_1G_3}$　　㉱ $\dfrac{G_1G_2}{1+G_1G_2+G_2G_3}$

3.16 다음 그림과 같은 폐루프 제어시스템에서 $\dfrac{C(s)}{R(s)}$를 구하면?

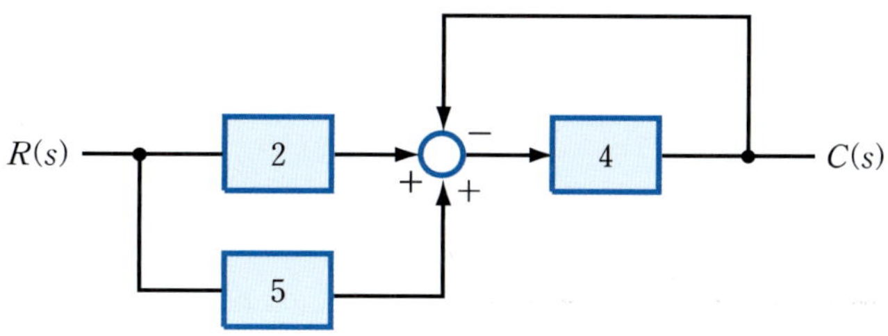

㉮ 40　　㉯ 5.6　　㉰ $\dfrac{8}{55}$　　㉱ 7.8

3.17 다음 신호흐름선도에서 $\frac{C(s)}{R(s)}$ 를 구하면?

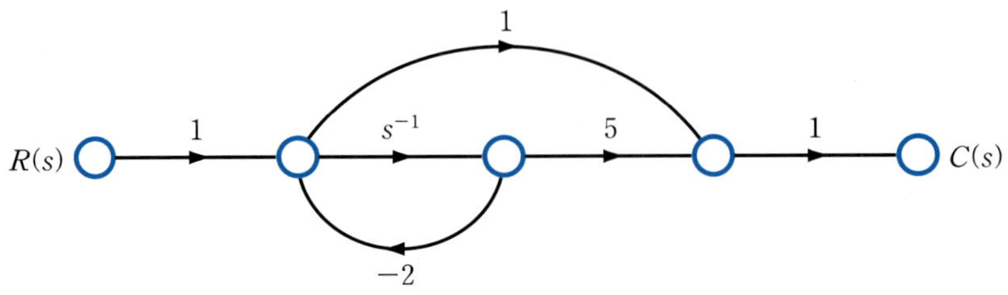

㉮ $\frac{s+5}{s+2}$　㉯ $\frac{5s}{s+2}$　㉰ $\frac{5s+1}{s+2}$　㉱ $\frac{5s+1}{s-2}$

3.18 다음 신호흐름선도에서 $\frac{C(s)}{R(s)}$ 를 구하면?

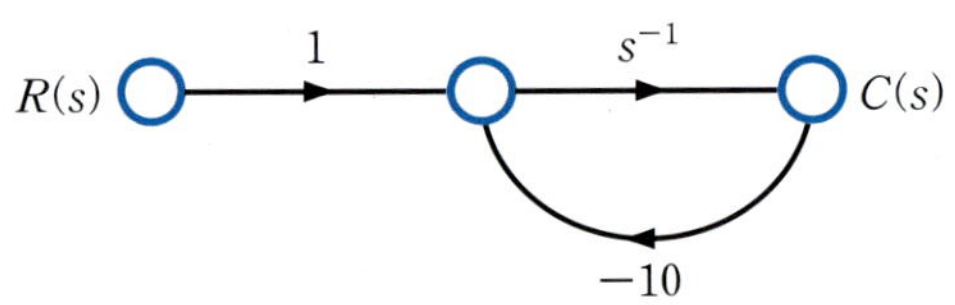

㉮ $\frac{10}{s+10}$　㉯ $\frac{1}{s+10}$　㉰ $\frac{10}{s-10}$　㉱ $\frac{1}{s-10}$

3.19 다음 신호흐름선도에서 $\frac{C(s)}{R(s)}$ 를 구하면?

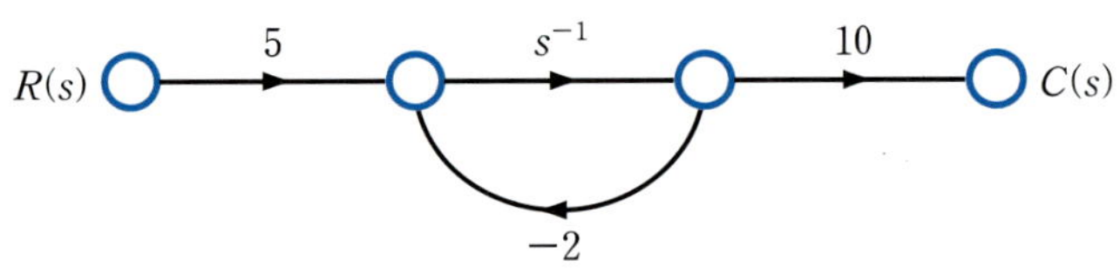

㉮ $\frac{100}{s-100}$　㉯ $\frac{s}{s-100}$　㉰ $\frac{50}{2s}$　㉱ $\frac{50}{s+2}$

3.20 다음 신호흐름선도에서 $\dfrac{C(s)}{R(s)}$ 를 구하면?

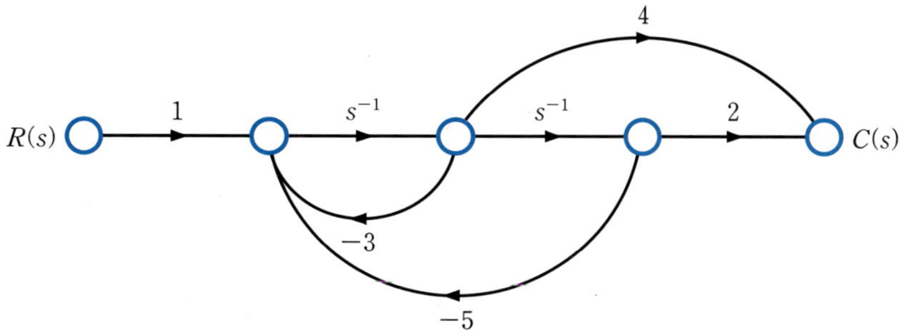

㉮ $\dfrac{2s+4}{5s^2+3s+1}$ ㉯ $\dfrac{4s+2}{s^2+3s+5}$ ㉰ $\dfrac{2s+4}{s^2+5s+3}$ ㉱ $\dfrac{2s-4}{s^2-5s-3}$

3.21 다음 신호흐름선도에서 $\dfrac{C(s)}{R(s)}$ 를 구하면?

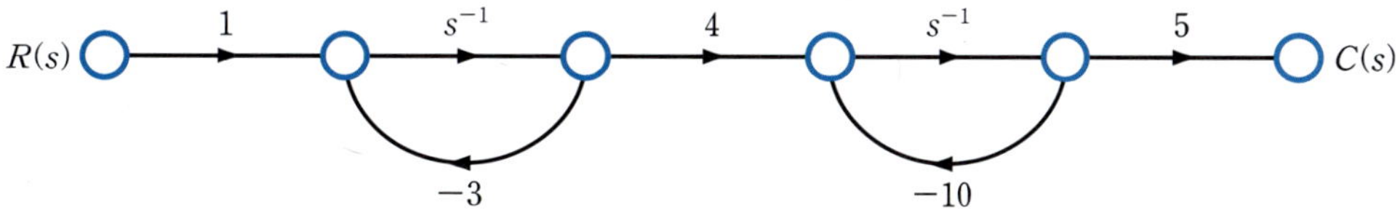

㉮ $\dfrac{s+20}{s^2+3s+10}$ ㉯ $\dfrac{s+20}{s^2-3s-10}$ ㉰ $\dfrac{20}{s^2+13s+30}$ ㉱ $\dfrac{4s}{s-3}\times\dfrac{5}{s-10}$

3.22 다음 신호흐름선도에서 $\dfrac{C(s)}{R(s)}$ 를 구하면?

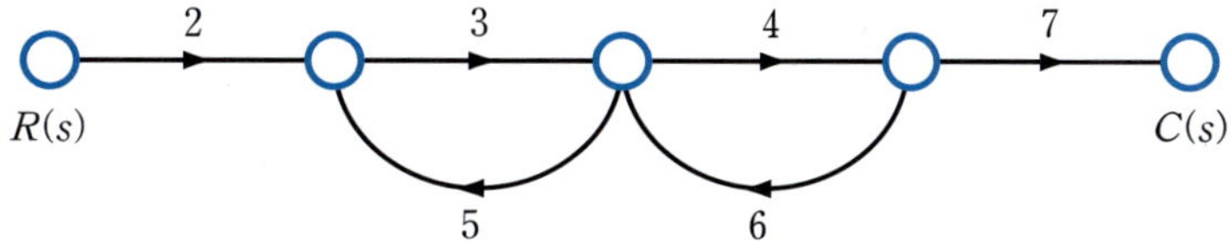

㉮ -4.42 ㉯ -5.60 ㉰ 0.52 ㉱ 0.42

3.23 다음 신호흐름선도에서 $\frac{C(s)}{R(s)}$ 를 구하면?

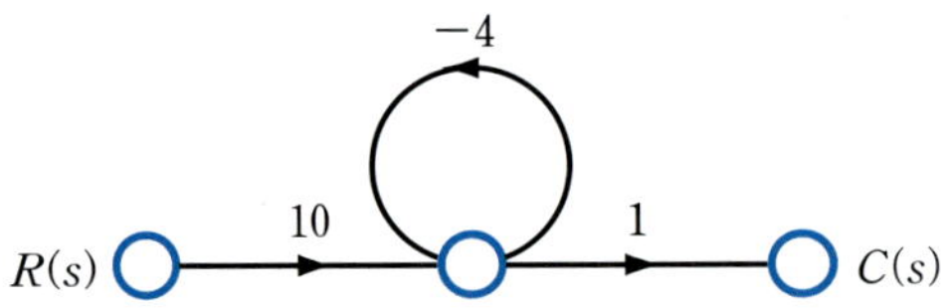

㉮ -40　　㉯ -2.5　　㉰ 2　　㉱ -3.3

3.24 전달함수 $\frac{10}{s+5}$ 를 신호흐름선도로 나타내면?

㉮ 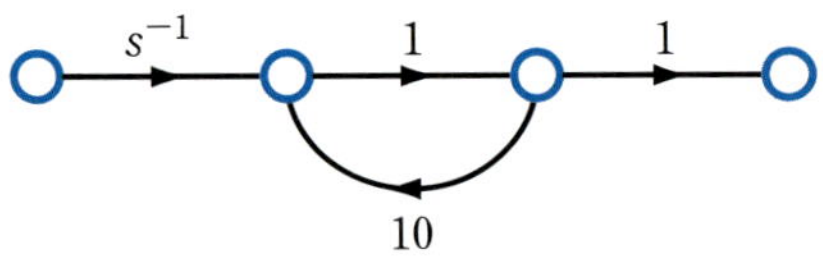

㉯ 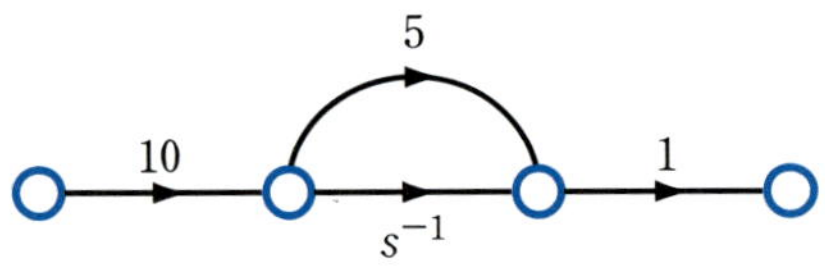

㉰ 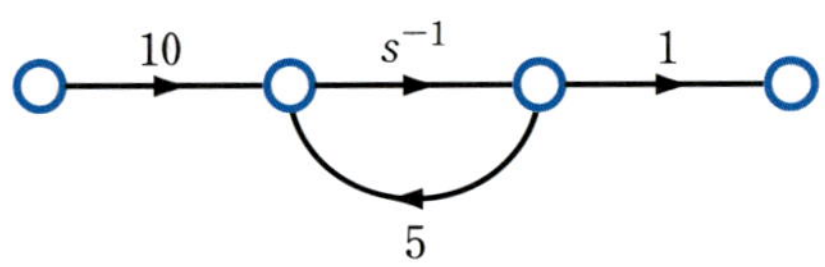

㉱ 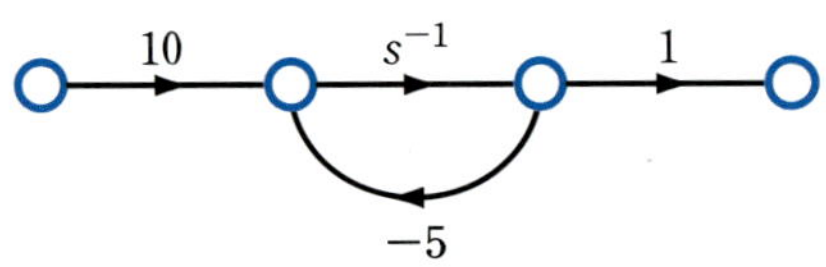

3.25 다음 그림과 같은 수조에서 유속 $q(t)$ [m^3/sec]를 입력으로 높이 $h(t)$ [m]를 출력으로 하는 전달함수를 구하면? 단, 수조의 밑넓이는 5[m^2]이다.

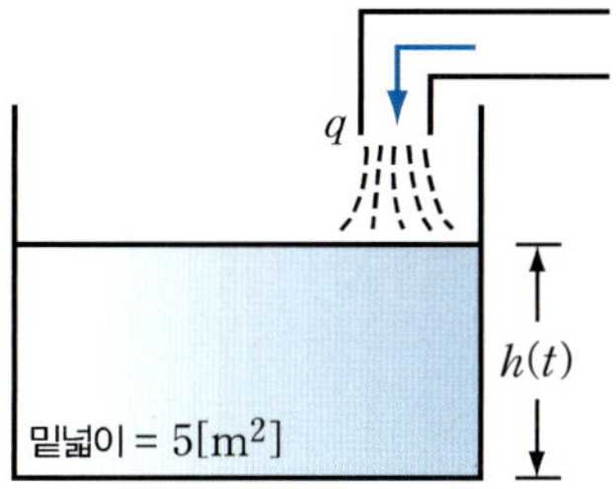

㉮ $G(s) = \dfrac{1}{5s^2+1}$ ㉯ $G(s) = \dfrac{s}{s^2+5s+1}$

㉰ $G(s) = \dfrac{5}{s^2+2s+5}$ ㉱ $G(s) = \dfrac{1}{5s}$

3.26 다음과 같은 전달함수를 가지는 제어요소는?

$$G(s) = \frac{10}{s+10}$$

㉮ 미분요소 ㉯ 적분요소 ㉰ 1차지연요소 ㉱ 1차앞선요소

3.27 다음과 같은 상태방정식으로 표시되는 자동제어시스템의 전달함수는?

$$\begin{bmatrix} \dot{x}_1 \\ \dot{x}_2 \end{bmatrix} = \begin{bmatrix} 0 & 1 \\ -3 & -2 \end{bmatrix} \begin{bmatrix} x_1 \\ x_2 \end{bmatrix} + \begin{bmatrix} 0 \\ 1 \end{bmatrix} r$$

$$y = [1 \quad 0] \begin{bmatrix} x_1 \\ x_2 \end{bmatrix}$$

㉮ $G(s) = \dfrac{1}{s^2+2s+3}$ ㉯ $G(s) = \dfrac{2}{s^2+3s+2}$

㉰ $G(s) = \dfrac{s+1}{s^2+3s+2}$ ㉱ $G(s) = \dfrac{1}{s^2+5s+6}$

3.28 다음과 같은 상태방정식을 전달함수로 변환하면?

$$\begin{bmatrix} \dot{x}_1 \\ \dot{x}_2 \end{bmatrix} = \begin{bmatrix} -1 & 0 \\ 0 & -4 \end{bmatrix} \begin{bmatrix} x_1 \\ x_2 \end{bmatrix} + \begin{bmatrix} 0 \\ 1 \end{bmatrix} r$$

$$y = \begin{bmatrix} 2 & 1 \end{bmatrix} \begin{bmatrix} x_1 \\ x_2 \end{bmatrix}$$

㉮ $G(s) = \dfrac{2s+1}{s^2+s+4}$　　㉯ $G(s) = \dfrac{s+2}{s^2+s+4}$

㉰ $G(s) = \dfrac{s+1}{s^2+5s+4}$　　㉱ $G(s) = \dfrac{s+2}{s^2+5s+4}$

3.29 상태방정식이 다음과 같은 시스템의 특성방정식 근들은?

$$\begin{bmatrix} \dot{x}_1 \\ \dot{x}_2 \end{bmatrix} = \begin{bmatrix} 0 & 1 \\ -6 & -5 \end{bmatrix} \begin{bmatrix} x_1 \\ x_2 \end{bmatrix} + \begin{bmatrix} 0 \\ 1 \end{bmatrix} r$$

㉮ $-1, -2$　　㉯ $1, -6$　　㉰ $-5, -6$　　㉱ $-2, -3$

3.30 상태방정식이 다음과 같은 시스템의 전달함수 $G(s)$는?

$$\begin{bmatrix} \dot{x}_1 \\ \dot{x}_2 \\ \dot{x}_3 \end{bmatrix} = \begin{bmatrix} 0 & 1 & 0 \\ 0 & 0 & 1 \\ -10 & -6 & -9 \end{bmatrix} \begin{bmatrix} x_1 \\ x_2 \\ x_3 \end{bmatrix} + \begin{bmatrix} 0 \\ 0 \\ 1 \end{bmatrix} r$$

$$y = \begin{bmatrix} 10 & 4 & 0 \end{bmatrix} \begin{bmatrix} x_1 \\ x_2 \\ x_3 \end{bmatrix}$$

㉮ $G(s) = \dfrac{1}{s^3+9s^2+6s+10}$　　㉯ $G(s) = \dfrac{4s+10}{s^3+9s^2+6s+10}$

㉰ $G(s) = \dfrac{4s+10}{9s^2+6s+10}$　　㉱ $G(s) = \dfrac{10s+4}{s^3+10s^2+6s+9}$

CHAPTER

04

시간응답

3장에서는 자동제어시스템의 입출력의 관계를 전달함수 또는 상태방정식을 이용하여 수학적 모델로 표현하는 방법을 살펴보았다. 이 장에서는 자동제어시스템에 입력을 가했을 때 어떠한 출력이 나오는지 살펴본다. 시스템의 출력을 입력에 대한 응답(response)이라고 하는데, 이 응답은 시간응답(time response)과 주파수응답(frequency response)으로 구분된다. 주파수응답은 6장에서 살펴보고, 이 장에서는 시간응답에 대해 자세히 살펴보자. 시간응답에서는 입력을 가했을 때 나타나는 출력이 어떤 모양인지, 시간이 지남에 따라 어떻게 변하는지에 관심을 갖는다.

CONTENTS

SECTION 4.1 과도응답과 정상상태응답

SECTION 4.2 단위계단응답

SECTION 4.3 부족제동 2차제어시스템

SECTION 4.4 상태방정식과 시간응답

연습문제

SECTION
4.1 과도응답과 정상상태응답

폐루프 제어시스템에서는 목표값 또는 기준입력에 제어대상의 출력이 얼마나 잘 따라가는지가 중요하다. 이때 시간에 따른 출력 변화를 시간응답(time response)이라고 하며, 시간응답의 특성은 과도특성과 정상상태특성으로 구분한다. 이 절에서는 과도응답과 정상상태응답에 대해 살펴본다.

Keywords | 과도응답 | 정상상태응답 | 과동응답 성분 | 정상상태응답 성분 |

대부분의 시스템은 입력을 가했을 때 출력이 바로 안정되는 것이 아니라 [그림 4-1]과 같이 처음에는 과도기적으로 변화하다가 일정한 시간이 지난 후에 안정된 출력값을 얻는다. 안정된 출력을 얻기까지의 과도기적인 시간응답을 **과도응답**(transient response)이라고 하며, 시간이 충분히 지난 안정된 상태에서의 시간응답을 **정상상태응답**(steady-state response)이라고 한다.[1]

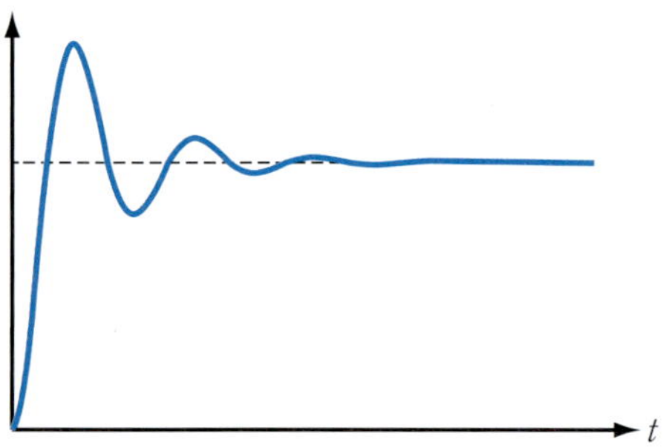

[그림 4-1] 자동제어시스템의 시간응답

일반적인 자동제어시스템의 시간응답은 **과도응답 성분**(transient response component)과 **정상상태응답 성분**(steady-state response component)이 합해져 나타나므로, 시간응답 $c(t)$를 다음과 같이 나타낸다. 이때 $c_t(t)$는 과도응답 성분, $c_{ss}(t)$는 정상상태응답 성분이다.

★ 시간응답 ★

$$c(t) = c_t(t) + c_{ss}(t) \tag{4.1}$$

과도응답 성분과 정상상태응답 성분을 이해하기 위해 [그림 4-2]와 같은 단위귀환 제어시스템에서 단위계단입력(unit step input)에 대한 출력을 생각해보자.

1 자동제어시스템의 해석에서는 주로 과도응답에 관심이 있으므로 시간응답을 과도응답으로만 생각하는 사람들도 있다.

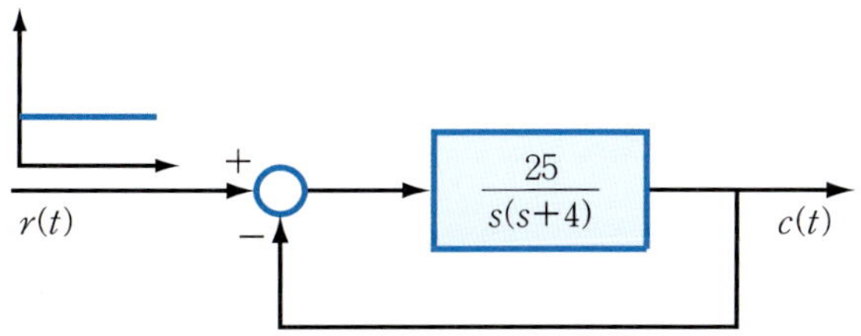

[그림 4-2] 단위귀환 제어시스템의 예

먼저 전체 폐루프 전달함수 $M(s)$를 구하면 다음과 같다.

$$M(s) = \frac{G(s)}{1+G(s)} \tag{4.2}$$

$$= \frac{\frac{25}{s(s+4)}}{1+\frac{25}{s(s+4)}}$$

$$= \frac{25}{s^2+4s+25} \tag{4.3}$$

그리고 출력의 라플라스 변환을 구하면 다음과 같다.

$$C(s) = M(s)R(s) = \frac{25}{s^2+4s+25} \times \frac{1}{s} \tag{4.4}$$

$$= \frac{1}{s} - \frac{s+4}{s^2+4s+25} = \frac{1}{s} - \frac{(s+2)+2}{(s+2)^2+21}$$

$$= \frac{1}{s} - \frac{(s+2)}{(s+2)^2+(\sqrt{21})^2} - \frac{2}{\sqrt{21}}\frac{\sqrt{21}}{(s+2)^2+(\sqrt{21})^2} \tag{4.5}$$

그러므로 식 (4.5)의 라플라스 역변환을 취하면 다음과 같이 시간응답을 구할 수 있다.

$$c(t) = 1 - e^{-2t}\cos\sqrt{21}\,t - \frac{2}{\sqrt{21}}e^{-2t}\sin\sqrt{21}\,t \tag{4.6}$$

$$= 1 - e^{-2t}\left(\cos\sqrt{21}\,t + \frac{2}{\sqrt{21}}\sin\sqrt{21}\,t\right)$$

$$= 1 - 1.091\,e^{-2t}\sin(\sqrt{21}\,t + 66.4°) \tag{4.7}$$

$$A\cos\omega t + B\sin\omega t = \sqrt{A^2+B^2}\left(\frac{A}{\sqrt{A^2+B^2}}\cos\omega t + \frac{B}{\sqrt{A^2+B^2}}\sin\omega t\right)$$

$$= \sqrt{A^2+B^2}\,(\sin\theta\cos\omega t + \cos\theta\sin\omega t)$$

$$= \sqrt{A^2+B^2}\,\sin(\omega t+\theta) \quad \text{단, } \theta = \tan^{-1}\frac{A}{B}$$

식 (4.7)의 시간응답에서 앞부분은 정상상태응답 성분이고 뒷부분은 과도응답 성분이다. 단위귀환 제어시스템의 출력을 그래프로 나타내면 [그림 4-3]과 같다.

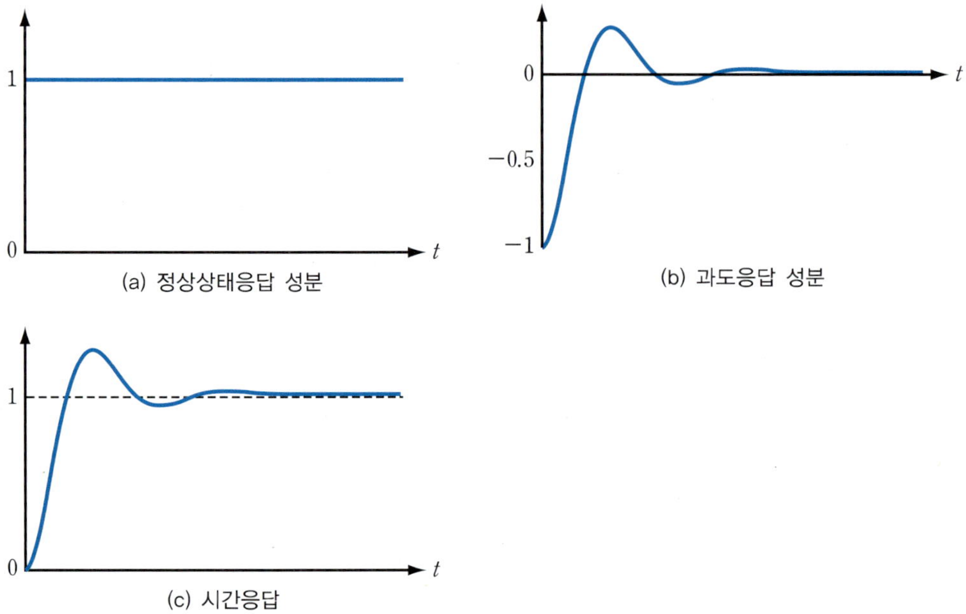

[그림 4-3] 단위귀환 제어시스템의 출력

정상상태응답 성분은 시스템에 가해지는 입력에 의해 결정되지만, 과도응답 성분은 시스템의 모델에 의해 결정된다. 그러므로 과도응답 성분을 입력과 관계없는 응답이라고 하여 **자연응답**(natural response) 또는 **고유응답**(intrinsic response)이라고도 한다. 일반적으로 시간이 많이 지나면 과도응답 성분은 그 값이 0으로 없어진다. 만일 과도응답 성분이 0으로 수렴하지 않으면, 그 자동제어시스템은 불안정하다고 한다. 반면에, 정상상태응답 성분은 입력에 의해 발생하므로 **강제응답**(forced response)이라고도 한다. 따라서 일반적으로 출력의 과도적인 특성은 주로 과도응답 성분에 의해 결정되고, 시간이 많이 지난 정상상태에서의 특성은 정상상태응답 성분과 같아진다.

Q 과도응답과 과도응답 성분은 어떤 차이가 있을까?

A 과도응답은 정상상태응답과 대조되는 용어로, 입력을 가한 후 시스템이 안정될 때까지의 과도기적인 출력을 말한다. 과도응답 성분은 출력을 과도응답 성분과 정상상태응답 성분으로 나누어(분해하여) 생각할 때 사용하는 용어로, 입력을 가한 직후에 일시적으로 나타나고 시간이 많이 지나면 없어지는 시스템 고유의 시간응답 성분을 말한다.

예제 4-1

[그림 4-4]와 같이 $f(t)$를 입력, $x(t)$를 출력으로 하는 물리시스템의 미분방정식은 다음과 같다. 이 물리시스템에 10[N]의 힘을 가했을 때, 시간응답 $x(t)$를 구하라. 단, 초기 조건은 $x(0)=0$, $\dot{x}(0)=0$이다.

$$\frac{d^2}{dt^2}x(t)+3\frac{d}{dt}x(t)+2x(t)=f(t)$$

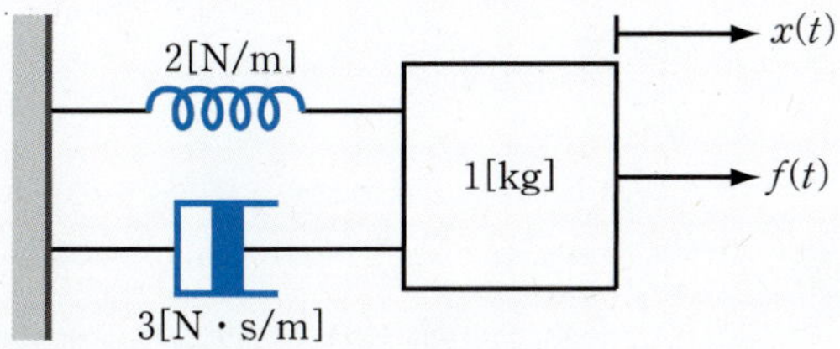

[그림 4-4] [예제 4-1]의 물리시스템

풀이

입력 $f(t)=10$ 에 대한 출력 $x(t)$는 다음과 같다.

$$\frac{d^2}{dt^2}x(t)+3\frac{d}{dt}x(t)+2x(t)=10 \qquad \cdots(1)$$

이 식을 미분연산자로 나타내면 다음과 같다.

$$(D^2+3D+2)x=10 \qquad \cdots(2)$$

입력이 없을 때의 출력, 즉 보함수(complementary function) $x_c(t)$는 다음과 같다.

$$(D^2+3D+2)x_c=0 \qquad \cdots(3)$$

$$(D+1)(D+2)x_c=0$$

$$x_c=Ae^{-t}+Be^{-2t} \qquad \cdots(4)$$

그리고 특이적분(particular integral) $x_p(t)$는 다음과 같다.

$$x_p=5 \qquad \cdots(5)$$

따라서 일반해(general solution)를 구하면 다음과 같다.

$$x(t)=Ae^{-t}+Be^{-2t}+5 \qquad \cdots(6)$$

여기에 초기 조건 $x(0)=0$, $\dot{x}(t)=0$을 적용하면 특별해(particular solution)는 다음과 같다.

$$x(t) = -10e^{-t} + 5e^{-2t} + 5 \quad \cdots (7)$$

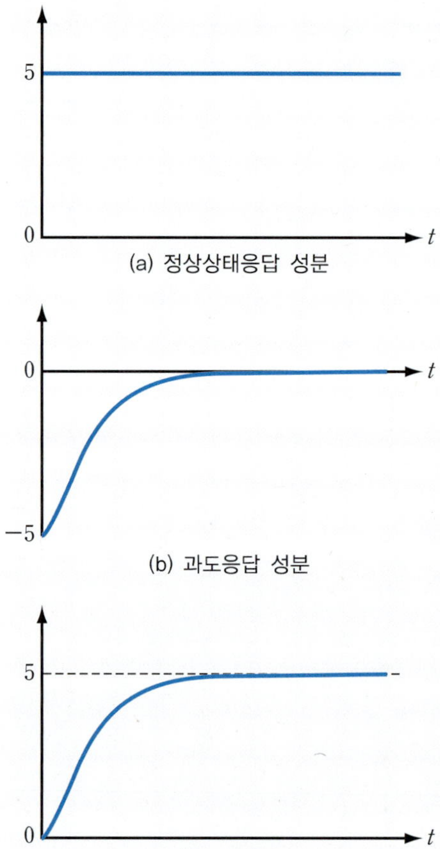

(a) 정상상태응답 성분

(b) 과도응답 성분

(c) 시간응답

[그림 4-5] [그림 4-4]의 물리시스템 출력

이 특별해가 바로 시간응답이다. 보함수 $x_c(t)$는 입력과 관계없이 시스템의 특성에 의해 정해지므로 시간이 많이 지나면 0으로 수렴한다. 이 성분은 입력이 가해진 후 잠시 동안 출력에 나타났다가 곧 사라지므로 과도응답 성분이다. 특이적분 $x_p(t)$는 입력에 의해 나타나는 응답으로 시간이 많이 지난 상태, 즉 정상상태에서는 이 응답만 나타나므로 정상상태응답 성분이다.

Q 시간응답과 시간영역해석은 어떤 차이가 있을까?

A 시간응답이란 주파수응답과 대조되는 용어로, 입력을 가한 후 시스템의 출력이 시간에 따라 어떻게 변화하는지를 말하는 것이다. 반면에, 시간영역해석이란 어떤 시스템을 해석하고 설계할 때 시스템의 모델로 전달함수 대신에 상태방정식을 사용하는 것으로, 이름은 비슷하나 서로 연관이 없다.

SECTION

4.2 단위계단응답

이 절에서는 자동제어시스템에서 많이 사용하는 단위계단입력에 대한 제어요소의 과도응답을 살펴본다. 특히 1차지연요소와 2차지연요소에 단위계단함수를 입력으로 가했을 때의 과도응답에 대해 자세히 알아본다.

Keywords | 단위계단응답 | 시정수 | 상승시간 | 정정시간 | 백분율 오버슈트 | 감쇠비 | 고유주파수 | 과제동응답 | 임계제동응답 | 부족제동응답 | 무제동응답 | 특성방정식 |

1 단위계단응답의 개념

자동제어시스템의 특성을 알아보기 위해서는 대표적인 신호를 입력으로 가한다. 이때 사용하는 대표적인 신호를 시험용 신호(testing signal)라고 한다. [표 4-1]은 대표적인 시험용 신호의 시간함수와 그에 대한 라플라스 변환을 보여준다.

[표 4-1] 대표적인 시험용 신호

종류	신호 파형	시간함수	라플라스 변환
계단함수	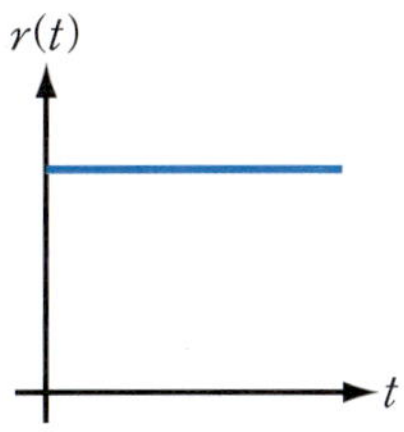	$u_s(t)$	$\frac{1}{s}$
램프함수	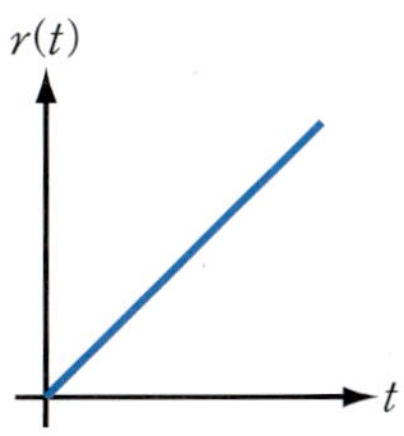	$t\,u_s(t)$	$\frac{1}{s^2}$
포물선함수	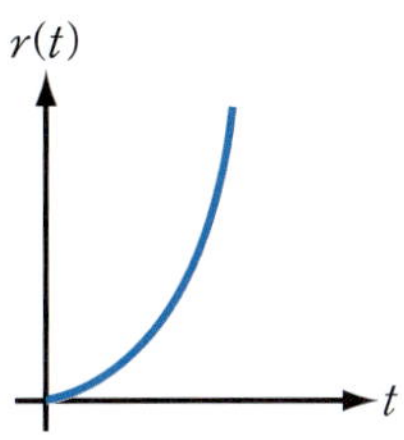	$\frac{1}{2}t^2 u_s(t)$	$\frac{1}{s^3}$

Q 계단함수, 램프함수, 포물선함수란?

A **계단함수**(step function)는 시간이 지나도 크기가 변하지 않고 일정한 값을 유지하는 함수로, 특히 크기가 1인 함수를 단위계단함수(unit step function)라고 한다. **램프함수**(ramp function)는 시간의 변화에 정비례하여 증가하는 함수로, 수학적으로 1차 함수라고 부르며, 특히 계수가 1인 함수를 단위램프함수(unit ramp function)라고 한다. **포물선함수**(parabolic function)는 시간의 제곱에 비례하여 증가하는 함수로, 수학적으로 2차 함수라고 부르며, 그 계수가 $\frac{1}{2}$인 함수를 단위포물선함수(unit parabolic function)라고 한다.

자동조정(automatic regulation)이나 프로세스제어(process control)와 같이 목표값이 시간상 자주 변하지 않는 일정한 자동제어시스템에서 출력이 얼마나 목표값에 잘 일치하는지를 알아볼 때는 시험용 입력신호로 계단함수를 주로 사용한다. 반면에, 서보기구(servomechanism)와 같이 목표값이 시간상 계속 변하는 추종제어시스템에서 출력이 입력을 얼마나 잘 따라가는지를 알아볼 때는 램프함수를 사용하고, 목표값이 대단히 빠른 속도로 변할 때는 포물선함수를 사용한다.

자동제어시스템에 단위계단함수를 입력으로 가했을 때 얻어지는 출력을 **단위계단응답**(unit step response) 또는 **인디셜응답**(indicial response)이라고 하며, 자동제어시스템의 시간응답을 해석할 때 대단히 중요한 역할을 한다.

2 1차지연시스템의 단위계단응답

[그림 4-6]과 같은 1차지연시스템의 단위계단응답을 구해보자.

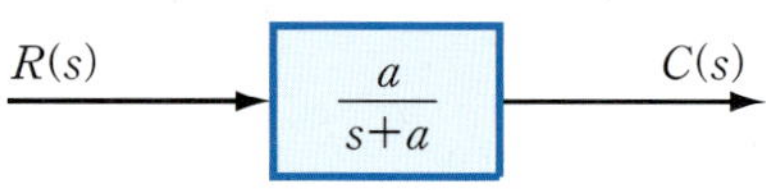

[그림 4-6] 1차지연시스템의 예

[그림 4-6]의 시스템이 전달함수로 표시되어 있으므로 단위계단응답을 구하면

$$C(s) = G(s)R(s) = \frac{a}{s+a} \times \frac{1}{s} \tag{4.8}$$

이다. 식 (4.8)의 라플라스 역변환을 구하면 다음과 같다.

$$c(t) = \mathcal{L}^{-1}\left[\frac{a}{s+a} \times \frac{1}{s}\right] = \mathcal{L}^{-1}\left[\frac{1}{s} - \frac{1}{s+a}\right] = 1 - e^{-at} \tag{4.9}$$

그리고 단위계단응답 $c(t)$는 [그림 4-7]과 같이 나타난다. 이제 1차지연요소의 단위계단응답의 특성을 나타내는 중요한 사양(specification)들을 살펴보자.

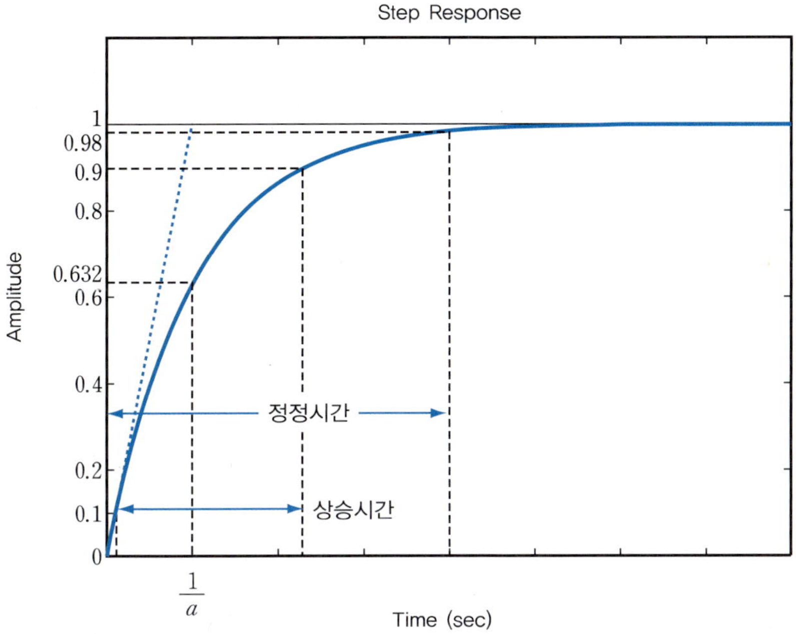

[그림 4-7] 1차지연시스템의 단위계단응답

■ 시정수

식 (4.9)에서 $t = \dfrac{1}{a}$ 일 때의 출력을 구하면 $c(t) = 1 - e^{-1} = 0.632$ 이다. 그러므로 [그림 4-7]에서 보듯이 출력은 최종값의 63.2%가 된다. 이때 $t = \dfrac{1}{a}$ 을 **시정수**(time constant)라고 한다. 이 시스템을 1차지연시스템이라고 하는 이유는 입력을 가했을 때 입력과 같은 출력이 즉시 나타나지 않고 시간이 약간 지난 후에 나타나기 때문이다. 시정수는 1차지연시스템의 특성을 나타낼 때 매우 중요한 역할을 한다. 왜냐하면 시정수에 따라서 과도특성이 입력에 빨리 접근하는지 또는 늦게 접근하는지가 결정되기 때문이다.

■ 상승시간

단위계단응답에서 최종값의 10%가 될 때부터 90%가 될 때까지의 시간을 **상승시간**(rise time)이라고 한다. 1차지연시스템에서 상승시간은 시정수의 약 2.2배이다.

■ 정정시간

단위계단응답에서 출력이 최종값의 98%에 도달하는 데 걸리는 시간, 즉 오차(목표값−출력)가 목표값(엄밀히 말하면 최종값)의 2% 안에 들어가는 데 걸리는 시간을 **정정시간**(settling time)이라고 한다. 1차지연시스템에서 정정시간은 시정수의 약 4배이다.

이처럼 1차지연시스템의 상승시간과 정정시간은 시정수와 밀접한 관계가 있으며, 시정수만 알면 상승시간과 정정시간을 알 수 있다. 따라서 1차지연시스템에서는 상승시간이나 정정시간보다 시정수를 더 중요하게 취급한다. 그러나 다음에 소개하는 2차지연시스템에서는 1차지연시스템에서 살펴본 시정수의 개념이 존재하지 않으며, 상승시간과 정정시간이 매우 중요하다.

3 2차지연시스템의 단위계단응답

[그림 4-8]과 같은 2차지연시스템의 단위계단응답을 구해보자.

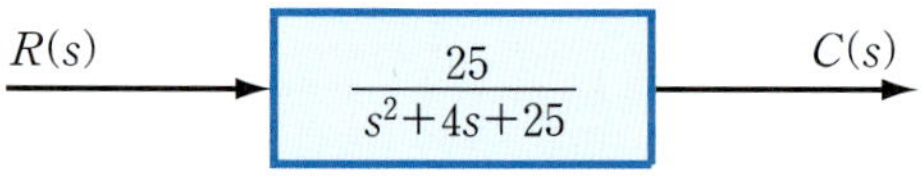

[그림 4-8] 2차지연시스템의 예

식 (4.7)에서 구한 것처럼 이 시스템의 단위계단응답은

$$c(t) = 1 - 1.091\,e^{-2t}\sin(\sqrt{21}\,t + 66.4°) \tag{4.10}$$

이다. 그리고 단위계단응답 $c(t)$는 [그림 4-9]와 같이 나타난다.

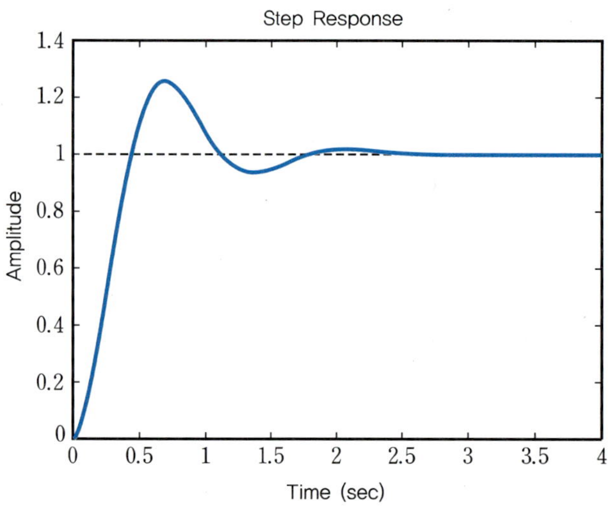

[그림 4-9] 2차지연시스템의 단위계단응답

2차지연시스템에서는 상승시간과 정정시간이 매우 중요한 사양으로, 상승시간이 작을수록 출력이 목표값을 향해 빠르게 올라가고, 정정시간이 짧을수록 오차가 빨리 줄어들어 안정된다. 상승시간은 0 ~ 100% 상승시간과 10 ~ 90% 상승시간으로 구분하기도 하는데, [그림 4-10(a)]와 같이 시간 지연이 있는 시스템이나 [그림 4-10(b)]와 같이 출력이 처음에는 빨리 상승하다가 점점 천천히 목표값에 도달하는 시스템에서는 10 ~ 90% 상승시간을 사용하는 것이 적당하다.

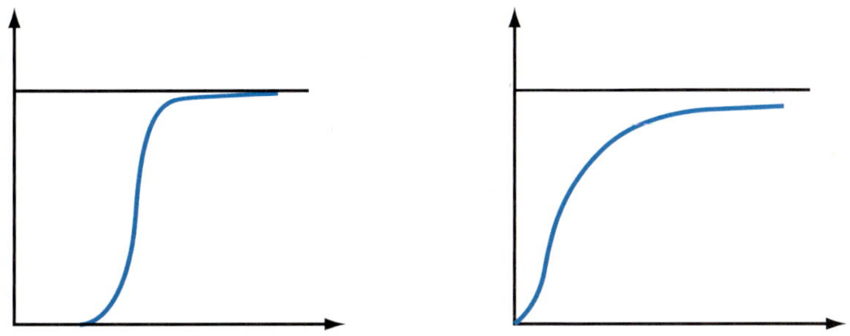

(a) 시간 지연이 있는 시스템 (b) 천천히 목표값에 도달하는 시스템

[그림 4-10] 2차지연시스템의 단위계단응답 예

Q **10 ~ 90% 상승시간을 사용하는 이유는?**

A 상승시간은 시스템의 출력이 얼마나 빨리 목표값을 향해 급하게 올라가느냐를 나타내는 사양이다. 이때 낭비시간요소가 있어 출발이 늦거나, 목표값에 거의 다 도달했으나 마지막 마무리가 늦은 경우를 고려하여 처음 10%와 마지막 90%를 제외하고 표시하기 위해 10 ~ 90% 상승시간을 사용한다.

정정시간은 오차가 최종값의 5% 범위 안에 들어오는 데 걸리는 시간을 나타내는 5% 정정시간과 앞에서 설명한 2% 정정시간이 있다. 이 책에서는 별도의 언급이 없으면 정정시간은 2% 정정시간을 의미한다.

또한 2차지연시스템의 단위계단응답에서는 1차지연시스템에서는 볼 수 없는 **오버슈트**(overshoot)가 나타난다. 오버슈트란 출력값이 최종값보다 더 큰 경우에 그 출력값에서 최종값을 뺀 값을 말하며, 최대 오버슈트가 나타나는 시간을 **첨두값 시간**(peak time)이라고 하고, 그때의 최대 오버슈트를 가지고 다음과 같이 **백분율 오버슈트**(percent overshoot)를 정의한다.

$$\text{백분율 오버슈트} = \frac{\text{최대 오버슈트}}{\text{최종값}} \times 100 \tag{4.11}$$

식 (4.11)에서 최종값은 정상상태의 출력을 말하며, 정상상태의 출력과 목표값이 일치할 때는 정상상태의 최종값 대신에 목표값을 사용하기도 한다.

[그림 4-11]과 같은 2차지연시스템의 단위계단응답은 [그림 4-12]와 같이 크게 네 종류로 나눌 수 있는데, 이 종류는 특성방정식의 근의 위치에 따라 결정된다.

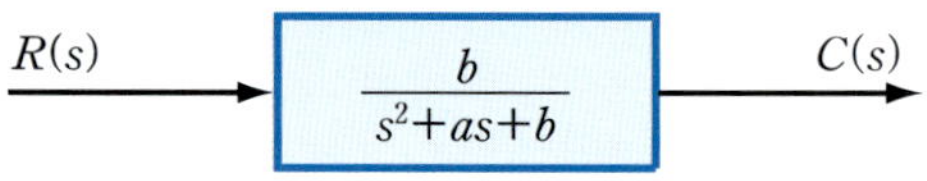

[그림 4-11] 2차지연시스템의 예

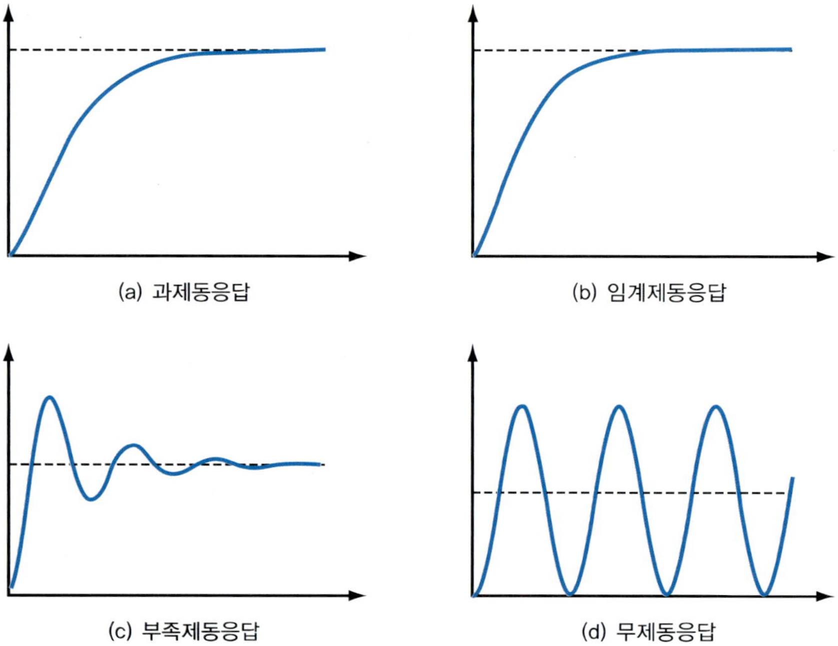

[그림 4-12] 2차지연시스템의 단위계단응답 종류

여기에서 **특성방정식**은 식 (4.12)와 같이 전달함수의 분모를 0으로 놓은 방정식으로, 이 방정식의 근의 위치가 복소평면에서 어디에 있느냐에 따라 단위계단응답을 과제동응답과 임계제동응답, 부족제동응답, 무제동응답으로 구분한다.

$$s^2 + as + b = 0 \tag{4.12}$$

특성방정식의 근을 인수분해나 근의 공식으로 구하지 않더라도, 특성방정식을 식 (4.13)과 같은 표준형으로 나타내면 복소평면에서 근들의 위치를 쉽게 알 수 있다.

★ 특성방정식의 표준형 ★

$$s^2 + 2\zeta\omega_n s + \omega_n^2 = 0 \tag{4.13}$$

식 (4.13)에서 ζ와 ω_n을 각각 **감쇠비**(damping ratio)와 **고유주파수**(natural frequency)라고 하며, 2차지연시스템을 해석하고 설계할 때 대단히 중요한 상수들이다. 예를 들어, 다음 특성방정식을 살펴보자.

$$s^2 + 4s + 16 = 0 \tag{4.14}$$

식 (4.14)를 식 (4.13)과 같이 표준형으로 나타내면

$$s^2 + 2 \times 0.5 \times 4\,s + 4^2 = 0 \tag{4.15}$$

이다. 따라서 감쇠비 $\zeta = 0.5$, 고유주파수 $\omega_n = 4$임을 알 수 있다. 일반적으로 이들의 단위는 표시하지 않으나, 굳이 단위를 말하면 감쇠비는 단위가 없고 고유주파수는 단위가 [rad/sec]이다.

■ 과제동응답

[그림 4-13(a)]와 같은 과제동시스템의 특성방정식은 다음과 같다.

$$s^2 + 5s + 6 = 0$$

특성방정식의 근은 $s = -2$와 $s = -3$으로 [그림 4-13(b)]처럼 두 근 모두 복소평면의 좌반면 실수축 위에 있다. 따라서 감쇠비는 $\zeta \fallingdotseq 1.02$로 1보다 크고, 단위계단응답을 구하면 다음과 같다.

$$C(s) = \frac{6}{s^2 + 5s + 6} \times \frac{1}{s} = \frac{1}{s} + \frac{-3}{s+2} + \frac{2}{s+3} \tag{4.16}$$

$$c(t) = 1 - 3e^{-2t} + 2e^{-3t} \tag{4.17}$$

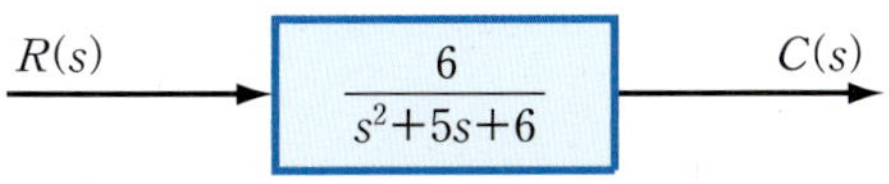

(a) 블록선도

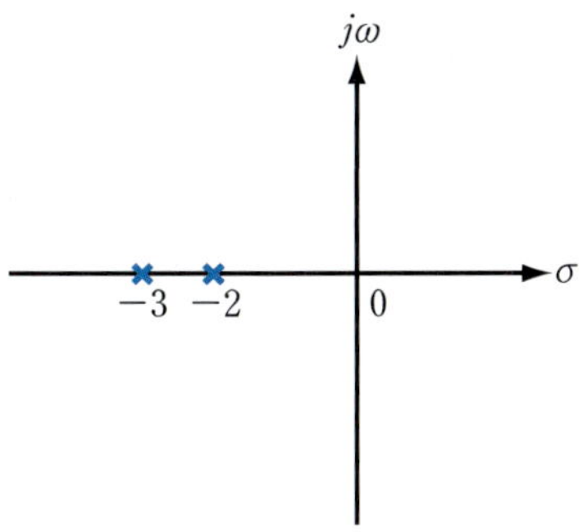

(b) 특성방정식의 근의 위치

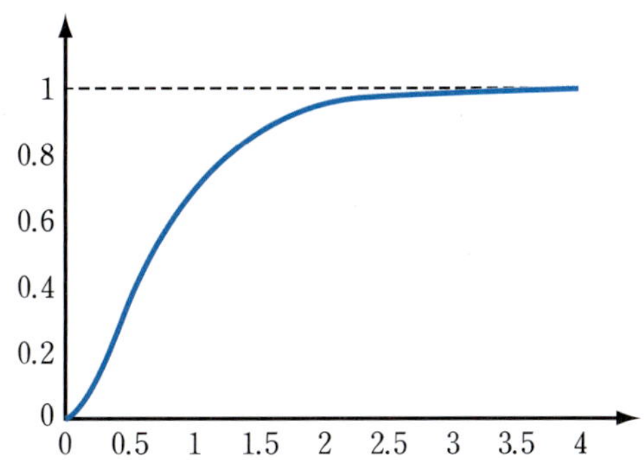

(c) 시간응답

[그림 4-13] 과제동시스템의 단위계단응답 예

이는 [그림 4-13(c)]와 같다. 이 출력에는 목표값을 넘는 오버슈트가 없으며 항상 목표값보다 작은 값에서 목표값으로 점점 접근한다. 이러한 출력을 **과제동응답**(overdamped response)이라고 하며, 출력값이 목표값을 절대로 초과하지 않으므로 안정하다는 장점은 있으나, 일반적으로 상승시간이 너무 느려서 빠른 시간응답이 필요한 시스템에는 적합하지 않다.

■ 임계제동응답

[그림 4-14(a)]와 같은 임계제동시스템의 특성방정식은 다음과 같다.

$$s^2 + 10s + 25 = 0 \tag{4.18}$$

특성방정식의 근은 $s = -5$ 로 [그림 4-14(b)]처럼 두 근 모두 복소평면의 좌반면 실수축 위에 겹쳐 있는 감쇠비 $\zeta = 1$ 인 경우이다. 이때 단위계단응답을 구하면

$$C(s) = \frac{25}{s^2 + 10s + 25} \times \frac{1}{s} = \frac{1}{s} + \frac{-5}{(s+5)^2} + \frac{-1}{s+5} \tag{4.19}$$

$$c(t) = 1 - 5te^{-5t} - e^{-5t} \tag{4.20}$$

으로, [그림 4-14(c)]와 같다. 이러한 출력을 **임계제동응답**(critically demped response)이라고 한다. 목표값을 넘는 오버슈트가 없으면서도 상승시간이 과제동응답보다 빠르다는 장점이 있다.

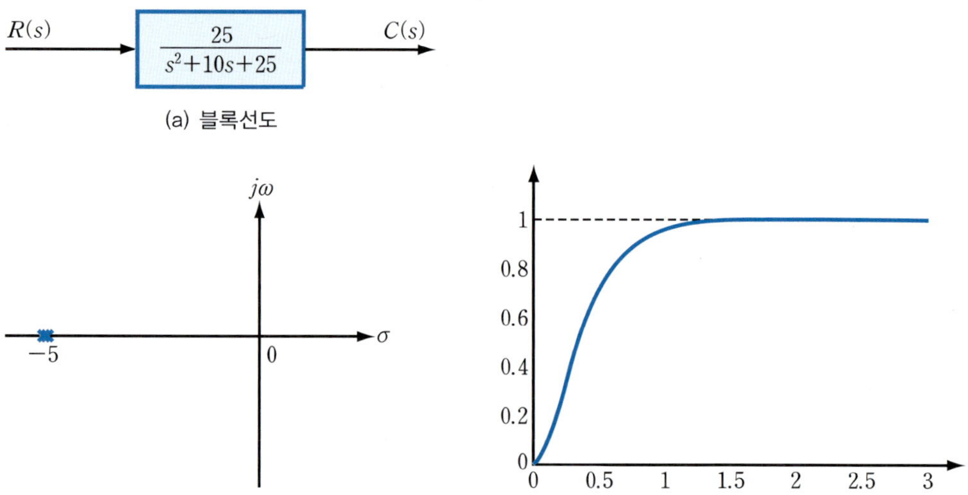

(a) 블록선도

(b) 특성방정식의 근의 위치

(c) 시간응답

[그림 4-14] 임계제동시스템의 단위계단응답 예

■ 부족제동응답

[그림 4-15(a)]와 같은 부족제동시스템의 특성방정식은 다음과 같다.

$$s^2+2s+17=0 \tag{4.21}$$

특성방정식의 근은 $s=-1+j4$와 $s=-1-j4$로 [그림 4-15(b)]처럼 두 근 모두 복소평면의 좌반면에 있다. 이때 감쇠비는 $\zeta \fallingdotseq 0.24$로 $0<\zeta<1$이며, 단위계단응답을 구하면

$$\begin{aligned} C(s) &= \frac{17}{s^2+2s+17}\times\frac{1}{s}=\frac{1}{s}-\frac{s+2}{s^2+2s+17} \\ &= \frac{1}{s}-\frac{s+1}{(s+1)^2+4^2}-\frac{1}{(s+1)^2+4^2} \end{aligned} \tag{4.22}$$

$$\begin{aligned} c(t) &= 1-e^{-t}\left(\cos 4t+\frac{1}{4}\sin 4t\right) \\ &= 1-1.03e^{-t}\sin(4t+76°) \end{aligned} \tag{4.23}$$

로, [그림 4-15(c)]와 같다. 이 출력에는 목표값을 넘는 오버슈트가 있고, 진동하면서 목표값에 도달한다. 이러한 출력을 **부족제동응답**(underdamped response)이라고 한다. 부족제동응답은 출력값이 목표값을 초과하여 진동하므로 안정성이 떨어지지만, 상승시간이 빠르므로 특성방정식의 계수(parameter)를 적당히 조절하면 오버슈트도 별로 크지 않으면서 상승시간과 정정시간이 빠른 가장 바람직한 출력을 얻을 수 있다. 그래서 자동제어시스템에서는 부족제동시스템을 많이 사용한다.

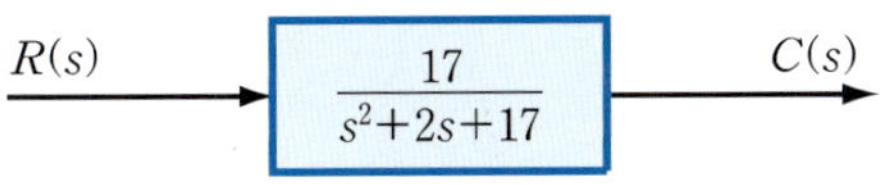

(a) 블록선도

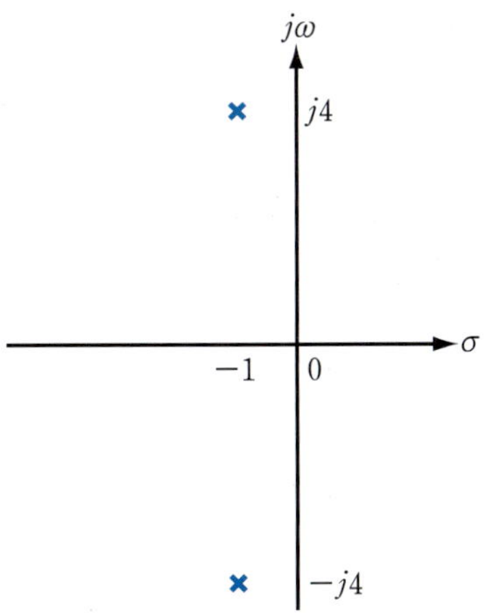

(b) 특성방정식의 근의 위치

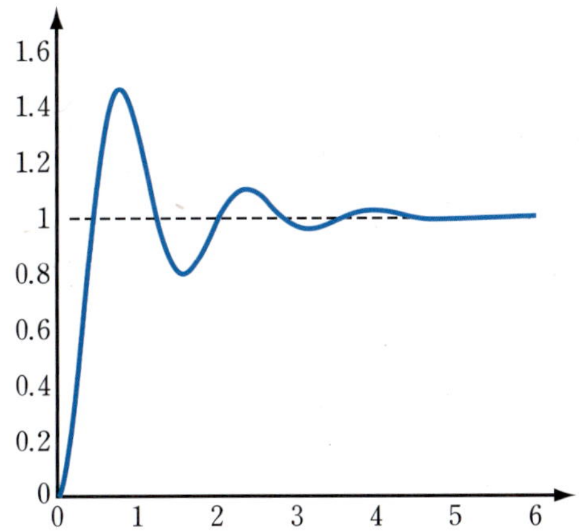

(c) 시간응답

[그림 4-15] 부족제동시스템의 단위계단응답 예

■ 무제동응답

[그림 4-16(a)]와 같은 무제동시스템의 특성방정식은 다음과 같다.

$$s^2 + 9 = 0 \tag{4.24}$$

특성방정식의 근은 $s = j3$과 $s = -j3$으로 [그림 4-16(b)]처럼 두 근 모두 복소평면의 허수축에 존재하며 감쇠비는 $\zeta = 0$이다. 이때 단위계단응답을 구하면

$$C(s) = \frac{9}{s^2+9} \times \frac{1}{s} = \frac{1}{s} - \frac{s}{s^2+9} \tag{4.25}$$

$$c(t) = 1 - \cos 3t \tag{4.26}$$

로, [그림 4-16(c)]와 같다. 이 출력은 어떤 값으로 수렴하지 않고 계속 진동한다. 이러한 출력을 **무제동응답**(undamped response)이라고 하며, 불안정한 시스템이므로 자동제어시스템에서는 그대로 사용하지는 않는다.

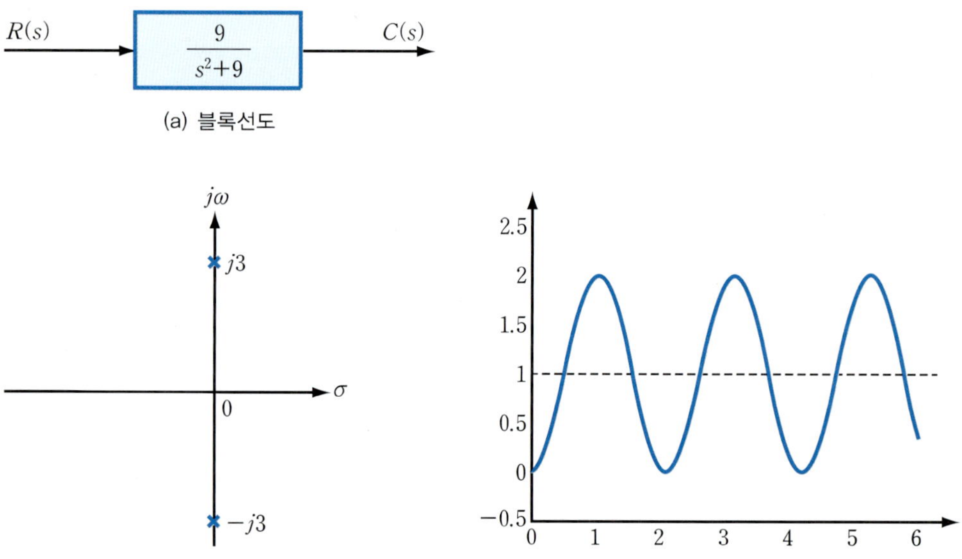

(a) 블록선도

(b) 특성방정식의 근의 위치

(c) 시간응답

[그림 4-16] 무제동시스템의 단위계단응답 예

예제 4-2

[그림 4-17]과 같은 단위귀환 제어시스템에 대해 증폭도 K값이 다음과 같을 때, 과도응답에 따라 시스템을 분류하라.

(a) $K=1$ (b) $K=40$

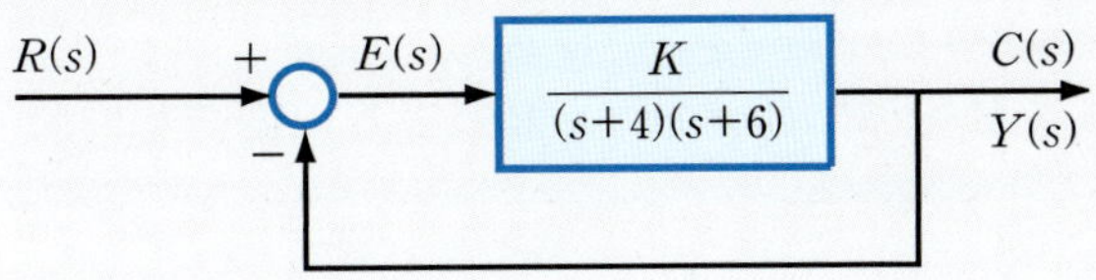

[그림 4-17] [예제 4-2]의 단위귀환 제어시스템

풀이

먼저 전체 폐루프 전달함수 $M(s)$를 구하면 다음과 같다.

$$M(s)=\frac{G(s)}{1+G(s)}=\frac{\dfrac{K}{(s+4)(s+6)}}{1+\dfrac{K}{(s+4)(s+6)}} \quad \cdots (1)$$

$$=\frac{K}{(s+4)(s+6)+K}=\frac{K}{s^2+10s+24+K}$$

따라서 이 시스템의 특성방정식은 다음과 같다.

$$\Delta(s)=s^2+10s+(24+K)=0 \quad \cdots (2)$$

(a) $K=1$이면

$$\Delta(s)=s^2+10s+25=s^2+2\times1\times5s+5^2 \quad \cdots (3)$$

이므로

$$\zeta=1,\ \omega_n=5$$

이다. 즉 감쇠비 $\zeta=1$이므로, 이 시스템은 임계제동시스템이다.

(b) $K=40$이면

$$\Delta(s)=s^2+10s+64=s^2+2\times0.625\times8s+8^2 \quad \cdots (4)$$

이므로

$$\zeta=0.625,\ \omega_n=8$$

이다. 즉 감쇠비가 $0<\zeta=0.625<1$이므로, 이 시스템은 부족제동시스템이다.

SECTION

4.3 부족제동 2차제어시스템

앞서 1차지연시스템과 2차지연시스템에 대한 시간응답의 특성을 살펴보았다. 이 절에서는 2차지연시스템 중에서 부족제동 2차제어시스템에 대해 좀 더 자세히 알아본다. 자동제어시스템에서 만나는 대부분의 시스템은 2차제어시스템으로 간략화할 수 있는데, 그중에서도 부족제동 2차시스템에 대한 지식이 매우 중요하다.

Keywords | 첨두값 시간 | 백분율 오버슈트 | 지연시간 | 상승시간 | 정정시간 | 극점-영점 소거법 |

1 표준 2차제어시스템의 사양

[그림 4-18]과 같은 대표적인 부족제동 2차제어시스템을 살펴보자.

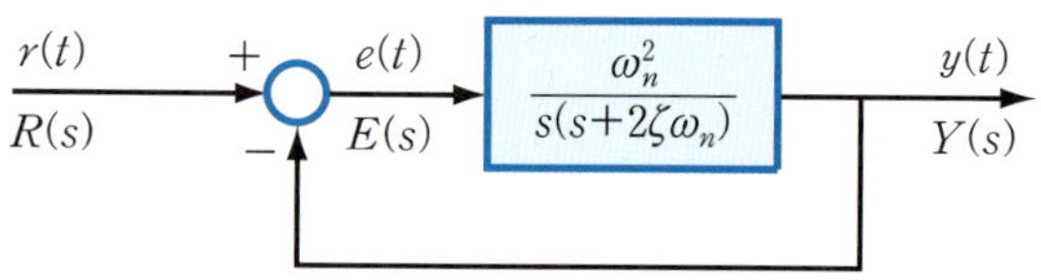

[그림 4-18] 부족제동 2차제어시스템의 예

먼저 [그림 4-18]의 시스템에 대해 폐루프 전달함수를 구하면 다음과 같다.

$$M(s)=\frac{G(s)}{1+G(s)}=\frac{\dfrac{\omega_n^2}{s(s+2\zeta\omega_n)}}{1+\dfrac{\omega_n^2}{s(s+2\zeta\omega_n)}}=\frac{\omega_n^2}{s^2+2\zeta\omega_n s+\omega_n^2} \tag{4.27}$$

앞으로 식 (4.27)과 같은 형태로 전달함수가 표현되는 자동제어시스템을 표준 2차제어시스템이라고 정의하자. 표준 2차제어시스템의 단위계단응답을 구하면 다음과 같다.

$$\begin{aligned}C(s)=M(s)R(s)&=\frac{\omega_n^2}{s^2+2\zeta\omega_n s+\omega_n^2}\times\frac{1}{s}\\&=\frac{K_1}{s}+\frac{K_2 s+K_3}{s^2+2\zeta\omega_n s+\omega_n^2}\\&=\frac{1}{s}-\frac{(s+\zeta\omega_n)+\dfrac{\zeta}{\sqrt{1-\zeta^2}}\omega_n\sqrt{1-\zeta^2}}{(s+\zeta\omega_n)^2+\omega_n^2(1-\zeta^2)}\end{aligned} \tag{4.28}$$

식 (4.28)의 라플라스 역변환을 구하면 제어량은 다음과 같다.

$$
\begin{aligned}
c(t) &= 1 - e^{-\zeta\omega_n t}\left(\cos\omega_n\sqrt{1-\zeta^2}\,t + \frac{\zeta}{\sqrt{1-\zeta^2}}\sin\omega_n\sqrt{1-\zeta^2}\,t\right) \\
&= 1 - \frac{1}{\sqrt{1-\zeta^2}}e^{-\zeta\omega_n t}\cos\left(\omega_n\sqrt{1-\zeta^2}\,t - \phi\right) \qquad (4.29)
\end{aligned}
$$

$$
\text{단, } \phi = \tan^{-1}\frac{\zeta}{\sqrt{1-\zeta^2}},\ 0 < \zeta < 1
$$

특성방정식의 근을 구하지 않더라도 식 (4.29)의 특성방정식의 계수, 즉 ζ와 ω_n 값만 알면 단위계단응답을 구할 수 있다. 표준 2차제어시스템의 단위계단응답을 나타내면 [그림 4-19]와 같다.

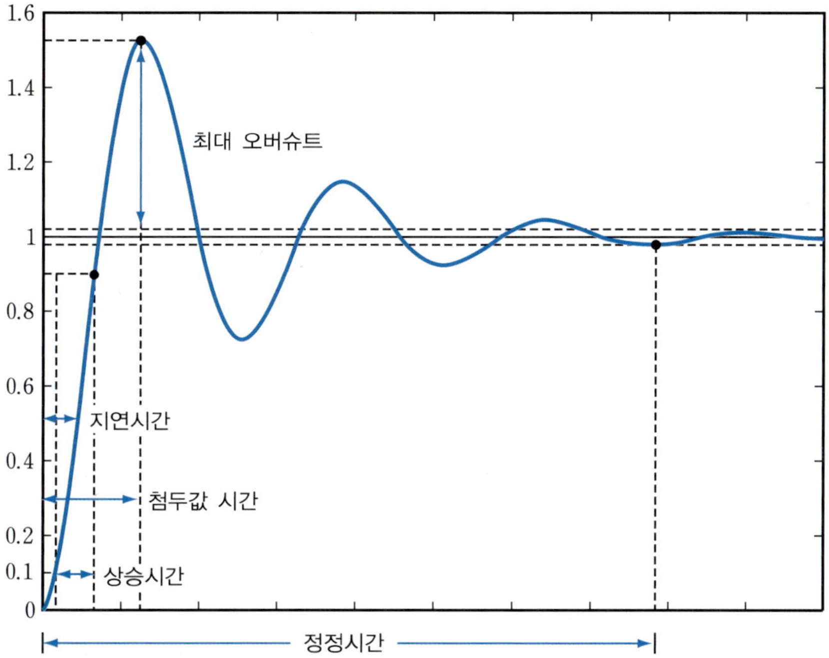

[그림 4-19] 표준 2차제어시스템의 단위계단응답

또한 감쇠비 ζ값에 따른 2차제어시스템의 단위계단응답을 비교하면 [그림 4-20]과 같다.

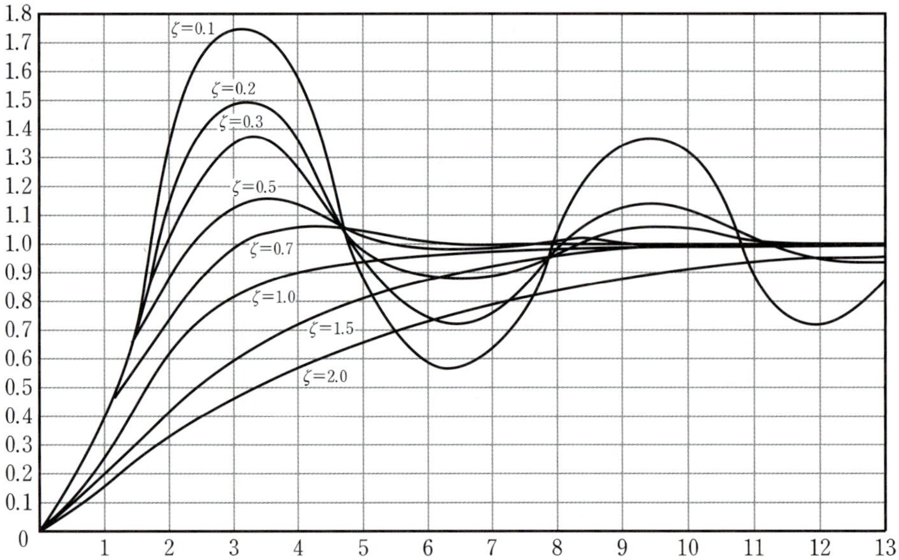

[그림 4-20] 감쇠비에 따른 2차제어시스템의 단위계단응답

Q **부족제동 2차제어시스템에 대해 자세히 살펴보는 이유는?**

A 3차 이상의 고차제어시스템의 시간응답을 구하거나 해석하기는 쉽지 않다. 따라서 전달함수를 이용하여 고차제어시스템을 해석하거나 설계할 때는 우선 2차제어시스템으로 간략화하여 개략적으로 해석하고 설계한 후에 다시 정밀하게 해석하고 설계한다.

이제 감쇠비 ζ, 고유주파수 ω_n과 앞 절에서 언급했던 첨두값 시간, 백분율 오버슈트, 정정시간, 상승시간과의 관계를 살펴보자.

■ 첨두값 시간 T_p

첨두값 시간(peak time)은 제어량 $c(t)$가 극값을 갖는 시간으로, 미분값이 0이 되는 시간이다. 식 (4.29)를 미분하면 다음과 같다(유도 과정 생략).

$$\frac{d}{dt}c(t) = \frac{\omega_n}{\sqrt{1-\zeta^2}}e^{-\zeta\omega_n t}\sin\omega_n\sqrt{1-\zeta^2}\,t \tag{4.30}$$

식 (4.30)에서 미분값이 0이 되는 경우는 $\omega_n\sqrt{1-\zeta^2}\ t = n\pi$이므로 첨두값 시간 T_p는 다음과 같다.

★ 첨두값 시간 ★

$$T_p = \frac{\pi}{\omega_n\sqrt{1-\zeta^2}} = \frac{\pi}{\omega_d} \tag{4.31}$$

식 (4.31)에서 ω_d를 **감쇠진동주파수**(damped frequency of oscillation)라고 한다.

■ 백분율 오버슈트 $\%OS$

부족제동 2차제어시스템의 단위계단응답은 [그림 4-21]과 같이 과도응답 자체는 주기함수가 아니지만 오버슈트와 언더슈트가 일어나는 시간이 주기적이다. 이때 $\frac{\varepsilon_3}{\varepsilon_1}$를 **진폭감쇠비**(decay ratio)라고 하며, 보통 진폭감쇠비는 $\frac{1}{4}$이 적당한 것으로 알려져 있다.

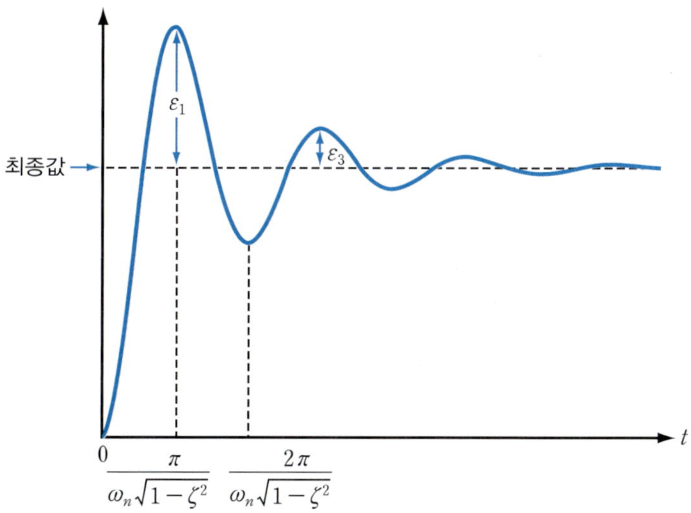

[그림 4-21] 오버슈트와 언더슈트의 주기적 발생

오버슈트는 최대 출력과 목표값(엄밀하게 말하면 최종값)의 차로, 식 (4.29)에 식 (4.31)의 첨두값 시간을 대입하여 얻은 최댓값에서 목표값을 뺀다. 따라서 **백분율 오버슈트**(percent overshoot)는 다음과 같다.

★ 백분율 오버슈트 ★

$$\%OS = e^{-\left(\zeta\pi/\sqrt{1-\zeta^2}\right)} \times 100 \tag{4.32}$$

어떤 2차제어시스템의 감쇠비 ζ가 주어졌을 때, 단위계단응답의 백분율 오버슈트는 식 (4.32)를 이용하여 구할 수 있다. 식 (4.32)를 ζ에 대해 풀면 다음과 같다.

$$\zeta = \frac{-\ln\left(\dfrac{\%OS}{100}\right)}{\sqrt{\pi^2 + \ln^2\left(\dfrac{\%OS}{100}\right)}} \tag{4.33}$$

식 (4.33)을 이용하여 어떤 시스템의 과도응답이 원하는 백분율 오버슈트를 갖도록 감쇠비 ζ를 설계할 수 있다.[2] 백분율 오버슈트와 감쇠비의 관계를 그래프로 나타내면 [그림 4-22]와 같다.

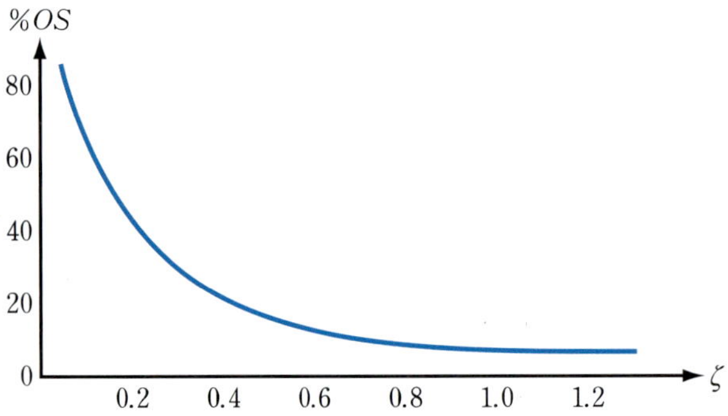

[그림 4-22] 백분율 오버슈트와 감쇠비

Q 감쇠비(damping ratio)와 진폭감쇠비(decay ratio)는 어떻게 다를까?

A 감쇠비는 2차제어시스템의 특성방정식을 표준형 $s^2 + 2\zeta\omega_n s + \omega_n^2 = 0$으로 나타냈을 때의 ζ값을 말하며, 진폭감쇠비는 오버슈트가 있는 출력에서 두 번째 오버슈트를 처음 오버슈트로 나눈 값을 말한다.

■ 지연시간 T_d

지연시간(delay time)은 출력값이 최종값의 50%에 도달하는 데 걸리는 시간이다. 정확한 지연시간을 구하려면 식 (4.29)에서 출력을 0.5로 놓고 시간 t에 대해 풀면 되지만, 이 방정식을 정확히 풀기란 쉬운 일이 아니다. 따라서 선형으로 근사화시켜 다음과 같이 지연시간을 구한다.

★ 지연시간 ★

$$T_d \fallingdotseq \frac{1 + 0.7\zeta}{\omega_n} \tag{4.34}$$

2 $\ln^2\left(\dfrac{\%OS}{100}\right) = \left\{\ln\left(\dfrac{\%OS}{100}\right)\right\}^2$

■ 상승시간 T_r

상승시간(rise time)은 출력값이 최종값의 10%에서 90%까지 도달하는 데 걸리는 시간이다. 이 시간도 수식으로 나타내기가 대단히 어렵다. 따라서 상승시간도 지연시간과 마찬가지로 다음과 같이 근사화시켜 구한다.

★ 상승시간 ★

$$T_r \fallingdotseq \frac{0.8 + 2.5\zeta}{\omega_n} \tag{4.35}$$

감쇠비에 대한 규격화된 상승시간의 그래프는 [그림 4-23]과 같다.

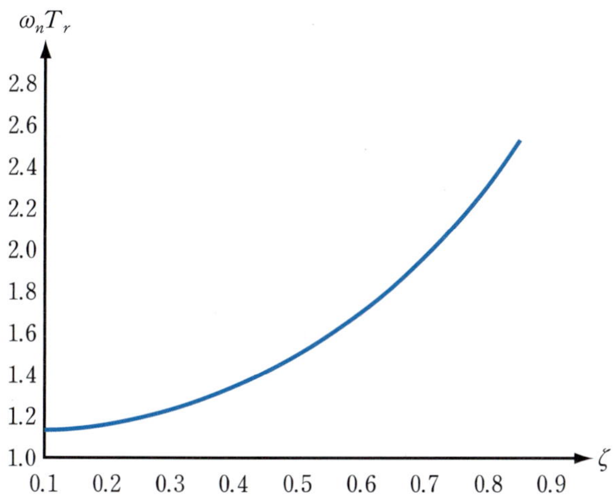

[그림 4-23] 감쇠비에 대한 규격화된 상승시간

■ 정정시간 T_s

정정시간(settling time)도 지연시간이나 상승시간처럼 수식적으로 정확히 표현할 수는 없으므로 다음과 같이 근사화시켜 구한다.

★ 정정시간 ★

$$T_s \fallingdotseq \frac{4}{\zeta\omega_n} = \frac{4}{\sigma_d} \tag{4.36}$$

식 (4.36)에서 σ_d를 **감쇠지수주파수**(exponential damping frequency)라고 한다.

2 감쇠비 및 고유주파수와 특성방정식의 근

식 (4.27)의 분모를 0으로 하는 특성방정식은

$$s^2 + 2\zeta\omega_n s + \omega_n^2 = (s + \zeta\omega_n)^2 + \omega_n^2(1 - \zeta^2)$$
$$= \left\{(s + \zeta\omega_n) - j\omega_n\sqrt{1-\zeta^2}\right\}\left\{(s + \zeta\omega_n) + j\omega_n\sqrt{1-\zeta^2}\right\} = 0$$

이므로, 특성방정식의 근은 다음과 같다.

$$s_1 = -\zeta\omega_n + j\omega_n\sqrt{1-\zeta^2}, \quad s_2 = -\zeta\omega_n - j\omega_n\sqrt{1-\zeta^2}$$

[그림 4-24]는 부족제동 2차제어시스템에서 특성방정식의 근의 위치와 감쇠비 및 고유주파수의 관계를 보여준다. 특성방정식의 근의 위치를 알면 감쇠비 ζ와 고유주파수 ω_n을 구할 수 있으므로 부족제동 2차제어시스템의 단위계단응답에 대한 첨두값 시간 T_p, 백분율 오버슈트 $\%OS$, 지연시간 T_d, 상승시간 T_r, 정정시간 T_s 등을 구할 수 있다.

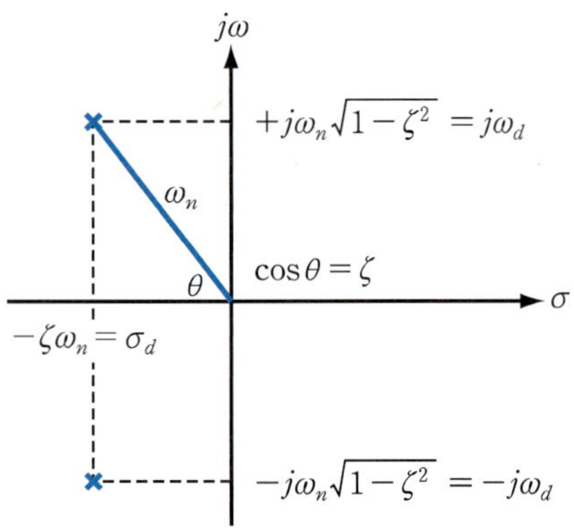

[그림 4-24] 특성방정식의 근의 위치와 감쇠비 및 고유주파수

또한 역으로 설계하고자 하는 첨두값 시간이나 백분율 오버슈트, 상승시간, 정정시간을 정하면 감쇠비와 고유주파수가 정해지므로, [그림 4-24]와 같이 이러한 **과도응답 사양**(transient response specifications)을 갖는 시스템 특성방정식의 근의 위치가 정해져 원하는 시스템을 설계할 수 있다.

3 특성방정식의 근의 위치와 단위계단응답의 특성

부족제동 2차제어시스템에서 특성방정식의 근이 복소평면에서 어디에 있는지에 따라 단위계단응답이 어떻게 변하는지 살펴보자.

■ 특성방정식의 근의 허수부 변화와 단위계단응답

[그림 4-25(a)]와 같이 특성방정식의 근의 실수부, 즉 감쇠지수주파수 $\sigma_d(=\zeta\omega_n)$는 고정되고 허수부, 즉 감쇠진동주파수 $\omega_d(=\omega_n\sqrt{1-\zeta^2})$만 상승할 때 단위계단응답을 구하면 [그림 4-25(b)]와 같다.

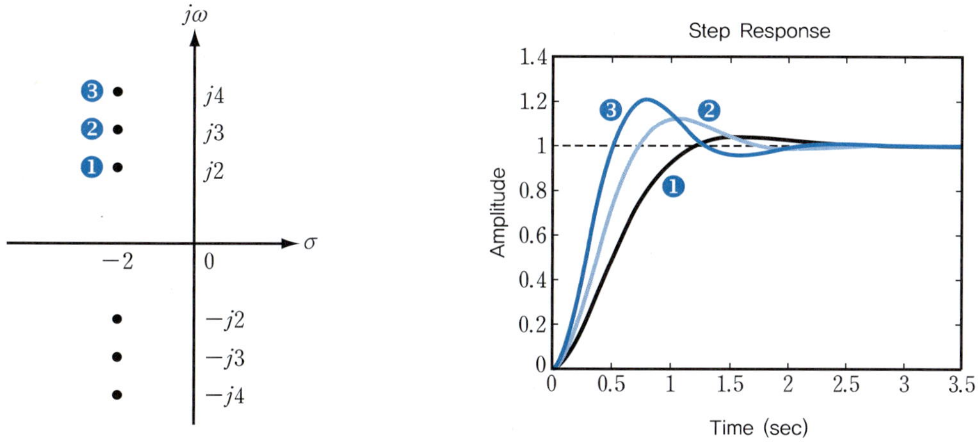

(a) 복소평면에서의 근의 위치 (b) 단위계단응답

[그림 4-25] 특성방정식의 근의 허수부 변화와 단위계단응답

특성방정식의 근이 실수부의 값은 고정되고 허수부의 값만 증가하면, 단위계단응답의 상승시간은 빨라지고 진동주기는 짧아지며 백분율 오버슈트는 증가함을 알 수 있다. 그러나 지수함수적으로 감소하는 진동의 진폭에는 변화가 없으므로 정정시간에는 변화가 없다.

■ 특성방정식의 근의 실수부 변화와 단위계단응답

[그림 4-26(a)]와 같이 특성방정식의 근의 허수부, 즉 감쇠진동주파수 ω_d는 고정되고 실수부, 즉 감쇠지수주파수 σ_d의 크기만 증가할 때, 단위계단응답을 구하면 [그림 4-26(b)]와 같다.

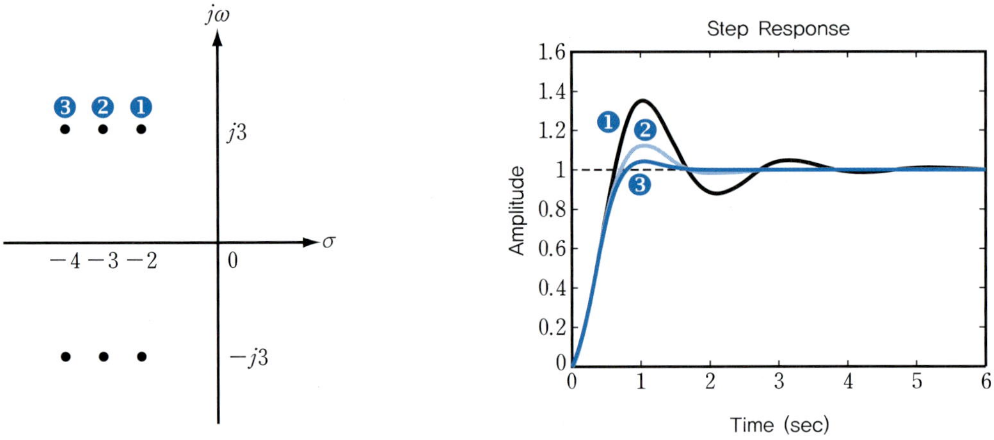

(a) 복소평면에서의 근의 위치

(b) 단위계단응답

[그림 4-26] 특성방정식의 근의 실수부 변화와 단위계단응답

특성방정식의 근이 허수부의 값은 고정되고 실수부의 값만 증가하면, 즉 특성방정식의 근이 왼쪽으로 이동하면 단위계단응답의 첨두값 시간에는 변화가 없으며 진동주기는 같다. 그러나 백분율 오버슈트와 정정시간은 감소함을 알 수 있다.

■ 특성방정식의 근의 대각선 변화와 단위계단응답

[그림 4-27(a)]와 같이 특성방정식의 근이 대각선을 따라 이동할 때, 단위계단응답을 구하면 [그림 4-27(b)]와 같다.

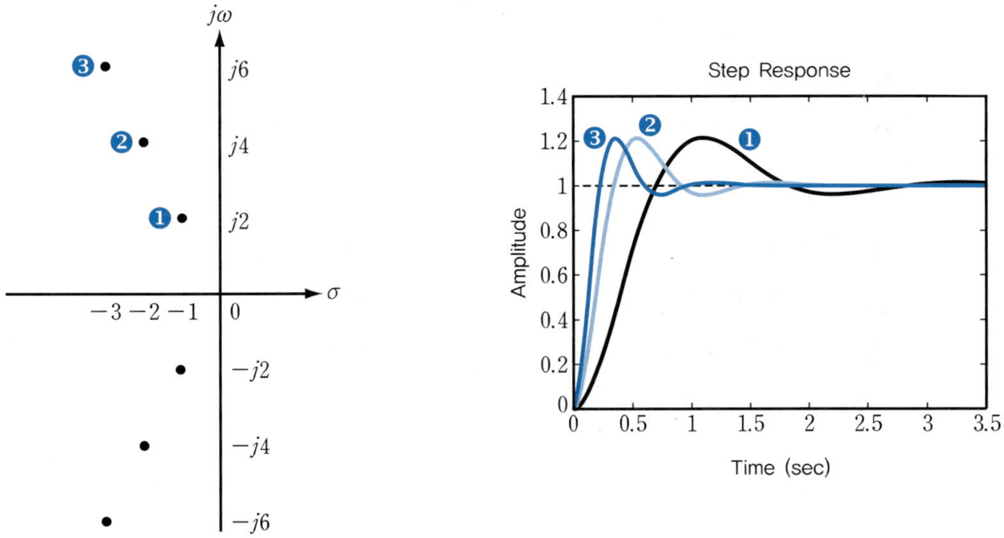

(a) 복소평면에서의 근의 위치

(b) 단위계단응답

[그림 4-27] 특성방정식의 근의 대각선 변화와 단위계단응답

이 경우는 감쇠비 ζ는 일정하게 고정하고 고유주파수 ω_n만 증가시킨 경우로, 백분율 오버슈트는 변함이 없으나 첨두값 시간, 상승시간, 정정시간 등 응답속도가 빨라짐을 알 수 있다. 다시 말해, 응답파형은 그대로 유지하면서 응답속도를 개선하고자 할 때 특성방정식의 근을 원점에서 대각선 방향으로 멀리 이동시킨다.

예제 4-3

특성방정식의 근이 [그림 4-28]과 같은 부족제동 2차제어시스템의 단위계단응답에 대한 첨두값 시간과 백분율 오버슈트, 정정시간을 구하라.

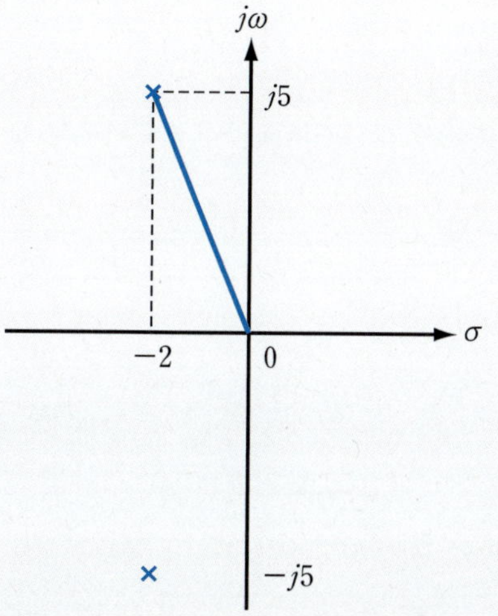

[그림 4-28] [예제 4-3]의 특성방정식 근의 위치

풀이

고유주파수 ω_n을 구하면

$$\omega_n^2 = \sigma_d^2 + \omega_d^2 = 2^2 + 5^2 = 29 \quad \cdots (1)$$

$$\omega_n = \sqrt{29}\ [\text{rad/sec}] \quad \cdots (2)$$

이고, 감쇠비 ζ를 구하면

$$\zeta = \frac{\sigma_d}{\omega_n} = \frac{2}{\sqrt{29}} \fallingdotseq 0.37 \quad \cdots (3)$$

이므로, 식 (4.31)에 의해 첨두값 시간 T_p를 구하면 다음과 같다.

$$T_p = \frac{\pi}{\omega_d} = \frac{\pi}{5} \fallingdotseq 0.63\ [\text{sec}] \quad \cdots (4)$$

또한 식 (4.32)에 의해 백분율 오버슈트 $\%OS$를 구하면

$$\%\,OS = e^{-\left(\zeta\pi/\sqrt{1-\zeta^2}\right)} \times 100 \qquad \cdots (5)$$

$$= e^{-\left(0.37\pi/\sqrt{1-0.37^2}\right)} \times 100 = 28.6\,[\%] \qquad \cdots (6)$$

이고, 식 (4.36)에 의해 정정시간 T_s를 구하면 다음과 같다.

$$T_s \fallingdotseq \frac{4}{\sigma_d} = \frac{4}{2} = 2\,[\mathrm{sec}] \qquad \cdots (7)$$

예제 4-4

전달함수가 다음과 같은 부족제동 2차제어시스템의 단위계단응답에 대한 첨두값 시간과 백분율 오버슈트, 상승시간, 정정시간을 구하라.

$$G(s) = \frac{25}{s^2 + 4s + 25}$$

풀이

먼저 고유주파수 ω_n과 감쇠비 ζ를 구하기 위해 전달함수를 표준형으로 바꾸면 다음과 같다.

$$G(s) = \frac{25}{s^2 + 4s + 25} = \frac{5^2}{s^2 + 2 \times 0.4 \times 5\,s + 5^2} \qquad \cdots (1)$$

따라서 고유주파수 ω_n은 5, 감쇠비 ζ는 0.4임을 알 수 있다. 이들 값을 식 (4.31), 식 (4.32), 식 (4.35), 식 (4.36)에 대입하면 다음과 같이 첨두값 시간 T_p와 백분율 오버슈트 $\%OS$, 상승시간 T_r, 정정시간 T_s를 구할 수 있다.

$$T_p = \frac{\pi}{\omega_n\sqrt{1-\zeta^2}} = \frac{\pi}{5\sqrt{1-0.4^2}} \fallingdotseq 0.69\,[\mathrm{sec}] \qquad \cdots (2)$$

$$\%\,OS = e^{-\left(\zeta\pi/\sqrt{1-\zeta^2}\right)} \times 100 = e^{-\left(0.4\pi/\sqrt{1-0.4^2}\right)} \times 100 \fallingdotseq 25.4\,[\%] \qquad \cdots (3)$$

$$T_r \fallingdotseq \frac{0.8 + 2.5\zeta}{\omega_n} = \frac{0.8 + 2.5 \times 0.4}{5} \fallingdotseq = 0.36\,[\mathrm{sec}] \qquad \cdots (4)$$

$$T_s \fallingdotseq \frac{4}{\zeta\omega_n} = \frac{4}{0.4 \times 5} = 2\,[\mathrm{sec}] \qquad \cdots (5)$$

4 고차제어시스템의 시간응답

앞에서는 2차제어시스템에 대해 극점들의 위치와 시간응답을 살펴보았다. 이제 극점이 추가된 고차제어시스템의 시간응답을 알아보자. 이를 위해 전달함수가 다음과 같은 시스템들의 단위계단응답들을 비교하면 [그림 4-29]와 같다.

$$M_1(s) = \frac{25}{s^2 + 6s + 25} \tag{4.37}$$

$$M_2(s) = \frac{125}{(s+5)(s^2 + 6s + 25)} \tag{4.38}$$

$$M_3(s) = \frac{500}{(s+20)(s^2 + 6s + 25)} \tag{4.39}$$

전달함수가 식 (4.39)와 같은 시스템의 출력은 주로 극점 $s = -3 + j4$와 $s = -3 - j4$에 의해 결정되며, 허수축에서 멀리 떨어져 있는 극점 $s = -20$은 이 시스템의 출력에 거의 영향을 미치지 않는다. 이와 같이 시스템의 출력에 큰 영향을 미치는 극점을 **우세극점**(dominant pole)이라고 하며, 출력에 거의 영향을 미치지 않는 극점은 **비우세극점**(nondominant pole)이라고 한다.

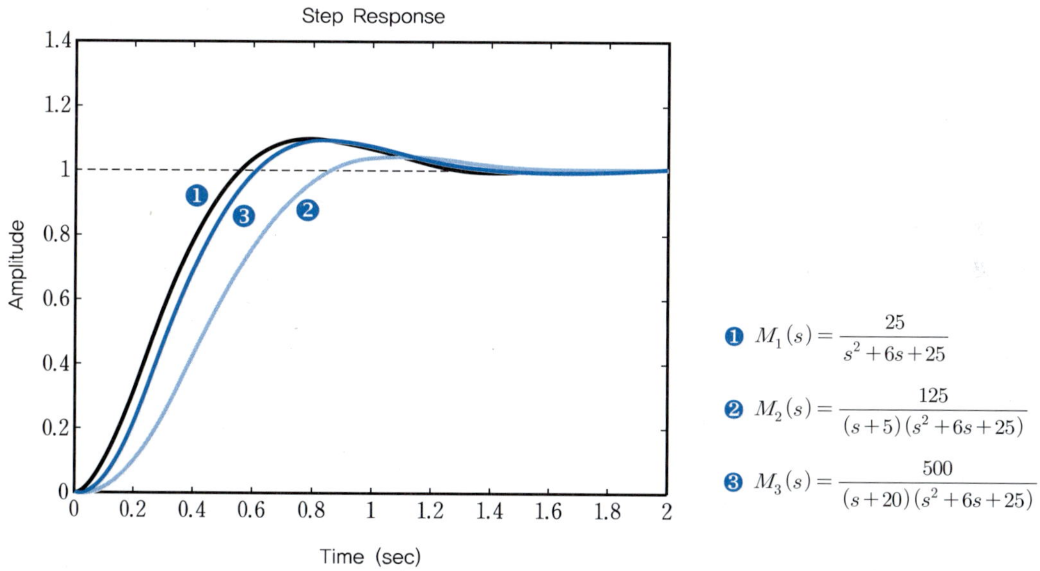

[그림 4-29] 극점이 추가된 고차제어시스템의 단위계단응답 비교

[그림 4-29]에서 알 수 있듯이 추가된 극점이 허수축에 가까우면 본래 2차제어시스템의 시간응답에 큰 변화를 일으키나, 추가된 극점이 허수축에서 멀면 본래 2차제어시스템의 시간응답에 별 영향을 미치지 않음을 알 수 있다.[3]

---

3 식 (4.37), 식 (4.38), 식 (4.39)에서 이득들이 서로 다른 것은 직류이득을 1로 하여 최종값을 목표값과 일치하게 하기 위함이다.

Q 직류이득이란?

A 전달함수 $G(s)$에서 변수 s를 $j\omega$로 치환한 $G(j\omega)$를 주파수 전달함수라고 하는데, $\omega=0$인 주파수 전달함수의 값을 직류이득이라고 한다. 즉, $(\text{직류이득}) = \lim_{\omega \to 0} G(j\omega) = \lim_{s \to 0} G(s)$이다.

이제 영점이 추가된 고차제어시스템의 시간응답을 알아보자. 전달함수가 다음과 같은 시스템들의 단위계단응답들을 비교하면 [그림 4-30]과 같다.

$$M_1(s) = \frac{25}{s^2+6s+25} \tag{4.40}$$

$$M_2(s) = \frac{5(s+5)}{s^2+6s+25} \tag{4.41}$$

$$M_3(s) = \frac{1.25(s+20)}{s^2+6s+25} \tag{4.42}$$

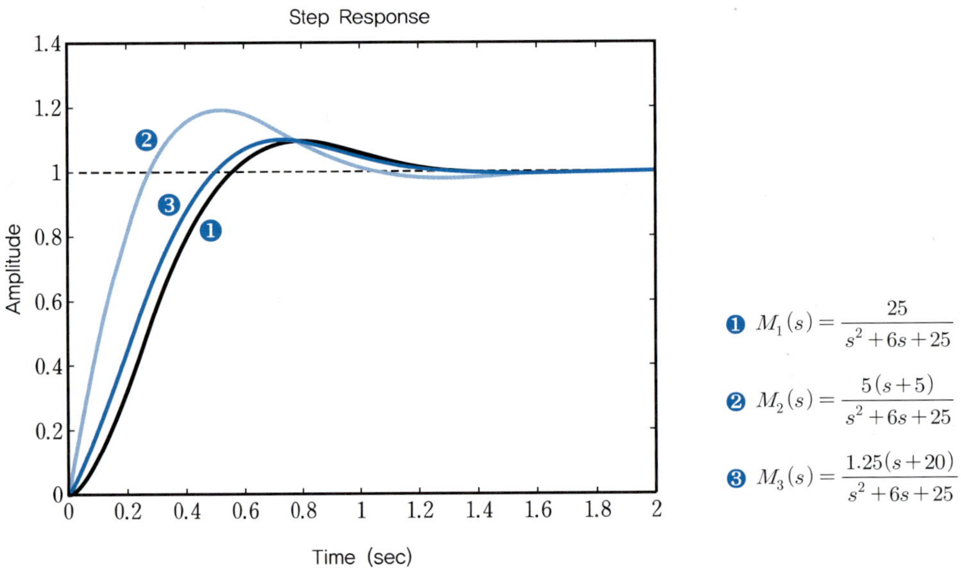

[그림 4-30] 영점이 추가된 고차제어시스템의 단위계단응답 비교

[그림 4-30]의 ❷와 같이 허수축에 가까운 영점을 추가하면 시스템의 출력은 영점이 추가되기 전의 출력과 매우 달라진다. 그러나 ❸과 같이 허수축에서 멀리 떨어진 영점을 추가하면 영점이 추가되기 전의 출력과 많이 다르지 않으므로 그 영향을 별로 받지 않음을 알 수 있다. 이는 극점을 추가한 시스템과 같다.

일반적으로 우세극점으로부터 멀리 떨어져 있는 극점이나 영점이 복소평면의 허수축으로부터 떨어져 있는 거리가 우세극점 실수부의 5배 이상이 되면 시스템의 출력에 거의 영향을 미치지 않는 것으로 본다. 그러므로 이들 극점과 영점들을 무시하고 우세극점들만 가지고 시스템의 과도응답에 대한 모든 설계를 해도 별 문제가 되지 않으나, 극점이나 영점이 허수축에 가까이 있을 때에는 그 영향을 무시할 수 없다.

5 극점-영점 소거법

어떤 자동제어시스템의 전달함수에 바람직스럽지 않은 극점이 있다면, 그 극점과 같은 크기를 갖는 영점을 전향경로에 삽입하여 극점을 소거하는 **극점-영점 소거법**(pole-zero cancellation)을 사용한다. 그러나 극점과 정확한 크기의 영점을 갖는 소자를 만들기가 어려울 뿐만 아니라 정확한 크기를 갖는 소자를 만들어도 주위의 온도 변화에 따라 그 값이 조금은 변할 수도 있다. 또한 전혀 변하지 않는 고급 소자라도 시스템을 모델링할 때 그 극점이 아주 정밀하게 계산되었을지 알 수 없다. 따라서 처음 모델링할 때 아주 정확하게 모델링되었다고 장담할 수 없다면 정확히 극점이 영점에 의해 소거되어 없어진다고 보기 어려우므로 극점-영점 소거법은 실용성이 없을 것 같으나, [예제 4-5]와 같이 극점과 영점이 아주 정확히 소거되지 않더라도 그 값이 서로 근사하면 서로 소거된 것과 다름없는 효과를 얻을 수 있다. 그러나 [예제 4-6]과 같이 불안정 시스템에는 극점-영점 소거법을 사용할 수 없다.

예제 4-5

전달함수가 다음과 같은 자동제어시스템에 서로 다른 영점을 가진 제어요소를 전향경로에 삽입했을 때, 각각의 단위계단응답을 구하여 비교하라.

$$M(s) = \frac{20}{(s+2)(s+4)(s+10)}$$

(a) $G_{c_1}(s) = (s+4)$ (b) $G_{c_2}(s) = (s+5)$ (c) $G_{c_3}(s) = (s+4.1)$

풀이

(a) $G_{c_1}(s) = (s+4)$에 대한 단위계단응답을 구하면 다음과 같다.

$$C_1(s) = \frac{20(s+4)}{(s+2)(s+4)(s+10)} \times \frac{1}{s} \quad \cdots (1)$$

$$= \frac{1}{s} - \frac{1.25}{s+2} + \frac{0.25}{s+10} \quad \cdots (2)$$

$$c_1(t) = 1 - 1.25e^{-2t} + 0.25e^{-10t} \quad \cdots (3)$$

(b) $G_{c_2}(s) = (s+5)$에 대한 단위계단응답을 구하면 다음과 같다.

$$C_2(s) = \frac{20(s+5)}{(s+2)(s+4)(s+10)} \times \frac{1}{s} \quad \cdots (4)$$

$$= \frac{1.25}{s} - \frac{1.875}{s+2} + \frac{0.417}{s+4} + \frac{0.208}{s+10} \quad \cdots (5)$$

$$c_2(t) = 1.25 - 1.875e^{-2t} + 0.417e^{-4t} + 0.208e^{-10t} \quad \cdots (6)$$

(c) $G_{c_3}(s) = (s+4.1)$에 대한 단위계단응답을 구하면 다음과 같다.

$$C_3(s) = \frac{20(s+4.1)}{(s+2)(s+4)(s+10)} \times \frac{1}{s} \quad \cdots (7)$$

$$= \frac{1.025}{s} - \frac{1.313}{s+2} + \frac{0.042}{s+4} + \frac{0.246}{s+10} \quad \cdots (8)$$

$$c_3(t) = 1.025 - 1.313e^{-2t} + 0.042e^{-4t} + 0.246e^{-10t} \quad \cdots (9)$$

식 (3), 식 (6), 식 (9)를 비교하면, 식 (6)과 같이 극점과 영점이 소거되지 않은 경우의 시간응답은 정확히 소거된 경우의 식 (3)과 매우 많은 차이가 있다. 그러나 식 (9)와 같이 극점 -4와 영점 -4.1은 완전히 서로 소거되지 않았지만 영점의 영향으로, e^{-4t}의 상수가 0.042가 되어 출력에 극점 -4의 영향은 거의 나타나지 않는다. 즉 극점 -4와 영점 -4.1은 완전히 소거되지 않았지만 소거된 것과 같은 효과가 있다. 따라서 전달함수의 극점과 정확하게 일치하지 않는, 즉 비슷한 값을 갖는 영점을 추가하더라도 극점-영점 소거의 역할은 충분히 얻을 수 있다.

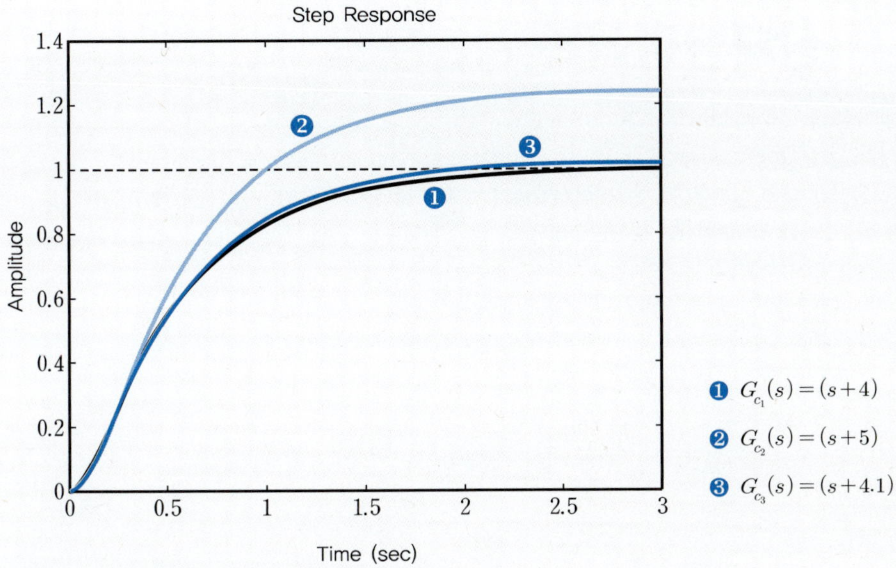

[그림 4-31] [예제 4-5]의 출력 비교

예제 4-6

전달함수가 다음과 같은 불안정 자동제어시스템에서 불안정 요인이 되는 극점 $s=5$를 극점-영점 소거법으로 제거하고자 한다. 이를 위해 영점 $s=5$를 갖는 제어요소 $G_c(s)=(s-5)$를 전향경로에 삽입했으나 온도 상승으로 영점값이 $s=5.1$로 조금 변했다. 이때의 단위계단응답을 구하라.

$$M(s)=\frac{3}{(s+3)(s-5)}$$

풀이

제어요소 $G_c(s)=(s-5.1)$이 추가된 시스템의 단위계단응답을 구하면 다음과 같다.

$$C(s)=\frac{3\,(s-5.1)}{(s+3)\,(s-5)}\times\frac{1}{s} \quad \cdots(1)$$

$$=\frac{1.02}{s}-\frac{1.0125}{s+3}-\frac{0.0075}{s-5} \quad \cdots(2)$$

$$c(t)=1.02-1.0125\,e^{-3t}-0.0075\,e^{5t} \quad \cdots(3)$$

식 (3)에서 알 수 있듯이 불안정 요소 e^{5t}의 상수가 -0.0075로 대단히 작지만, 시간이 지남에 따라 e^{5t}의 값이 점점 증가하기 때문에 시간이 많이 지난 정상상태의 출력 $c(t)$는 단위계단입력 1로 수렴하지 않고 $-\infty$가 된다. 따라서 주어진 예제와 같이 불안정한 시스템에는 극점-영점 소거법을 사용할 수 없다.

SECTION 4.4

상태방정식과 시간응답

지금까지는 전달함수로 표시된 자동제어시스템의 시간응답을 살펴보았다. 이 절에서는 상태방정식으로 표시된 자동제어시스템의 시간응답에 대해 살펴본다. 자동제어시스템의 모델을 상태방정식으로 표시했을 때 시간응답을 구하는 방법에는 여러 가지가 있으나, 이 절에서는 상태방정식으로부터 전달함수를 구해 시간응답을 구하는 방법을 살펴본다.

Keywords | 상태방정식 | 전달함수 | 특성방정식 |

3장에서 살펴보았듯이 선형시불변시스템에 대한 상태방정식은 다음과 같이 나타난다.

$$\dot{\mathbf{x}}(t) = \mathbf{A}\mathbf{x}(t) + \mathbf{B}u(t) \tag{4.43}$$

$$y(t) = \mathbf{C}\mathbf{x}(t) + \mathbf{D}u(t) \tag{4.44}$$

식 (4.43)과 식 (4.44)의 양변을 라플라스 변환하면

$$s\mathbf{X}(s) - \mathbf{x}(0) = \mathbf{A}\mathbf{X}(s) + \mathbf{B}U(s) \tag{4.45}$$

$$Y(s) = \mathbf{C}\mathbf{X}(s) + \mathbf{D}U(s) \tag{4.46}$$

이고, 모든 초기 조건을 0으로 하여 식 (4.45)를 다시 정리하면 다음과 같다.

$$(s\mathbf{I} - \mathbf{A})\mathbf{X}(s) = \mathbf{B}U(s) \tag{4.47}$$

$$\mathbf{X}(s) = (s\mathbf{I} - \mathbf{A})^{-1}\mathbf{B}U(s) \tag{4.48}$$

식 (4.48)에서 구한 $\mathbf{X}(s)$를 식 (4.46)에 대입하여 $Y(s)$를 구하면

$$\begin{aligned} Y(s) &= \mathbf{C}(s\mathbf{I} - \mathbf{A})^{-1}\mathbf{B}U(s) + \mathbf{D}U(s) \\ &= \left\{\mathbf{C}(s\mathbf{I} - \mathbf{A})^{-1}\mathbf{B} + \mathbf{D}\right\}U(s) \\ &= \left\{\frac{\mathbf{C}\,adj(s\mathbf{I} - \mathbf{A})\mathbf{B}}{|s\mathbf{I} - \mathbf{A}|} + \mathbf{D}\right\}U(s) \\ &= \left\{\frac{\mathbf{C}\,adj(s\mathbf{I} - \mathbf{A})\mathbf{B} + |s\mathbf{I} - \mathbf{A}|\mathbf{D}}{|s\mathbf{I} - \mathbf{A}|}\right\}U(s) \end{aligned} \tag{4.49}$$

이고, 식 (4.49)의 라플라스 역변환을 구하면 출력의 시간응답을 구할 수 있다.

또한 이 시스템의 전달함수는 다음과 같이 구할 수 있다.

$$G(s) = \frac{Y(s)}{U(s)} = \frac{\mathbf{C}\,adj(s\mathbf{I}-\mathbf{A})\mathbf{B} + |s\mathbf{I}-\mathbf{A}|\mathbf{D}}{|s\mathbf{I}-\mathbf{A}|} \tag{4.50}$$

따라서 이 시스템의 특성방정식은 다음과 같다.

$$|s\mathbf{I}-\mathbf{A}| = 0 \tag{4.51}$$

예제 4-7

다음과 같은 상태방정식으로 표시되는 자동제어시스템의 단위계단응답을 구하라.

$$\begin{bmatrix} \frac{d}{dt}x_1 \\ \frac{d}{dt}x_2 \end{bmatrix} = \begin{bmatrix} 0 & 1 \\ -3 & -4 \end{bmatrix}\begin{bmatrix} x_1 \\ x_2 \end{bmatrix} + \begin{bmatrix} 0 \\ 1 \end{bmatrix}u$$

$$y = [1 \;\; 2]\begin{bmatrix} x_1 \\ x_2 \end{bmatrix}$$

풀이

$(s\mathbf{I}-\mathbf{A})$를 구하면

$$(s\mathbf{I}-\mathbf{A}) = \begin{bmatrix} s & 0 \\ 0 & s \end{bmatrix} - \begin{bmatrix} 0 & 1 \\ -3 & -4 \end{bmatrix} = \begin{bmatrix} s & -1 \\ 3 & s+4 \end{bmatrix} \qquad \cdots (1)$$

이고, $(s\mathbf{I}-\mathbf{A})^{-1}$을 구하면

$$(s\mathbf{I}-\mathbf{A})^{-1} = \frac{adj(s\mathbf{I}-\mathbf{A})}{|s\mathbf{I}-\mathbf{A}|} = \frac{\begin{bmatrix} s+4 & 1 \\ -3 & s \end{bmatrix}}{s^2+4s+3} \qquad \cdots (2)$$

이므로, 전달함수를 구하면 다음과 같다.

$$G(s) = \frac{Y(s)}{U(s)} = \mathbf{C}(s\mathbf{I}-\mathbf{A})^{-1}\mathbf{B} + \mathbf{D} \qquad \cdots (3)$$

$$= [1 \;\; 2]\,\frac{\begin{bmatrix} s+4 & 1 \\ -3 & s \end{bmatrix}}{s^2+4s+3}\begin{bmatrix} 0 \\ 1 \end{bmatrix} \qquad \cdots (4)$$

$$= \frac{2s+1}{s^2+4s+3} \qquad \cdots (5)$$

따라서 단위계단응답을 구하면 다음과 같다.

$$Y(s) = G(s)\,U(s) = \frac{2s+1}{s^2+4s+3} \times \frac{1}{s} \qquad \cdots (6)$$

$$= \frac{\frac{1}{3}}{s} + \frac{\frac{1}{2}}{s+1} - \frac{\frac{5}{6}}{s+4} \qquad \cdots (7)$$

$$y(t) = \mathcal{L}^{-1}\,Y(s) = \frac{1}{3} + \frac{1}{2}e^{-t} - \frac{5}{6}e^{-3t} \qquad \cdots (8)$$

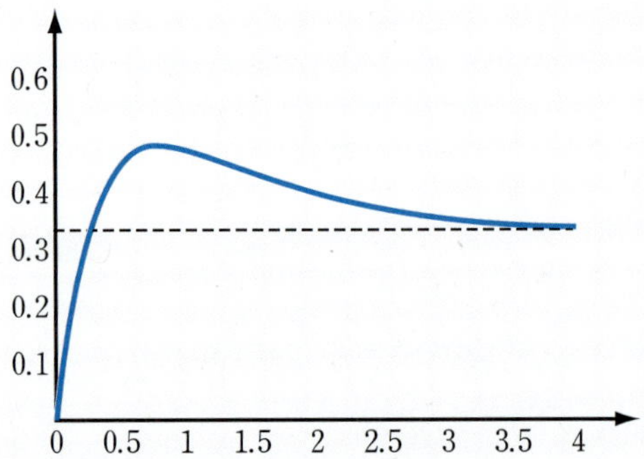

[그림 4-32] [예제 4-7]의 단위계단응답

CHAPTER

04 연습문제

4.1 자동제어시스템의 시간응답 특성을 알고자 할 때 사용하는 입력이 아닌 것은?

㉮ 정현파함수　　㉯ 계단함수　　㉰ 램프함수　　㉱ 포물선함수

4.2 자동제어시스템에서 시험용 입력신호로 가장 많이 사용되는 입력은?

㉮ 단위임펄스함수　　㉯ 사인함수　　㉰ 코사인함수　　㉱ 단위계단함수

4.3 다음 과도응답에 관한 설명 중 틀린 것은?

㉮ 정정시간은 오차가 최종값의 10% 안에 들어가는 데 걸리는 시간이다.
㉯ 백분율 오버슈트는 최대 오버슈트를 최종값으로 나누어 얻은 값에 100을 곱한 값이다.
㉰ 상승시간은 단위계단응답에서 최종값의 10%에서부터 90%까지 걸리는 시간이다.
㉱ 지연시간은 출력값이 최종값의 50%에 도달하는 데 걸리는 시간이다.

4.4 전달함수가 $G(s) = \dfrac{40}{s+5}$ 인 자동제어시스템의 단위계단응답의 시정수는 얼마인가?

㉮ 10[sec]　　㉯ 4[sec]　　㉰ 1[sec]　　㉱ 0.2[sec]

4.5 다음 그림과 같은 2차지연시스템의 단위계단응답에서 정정시간과 관계있는 것은?

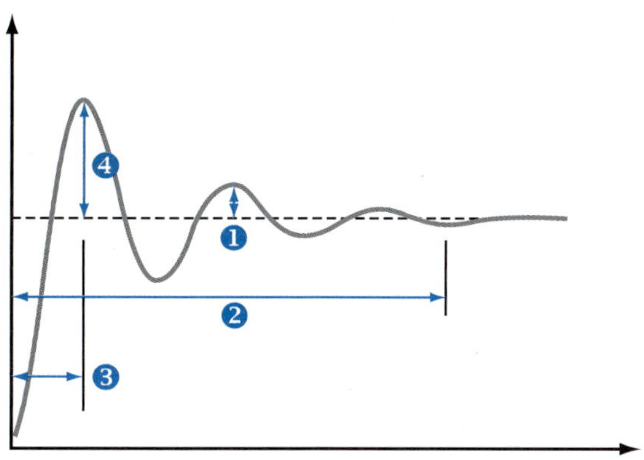

㉮ ❶　　㉯ ❷　　㉰ ❸　　㉱ ❹

4.6 4개의 1차지연요소에서 특성방정식의 근의 위치가 각각 다음 그림과 같을 때, 단위계단응답이 가장 빨리 정상상태에 도달하는 근은?

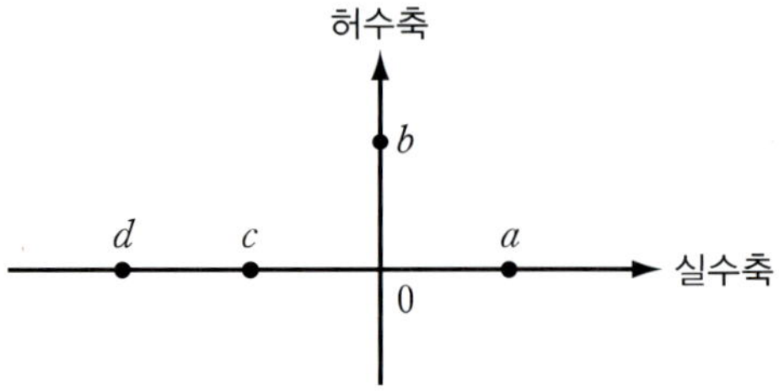

㉮ a　　㉯ b　　㉰ c　　㉱ d

4.7 전달함수가 다음과 같은 2차제어시스템은 어떤 시스템인가?

$$M(s)=\frac{4s+10}{s^2+2s+10}$$

㉮ 과제동시스템　　㉯ 임계제동시스템

㉰ 부족제동시스템　　㉱ 무제동시스템

4.8 전달함수가 다음과 같은 2차제어시스템은 어떤 시스템인가?

$$M(s)=\frac{25}{s^2+10s+25}$$

㉮ 과제동시스템　　㉯ 임계제동시스템

㉰ 부족제동시스템　　㉱ 무제동시스템

4.9 과제동시스템의 전달함수 $G(s)$는?

㉮ $G(s)=\frac{2s+1}{s^2+s+1}$　　㉯ $G(s)=\frac{1}{s^2+3s+10}$

㉰ $G(s)=\frac{2s+1}{s^2+6s+8}$　　㉱ $G(s)=\frac{s+1}{s^2+16}$

4.10 다음 폐루프 전달함수에서 특성방정식의 근을 구하면?

$$M(s)=\frac{100(s+3)}{s^2+5s+4}$$

㉮ $-1, -3, -4$　　㉯ $-1, -4$　　㉰ -3　　㉱ 100

4.11 어떤 자동제어시스템에 단위계단함수를 입력으로 가했더니 출력이 $5u_s(t)$가 되었다. 이 시스템의 전달함수 $G(s)$는? 단, $u_s(t)$는 단위계단함수이다.

㉮ $G(s)=\frac{1}{s+5}$ ㉯ $G(s)=\frac{5}{s+5}$ ㉰ $G(s)=\frac{5}{s}$ ㉱ $G(s)=5$

4.12 2차지연시스템의 과도응답 특성이 임계제동이려면 감쇠비 ζ가 얼마여야 하는가?

㉮ 0.707 ㉯ $\sqrt{2}$ ㉰ 1 ㉱ 0.5

4.13 특성방정식이 $s^2+4s+16=0$인 시스템의 감쇠비 ζ 값은?

㉮ 1.0 ㉯ 0.5 ㉰ -0.2 ㉱ 0.2

4.14 전달함수가 다음과 같은 자동제어시스템의 감쇠진동주파수 ω_d는 몇 [rad/sec]인가?

$$G(s)=\frac{25}{s^2+8s+25}$$

㉮ 3 ㉯ 4 ㉰ 4.5 ㉱ 5

4.15 전달함수가 다음과 같은 자동제어시스템에 단위계단입력이 가해졌을 때 지연시간 T_d [sec]는?

$$G(s)=\frac{2}{s+2}$$

㉮ 0.05 ㉯ 0.15 ㉰ 0.25 ㉱ 0.35

4.16 인디셜응답이란 시스템에 어떤 입력을 가했을 때의 응답인가?

㉮ 단위펄스 ㉯ 단위계단 ㉰ 단위램프 ㉱ 포물선

4.17 어떤 자동제어시스템에 단위계단입력을 가했을 때 출력이 $50(1-e^{-2t})$으로 나타났다. 이 시스템의 전달함수 $G(s)$는?

㉮ $G(s)=\frac{50}{s-2}$ ㉯ $G(s)=\frac{50}{s(s+2)}$

㉰ $G(s)=\frac{50}{s+2}$ ㉱ $G(s)=\frac{100}{s+2}$

4.18 전달함수가 $G(s)=\dfrac{1}{s+1}$ 인 자동제어시스템의 단위계단응답 $y(t)$ 는?

㉮ $y(t)=\sin t$　　㉯ $y(t)=e^{-t}$

㉰ $y(t)=e^{-(t-1)}$　　㉱ $y(t)=1-e^{-t}$

4.19 단위계단응답이 다음 그림과 같은 제어요소는?

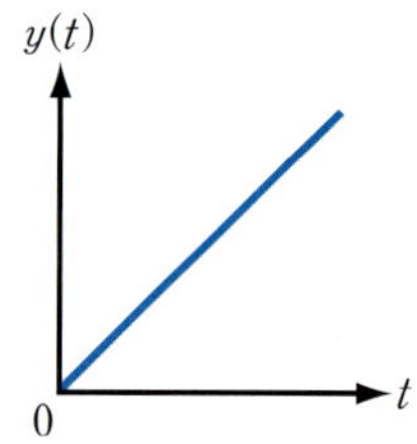

㉮ 미분요소

㉯ 적분요소

㉰ 1차지연요소

㉱ 2차지연요소

4.20 단위계단응답이 다음 그림과 같은 제어요소는?

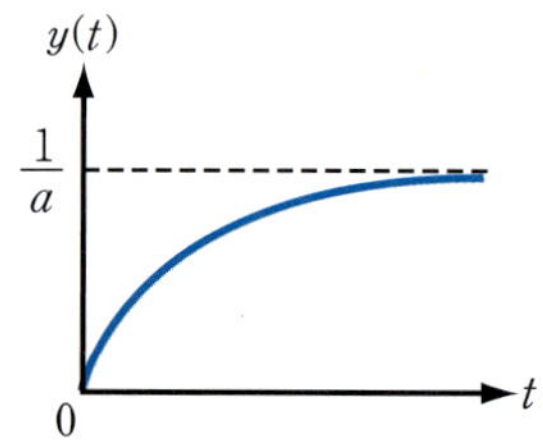

㉮ 미분요소

㉯ 적분요소

㉰ 1차지연요소

㉱ 1차앞선요소

4.21 단위계단응답이 다음 그림과 같은 제어요소는?

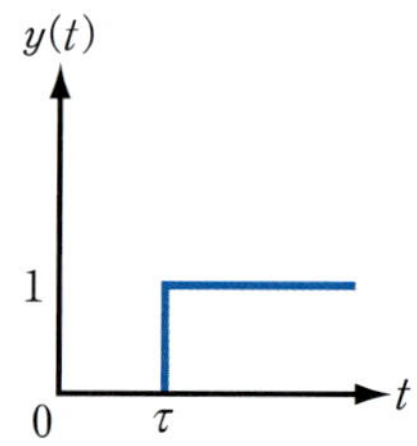

㉮ 비례요소

㉯ 미분요소

㉰ 1차지연요소

㉱ 낭비시간요소

4.22 전달함수의 극점의 위치가 다음 그림과 같은 2차제어시스템의 감쇠비 ζ값과 고유주파수 ω_n값은?

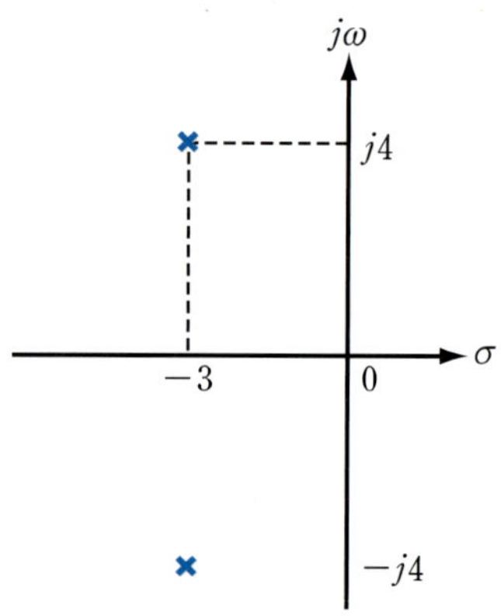

㉮ $\zeta=0.6,\ \omega_n=5$

㉯ $\zeta=4,\ \omega_n=3$

㉰ $\zeta=3,\ \omega_n=4$

㉱ $\zeta=0.3,\ \omega_n=4$

4.23 다음 그림과 같은 단위계단응답들 중에 감쇠비 ζ가 가장 작은 것은?

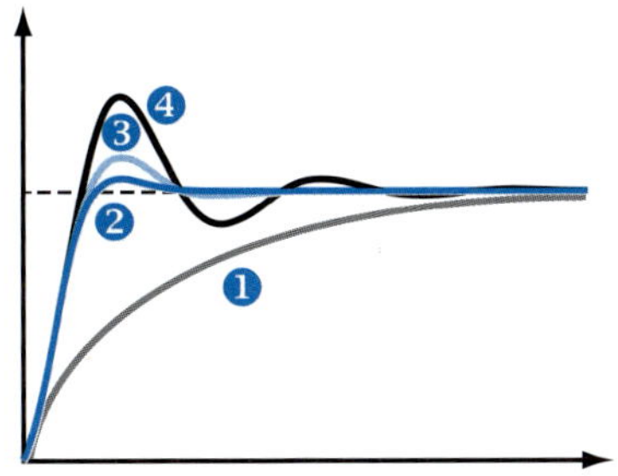

㉮ ❶　　㉯ ❷　　㉰ ❸　　㉱ ❹

4.24 다음 그림과 같은 단위계단응답을 나타내는 제어요소의 전달함수로 적당한 것은?

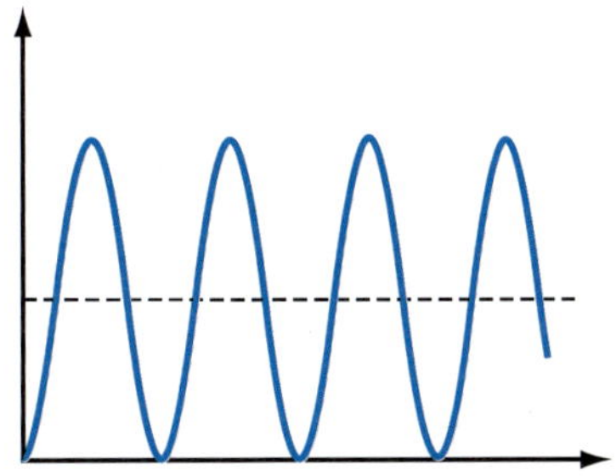

㉮ $\dfrac{2}{s(s+2)}$　　㉯ $\dfrac{s+3}{s^2+2s+10}$　　㉰ $\dfrac{6}{s^2+9}$　　㉱ $\dfrac{5}{s^2+10s+25}$

4.25 2차제어시스템의 단위계단응답에서 지연시간은 최종값의 몇 %에 도달하는 시간인가?

㉮ 10　　㉯ 20　　㉰ 40　　㉱ 50

4.26 전달함수가 $G(s)=\dfrac{100}{s^2+25}$ 인 자동제어시스템의 단위계단응답은?

㉮ $4(1-\cos 5t)$　　㉯ $20\sin 5t$

㉰ $100(1-e^{-5t})$　　㉱ $100e^{-25t}$

4.27 다음 그림과 같은 자동제어시스템에서 크기가 1 인 계단함수의 외란 $d(t)$ 가 가해졌을 때, 그 외란에 대한 정상상태의 출력 $c(t)$ 는 대략 얼마인가?

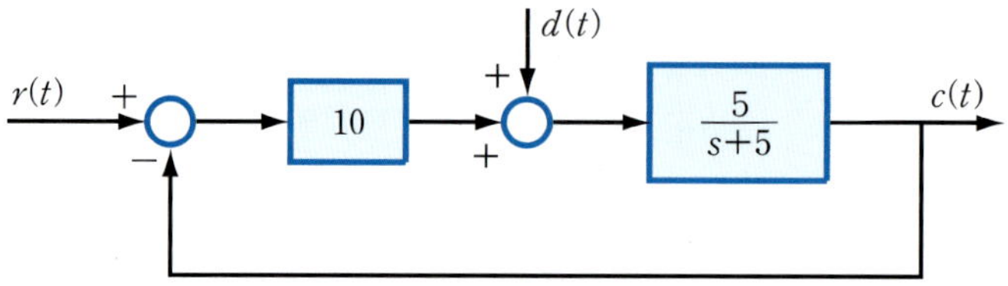

㉮ 5.0 ㉯ 0.1 ㉰ 0.2 ㉱ 0.5

4.28 다음 그림과 같은 미분요소에 입력 $x(t)$ 로 단위램프함수를 가하면 출력 $y(t)$ 는?

㉮ 임펄스함수 ㉯ 계단함수 ㉰ 사인함수 ㉱ 코사인함수

4.29 전달함수가 다음과 같은 자동제어시스템에 단위계단함수를 입력으로 가했을 때, 출력의 정정시간은?

$$G(s) = \frac{40}{s^2 + 2s + 25}$$

㉮ 0.5[sec] ㉯ 2[sec] ㉰ 4[sec] ㉱ 5.5[sec]

4.30 부족제동 2차제어시스템에서 단위계단입력에 대한 출력의 상승시간은 $T_r \fallingdotseq \frac{0.8 + 2.5\zeta}{\omega_n}$ 이다. 전달함수가 다음과 같은 자동제어시스템의 단위계단입력에 대한 출력의 상승시간은?

$$G(s) = \frac{40}{s^2 + 4s + 16}$$

㉮ 4[sec] ㉯ 2.7[sec] ㉰ 1.2[sec] ㉱ 0.51[sec]

4.31 전달함수가 다음과 같은 자동제어시스템의 우세극점은?

$$G(s) = \frac{(s+1)(s+3)}{(s+10)(s+5)(s+2)}$$

㉮ −1 ㉯ −2 ㉰ −3 ㉱ −10

CHAPTER

05

안정도와 정상상태오차

유한한 입력에 대해 무한한 출력을 나타내는 시스템을 불안정한 시스템이라고 한다. 아무리 좋은 자동제어시스템을 설계했더라도 그 자동제어시스템이 불안정하면 결과적으로 사용할 수 없다. 따라서 자동제어시스템의 안정도를 판별하는 문제는 대단히 중요하다. 또한 제어란 시스템의 출력이 목표값에 일치하도록 하는 것으로, 출력이 목표값에 정확하게 도달하지 못하면 그 오차만큼 시스템의 성능이 나쁘다고 평가된다. 이때 어떤 자동제어시스템을 평가하기 위해 사용하는 중요한 지표가 바로 정상상태오차이다.

CONTENTS

SECTION 5.1 자동제어시스템의 안정도
SECTION 5.2 라우스-후르비츠 판별법
SECTION 5.3 정상상태오차
SECTION 5.4 자동제어시스템의 형
연습문제

SECTION
5.1 자동제어시스템의 안정도

어떤 시스템을 제어할 때, 먼저 그 시스템이 안정한지를 파악하는 것은 매우 중요하다. 따라서 이 절에서는 자동제어시스템의 안정도에 대한 개념을 살펴본다.

Keywords | 안정도 | 절대안정도 | 상대안정도 | 안정도 판별법 |

자동제어시스템이 안정한지 불안정한지, 그리고 안정하다면 어느 정도 안정한지를 그 자동제어시스템의 **안정도**(stability)라고 한다. 그리고 자동제어시스템이 안정한지 불안정한지를 파악하는 것을 **절대안정도**(absolute stability)라 하고, 안정하다면 얼마나 안정한지를 파악하는 것을 **상대안정도**(relative stability)라고 한다. 또한 자동제어시스템의 안정 여부를 판단하는 방법을 **안정도 판별법**(stability criterion)이라고 한다. 일반적으로 자동제어시스템의 안정도는 자동제어시스템에 단위계단입력을 가했을 때의 출력을 통해 판단한다.

[그림 5-1(a)]와 [그림 5-1(b)]와 같은 자동제어시스템에 단위계단입력 $\frac{1}{s}$ 을 가했을 때 출력을 구하면 각각 다음과 같다.

$$C_1(s) = \frac{4}{s+4} \times \frac{1}{s} = \frac{1}{s} - \frac{1}{s+4} \quad \rightarrow \quad c_1(t) = 1 - e^{-4t} \tag{5.1}$$

$$C_2(s) = \frac{-10}{s-10} \times \frac{1}{s} = \frac{1}{s} - \frac{1}{s-10} \quad \rightarrow \quad c_2(t) = 1 - e^{10t} \tag{5.2}$$

(a) 특성방정식의 근이 −4인 경우

(b) 특성방정식의 근이 +10인 경우

[그림 5-1] 1차지연제어시스템

[그림 5-1(a)]의 시스템은 시간이 많이 지나면 정상상태에서 출력이 1로 수렴한다. 반면에, [그림 5-1(b)]의 시스템은 출력이 (−)무한대가 된다. 왜냐하면 [그림 5-1(b)]의 시스템은 출력에 e^{10t} 항이 있기 때문이다. 지수함수 e^{at} 은 시간이 많이 지난($t = \infty$) 정상상태에서 $a < 0$ 이면 0으로 수렴하지만, $a > 0$ 이면 ∞ 로 발산한다.

따라서 특성방정식의 근이 복소평면의 우반면에 하나라도 있으면 그 시스템은 불안정하고, 모든 근이 좌반면에 있으면 그 시스템은 안정하다고 말할 수 있다. 즉 모든 근의 실수부가 음의 값이면 그 시스템은 안정하다.[1]

만일 어떤 시스템의 전달함수가 주어졌을 때, 시스템의 안정도를 파악하려면 복소평면에서 전달함수의 특성방정식의 근들이 어디에 있는지를 살펴봐야 한다. 다시 말해, 특성방정식의 근들을 구하여 복소평면에서 근들이 모두 좌반면에 있는지 혹은 우반면이나 허수축에 있는지를 알면 안정도를 판단할 수 있다.

그러나 자동제어시스템의 특성방정식의 근들을 구하기는 쉽지 않으며, 특히 차수가 높은 고차제어시스템의 경우는 더욱 어렵다. 따라서 특성방정식의 근들을 직접 구하지 않고도 근의 실수부가 음의 값인지 아닌지를 파악할 수 있는 방법이 있으면 훨씬 쉽게 시스템의 안정도를 판단할 수 있을 것이다. 시스템에 대한 특성방정식의 근의 실수부가 음의 값인지 아닌지를 쉽게 알 수 있는 방법에는 다음과 같이 여러 가지가 있다.

- 라우스-후르비츠 판별법(Routh-Hurwitz criterion)
- 나이퀴스트 판별법(Nyquist criterion)
- 보드선도 방법(Bode diagram method)
- 근궤적 방법(Root locus method)
- 니아프노프 판별법(Nyapunov criterion)

이 장에서는 라우스-후르비츠 판별법을 살펴보고자 한다. 그리고 나이퀴스트 판별법과 보드선도 방법은 6장에서 소개한다. 근궤적 방법과 니아프노프 판별법은 이 책에서는 소개하지 않는다.

Q 라우스-후르비츠 판별법이란?

A 근의 공식이나 인수분해로 근을 구하기 어려운 3차 이상의 특성방정식에서 근들을 직접 구하지 않고, 근의 위치가 복소평면의 우반면이나 허수축에 있는지 여부를 판별할 수 있는 수학적인 기법이다.

---

1 복소평면에서 우반면은 양의 실수가 존재하는 우측 반쪽 평면, 좌반면은 음의 실수가 존재하는 좌측 반쪽 평면을 말한다.

SECTION 5.2

라우스-후르비츠 판별법

가장 대표적인 안정도 판별법은 라우스-후르비츠 판별법으로, 이 판별법은 어떤 시스템이 안정한가 불안정한가, 즉 안정 여부를 판별하는 절대안정도 판별법이다.

Keywords | 라우스-후르비츠 판별법 | 라우스 표 | 짝수 다항식 |

1 라우스 표를 만드는 방법

라우스-후르비츠 판별법(Routh-Hurwitz criterion)은 절대안정도를 판단하는 방법으로, 어떤 시스템의 특성방정식이 다음 세 조건을 모두 만족하면 그 시스템을 안정하다고 한다.

★ 라우스-후르비츠 판별법 ★

❶ 모든 계수의 부호가 같다.
❷ 어떤 항의 계수도 0이 아니다.
❸ 라우스 표의 제1 열에서 부호가 변하지 않는다.

여기에서 ❶항과 ❷항은 직관적으로 판단할 수 있으므로, ❸항의 라우스 표에 대해 살펴보자.

특성방정식이 다음과 같이 주어졌을 때, 라우스 표를 만들어보자.

$$a_n s^n + a_{n-1} s^{n-1} + a_{n-2} s^{n-2} + \cdots + a_1 s + a_0 = 0$$

이 특성방정식에 대한 라우스 표를 만들려면 먼저 [그림 5-2(a)]와 같이 특성방정식의 계수를 라우스 표에 적은 후, 빈칸들을 [그림 5-2(b)]와 같이 채워서 완성한다.

s^n	a_n	a_{n-2}	a_{n-4}	$\cdots$
s^{n-1}	a_{n-1}	a_{n-3}	a_{n-5}	$\cdots$
s^{n-2}				
s^{n-3}				
s^{n-4}				
$\vdots$				
s^0				

(a) 특성방정식의 계수에 의한 라우스 표 작성

s^n	a_n	a_{n-2}	a_{n-4}	$\cdots$
s^{n-1}	a_{n-1}	a_{n-3}	a_{n-5}	$\cdots$
s^{n-2}	b_1	b_2	b_3	
s^{n-3}	c_1	c_2	c_3	
s^{n-4}	d_1	d_2	d_3	
$\vdots$	$\vdots$	$\vdots$	$\vdots$	
s^0				

(b) 라우스 표의 완성

[그림 5-2] 라우스 표 만드는 방법

[그림 5-2(b)]에서 세 번째 행의 b_1, b_2, b_3, $\cdots$은 다음과 같이 구한다.

$$b_1 = -\frac{\begin{vmatrix} a_n & a_{n-2} \\ a_{n-1} & a_{n-3} \end{vmatrix}}{a_{n-1}} = -\frac{a_n \times a_{n-3} - a_{n-1} \times a_{n-2}}{a_{n-1}}$$

$$b_2 = -\frac{\begin{vmatrix} a_n & a_{n-4} \\ a_{n-1} & a_{n-5} \end{vmatrix}}{a_{n-1}} = -\frac{a_n \times a_{n-5} - a_{n-1} \times a_{n-4}}{a_{n-1}}$$

$$b_3 = -\frac{\begin{vmatrix} a_n & a_{n-6} \\ a_{n-1} & a_{n-7} \end{vmatrix}}{a_{n-1}} = -\frac{a_n \times a_{n-7} - a_{n-1} \times a_{n-6}}{a_{n-1}}$$

그리고 네 번째 행의 c_1, c_2, c_3, ⋯은 다음과 같이 구한다.

$$c_1 = -\frac{\begin{vmatrix} a_{n-1} & a_{n-3} \\ b_1 & b_2 \end{vmatrix}}{b_1} = -\frac{a_{n-1} \times b_2 - b_1 \times a_{n-3}}{b_1}$$

$$c_2 = -\frac{\begin{vmatrix} a_{n-1} & a_{n-5} \\ b_1 & b_3 \end{vmatrix}}{b_1} = -\frac{a_{n-1} \times b_3 - b_1 \times a_{n-5}}{b_1}$$

$$c_3 = -\frac{\begin{vmatrix} a_{n-1} & a_{n-7} \\ b_1 & b_4 \end{vmatrix}}{b_1} = -\frac{a_{n-1} \times b_4 - b_1 \times a_{n-7}}{b_1}$$

또한 다섯 번째 행의 d_1, d_2, d_3, ⋯은 다음과 같이 구한다.

$$d_1 = -\frac{\begin{vmatrix} b_1 & b_2 \\ c_1 & c_2 \end{vmatrix}}{c_1} = -\frac{b_1 \times c_2 - c_1 \times b_2}{c_1}$$

$$d_2 = -\frac{\begin{vmatrix} b_1 & b_3 \\ c_1 & c_3 \end{vmatrix}}{c_1} = -\frac{b_1 \times c_3 - c_1 \times b_3}{c_1}$$

$$d_3 = -\frac{\begin{vmatrix} b_1 & b_4 \\ c_1 & c_4 \end{vmatrix}}{c_1} = -\frac{b_1 \times c_4 - c_1 \times b_4}{c_1}$$

이제 [그림 5-3]과 같은 단위귀환 자동제어시스템에 대하여 라우스-후르비츠 판별법을 이용하여 시스템의 안정 여부를 판단해보자.

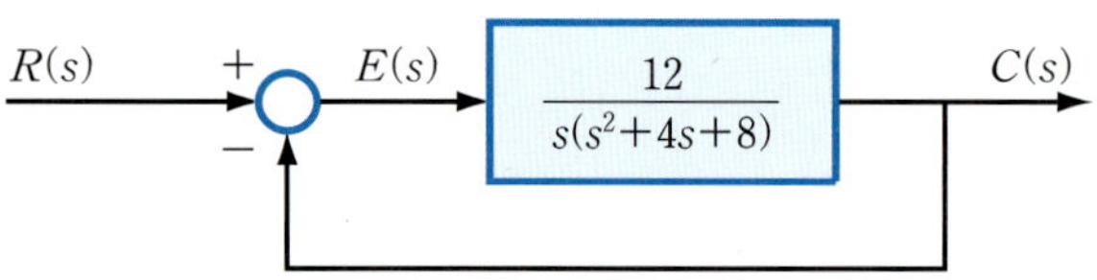

[그림 5-3] 단위귀환 제어시스템의 예

[그림 5-3]의 시스템의 폐루프 전달함수를 구하면 다음과 같다.

$$M(s) = \frac{\dfrac{12}{s(s^2+4s+8)}}{1+\dfrac{12}{s(s^2+4s+8)}} = \frac{12}{s^3+4s^2+8s+12} \tag{5.3}$$

따라서 특성방정식은 다음과 같다.

$$s^3 + 4s^2 + 8s + 12 = 0 \tag{5.4}$$

이 특성방정식은 모든 계수의 부호가 같고, 어떤 항의 계수도 0이 아니므로 라우스-후르비츠 판별법의 ❶항과 ❷ 항을 만족한다. 또한 ❸항의 조건을 확인하기 위해 라우스 표를 만들면 다음과 같다.

s^3	1	8
s^2	4	12
s^1	5	0
s^0	12	

이 라우스 표를 살펴보면 제1열에서 부호가 변하지 않는다. 따라서 이 시스템은 안정하다.

예제 5-1

다음 특성방정식을 갖는 자동제어시스템의 안정도를 라우스-후르비츠 판별법으로 판별하라.

(a) $3s^4 + 6s^3 + 2s^2 - 4s + 10 = 0$

(b) $s^5 + 5s^4 + 2s^2 + 3s + 6 = 0$

(c) $s^4 + 2s^3 + 3s^2 + s + 5 = 0$

(d) $s^3 + 20s^2 + 10s + 40 = 0$

(e) $s^4 + s^3 + 2s^2 + 2s + 3 = 0$

풀이

(a) 모든 계수의 부호가 같지 않으므로, 이 시스템은 불안정하다.

(b) s^3항의 계수가 0이므로, 이 시스템은 불안정하다.

(c) 라우스 표를 만들면 다음과 같다.

s^4	1	3	5
s^3	2	1	0
s^2	2.5	5	
s^1	−3	0	
s^0	5		

라우스 표에서 제1열의 부호가 2번 변하므로, 특성방정식의 근이 우반면에 2개 있음을 알 수 있다. 따라서 이 시스템은 불안정하다.

(d) 라우스 표를 만들면 다음과 같다.

s^3	1	10
s^2	20	40
s^1	8	
s^0	40	

라우스 표에서 제1열의 부호가 변하지 않으므로, 이 시스템은 안정하다.

(e) 라우스 표를 만들면 다음과 같다.

s^4	1	2	3
s^3	1	2	0
s^2	0	3	
s^1			
s^0			

제1열의 s^2행에 0이 발생하므로 s^1행의 값을 구하면

$$-\frac{\begin{vmatrix} 1 & 2 \\ 0 & 3 \end{vmatrix}}{0} = -\infty$$

가 된다. 이런 경우에는 0을 ε으로 놓고 다음과 같이 라우스 표를 계속 만든 후, ε값을 0으로 수렴시킨다. 그리고 제1열에 부호 변화가 있는지 살펴본다.

s^4	1	2	3
s^3	1	2	0
s^2	ε	3	
s^1	$2-\dfrac{3}{\varepsilon}$		
s^0	3		

이때 $\lim_{\varepsilon \to 0}\left(2-\dfrac{3}{\varepsilon}\right) = -\infty$이다. 라우스 표에서 제1열의 부호가 2번 변하므로, 특성방정식의 근이 복소평면의 우반면에 2개 있음을 알 수 있다. 따라서 이 시스템은 불안정하다.

2 라우스 표에서 어떤 행 전체가 0이 되는 경우

[예제 5-1(e)]는 라우스 표에서 제1열만 0이 되었지만, 이제 어떤 행 전체가 0이 되는 특별한 경우를 살펴보자. 특성방정식

$$s^5 + 2s^4 + 5s^3 + 10s^2 + 8s + 16 = 0 \tag{5.5}$$

에 대한 라우스 표를 만들면 다음과 같다.

s^5	1	5	8
s^4	2	10	16
s^3	0	0	0
s^2			
s^1			
s^0			

이 라우스 표를 보면 s^3행의 모든 요소가 0이 되는데, 이런 경우에는 그 행 바로 위의 s^4행의 요소로 보조식 $A(s)$를 만든다. 그리고 보조식 $A(s)$를 미분하여 그 계수들을 s^3행의 요소로 대체한다. 보조식 $A(s)$는

$$A(s) = 2s^4 + 10s^2 + 16 \tag{5.6}$$

이고, 이 식을 미분하면 다음과 같다.

$$\frac{d}{ds}A(s) = 8s^3 + 20s \tag{5.7}$$

미분한 식의 계수를 s^3행에 놓고 라우스 표를 완성하면 다음과 같다.

s^5	1	5	8
s^4	2	10	16
s^3	8	20	0
s^2	5	16	
s^1	−5.6	0	
s^0	16		

이때 라우스 표의 제1열에서 부호가 2번 변하므로, 특성방정식의 근이 복소평면의 우반면에 2개가 있다. 따라서 이 시스템은 불안정하다.

이런 특별한 경우에는 주어진 특성방정식이 다음과 같은 보조식 $A(s)$로 인수분해된다.

$$s^5+2s^4+5s^3+10s^2+8s+16=(2s^4+10s^2+16)\times\frac{1}{2}(s+2) \quad (5.8)$$

이처럼 보조식이 짝수 차수의 항으로만 되어 있는 식을 **짝수 다항식**(even polynomial)이라고 하는데, 짝수 다항식인 방정식은 원점에 대해 대칭인 근을 갖는다. 원점에 대해 대칭일 때는 근들이 허수근만 있거나 실수근만 있는 경우, 그리고 복소수근인 경우가 있다. 이때 복소수근이면 근들은 서로 공액복소수를 이룬다.

식 (5.8)의 근은 $s_1=-0.4052+j1.6322$, $s_2=-0.4052-j1.6322$, $s_3=0.4052+j1.6322$, $s_4=0.4052-j1.6322$, $s_5=-2$이다.

3 시스템의 안정과 이득 K값

[그림 5-4]와 같은 단위귀환 제어시스템은 이득 K값이 점점 커지면 불안정해진다. 이 시스템이 불안정해지지 않도록 하는 범위 안에서 K가 가질 수 있는 최댓값을 구해보자.

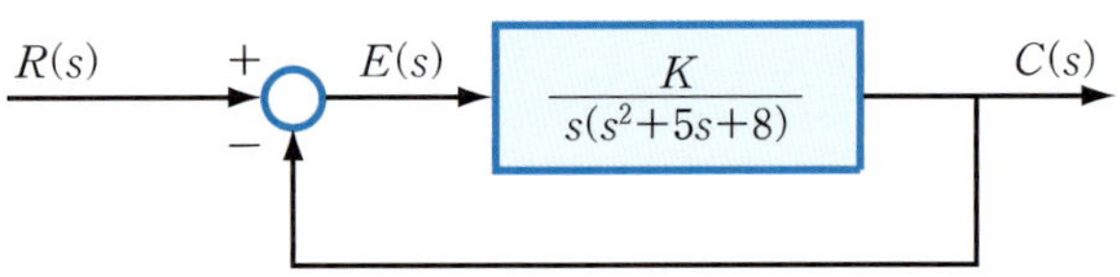

[그림 5-4] 단위귀환 제어시스템의 예

[그림 5-4]의 시스템에 대한 폐루프 전달함수를 구하면

$$M(s)=\frac{\dfrac{K}{s(s^2+5s+8)}}{1+\dfrac{K}{s(s^2+5s+8)}}=\frac{K}{s^3+5s^2+8s+K} \quad (5.9)$$

이므로, 특성방정식은 다음과 같다.

$$s^3+5s^2+8s+K=0 \quad (5.10)$$

이 특성방정식에 대한 라우스 표를 만들면 다음과 같다.

s^3	1	8
s^2	5	K
s^1	$\frac{40-K}{5}$	0
s^0	K	

시스템이 안정하려면 라우스 표에서 제1열의 부호가 변하지 않아야 하므로

$$\frac{40-K}{5} > 0, \ K > 0$$

이어야 한다. 따라서 이득 K값은 0보다는 크고 40보다는 작아야 한다.

$$0 < K < 40$$

예제 5-2

[그림 5-5]와 같은 자동제어시스템이 안정하기 위한 K값의 범위를 구하라.

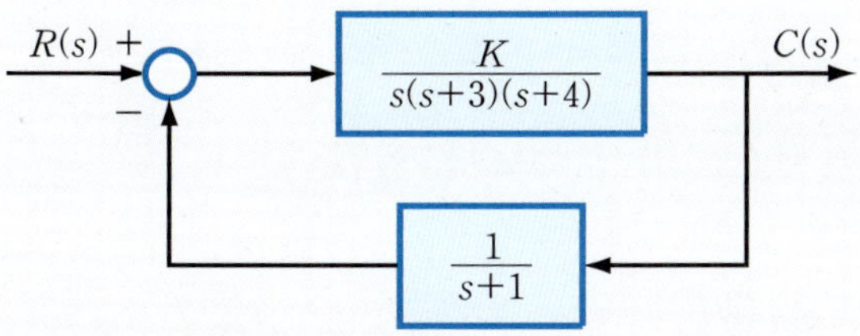

[그림 5-5] [예제 5-2]의 자동제어시스템

풀이

[그림 5-5]의 시스템에 대한 폐루프 전달함수를 구하면 다음과 같다.

$$M(s) = \frac{\frac{K}{s(s+3)(s+4)}}{1+\frac{K}{s(s+3)(s+4)} \times \frac{1}{s+1}}$$

$$= \frac{K(s+1)}{s(s+3)(s+4)(s+1)+K}$$

$$= \frac{K(s+1)}{s^4+8s^3+19s^2+12s+K}$$

따라서 특성방정식은 다음과 같다.

$$s^4 + 8s^3 + 19s^2 + 12s + K = 0$$

이 특성방정식에 대한 라우스 표를 만들면 다음과 같다.

s^4	1	19	K
s^3	8	12	0
s^2	17.5	K	
s^1	$\dfrac{210-8K}{17.5}$	0	
s^0	K		

시스템이 안정하려면 라우스 표에서 제1열의 부호가 변하지 않아야 하므로, 이 시스템이 안정하기 위한 K값의 범위는 다음과 같이 정해진다.

$$\frac{210-8K}{17.5} > 0,\ K > 0$$

$$0 < K < 26.25$$

4 상태방정식으로 표시된 자동제어시스템의 안정도 판별법

상태방정식으로 표시된 자동제어시스템의 안정도는 니아프노프 판별법(Nyapunov criterion)으로 판별할 수 있지만, 이 책의 범위를 넘는 것이므로 여기에서는 사용하지 않는다. 대신에 다음과 같이 특성방정식을 구한 후에 라우스-후르비츠 판별법을 사용한다.

$$\Delta(s) = |s\mathbf{I} - \mathbf{A}| = 0 \tag{5.11}$$

예제 5-3

상태방정식이 다음과 같은 자동제어시스템이 안정한지 판별하라.

$$\begin{bmatrix} \frac{d}{dt}x_1 \\ \frac{d}{dt}x_2 \end{bmatrix} = \begin{bmatrix} 0 & 1 \\ 6 & -1 \end{bmatrix} \begin{bmatrix} x_1 \\ x_2 \end{bmatrix} + \begin{bmatrix} 0 \\ 1 \end{bmatrix} u$$

풀이

이 시스템의 특성방정식을 구하면 다음과 같다.

$$\begin{aligned} |s\mathbf{I}-\mathbf{A}| &= \left| \begin{bmatrix} s & 0 \\ 0 & s \end{bmatrix} - \begin{bmatrix} 0 & 1 \\ 6 & -1 \end{bmatrix} \right| \\ &= \begin{vmatrix} s & -1 \\ -6 & s+1 \end{vmatrix} \\ &= s^2 + s - 6 \\ &= (s-2)(s+3) = 0 \end{aligned}$$

따라서 근들은 $s=2$, $s=-3$이다. 특성방정식의 근들 중 하나가 복소평면의 우반면에 있으므로, 이 시스템은 불안정하다.

예제 5-4

상태방정식이 다음과 같은 자동제어시스템의 안정도를 라우스-후르비츠 판별법으로 판별하라.

$$\begin{bmatrix} \frac{dx_1(t)}{dt} \\ \frac{dx_2(t)}{dt} \\ \frac{dx_3(t)}{dt} \end{bmatrix} = \begin{bmatrix} -5 & -1 & 1 \\ 0 & -4 & 1 \\ 0 & 0 & -2 \end{bmatrix} \begin{bmatrix} x_1(t) \\ x_2(t) \\ x_3(t) \end{bmatrix} + \begin{bmatrix} 0 \\ 0 \\ 1 \end{bmatrix} r(t)$$

풀이

이 시스템의 특성식을 구하면 다음과 같다.

$$\begin{aligned} |s\mathbf{I}-\mathbf{A}| &= \left| \begin{bmatrix} s & 0 & 0 \\ 0 & s & 0 \\ 0 & 0 & s \end{bmatrix} - \begin{bmatrix} -5 & -1 & 1 \\ 0 & -4 & 1 \\ 0 & 0 & -2 \end{bmatrix} \right| \\ &= \begin{vmatrix} s+5 & 1 & -1 \\ 0 & s+4 & -1 \\ 0 & 0 & s+2 \end{vmatrix} \\ &= s^3 + 11s^2 + 38s + 40 \end{aligned}$$

이 특성식에 대한 라우스 표를 만들면 다음과 같다.

s^3	1	38
s^2	11	40
s^1	$\frac{378}{11}$	0
s^0	40	

라우스 표에서 제1열의 부호가 변하지 않으므로, 이 시스템은 안정하다.

Q 특성방정식(characteristic equation)과 특성식(characteristic polynomial)의 차이는?

A 방정식과 함수식이라는 차이이다. 예를 들어, $\Delta(s)=|s\mathbf{I}-\mathbf{A}|=s^3+5s^2+s+2=0$은 특성방정식이며, $\Delta(s)=|s\mathbf{I}-\mathbf{A}|=s^3+5s^2+s+2$는 특성식이다.

SECTION
5.3 정상상태오차

이 절에서는 정상상태오차를 정의하고, 여러 종류의 입력에 대한 단위귀환 제어시스템의 정상상태오차를 살펴본다.

Keywords | 정상상태오차 | 정상상태오차 상수 | 위치상수 | 속도상수 | 가속도상수 |

1 정상상태오차의 정의

자동제어시스템에 어떤 입력을 가한 후 시간이 많이 지나 정상상태가 되었을 때의 입력과 출력의 차이를 **정상상태오차**(steady-state error) 또는 **정상상태편차**(steady-state deviation)라고 한다. 폐루프 제어시스템에서는 정상상태에서의 목표값과 제어량의 차가 정상상태오차이지만, 일반적으로는 기준입력과 주귀환량과의 차, 즉 동작신호(=제어편차)를 정상상태오차로 사용한다.

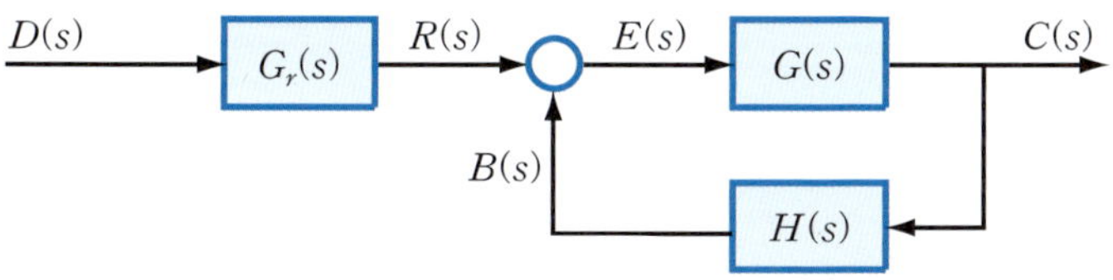

[그림 5-6] 폐루프 제어시스템의 예

[그림 5-6]의 폐루프 제어시스템에서 정상상태오차를 목표값과 제어량과의 차로 구하면 다음과 같다.

$$\varepsilon(t) = d(t) - c(t)$$
$$\mathcal{E}(s) = D(s) - C(s)$$

그러나 일반적으로 정상상태오차는 다음과 같이 기준입력과 주귀환량과의 차로 나타낸다.

$$\begin{aligned} e(t) &= r(t) - b(t) \\ E(s) &= R(s) - B(s) \\ &= R(s) - H(s)C(s) \\ &= R(s) - H(s)G(s)E(s) \end{aligned} \tag{5.12}$$

식 (5.12)를 정리하면 다음과 같다.

$$[1+G(s)H(s)]\,E(s)=R(s)$$

$$E(s)=\frac{1}{1+G(s)H(s)}R(s) \tag{5.13}$$

식 (5.13)에 라플라스 변환의 최종값 정리를 적용하면 정상상태오차는 다음과 같이 된다.

★ 정상상태오차 ★

$$\lim_{t\to\infty} e(t)=\lim_{s\to 0} s\,E(s)=\lim_{s\to 0} s\,\frac{1}{1+G(s)H(s)}R(s) \tag{5.14}$$

2 단위귀환 제어시스템의 정상상태오차

[그림 5-7]과 같은 단위귀환 제어시스템에서 시험용 입력에 대한 정상상태오차를 구해보자.

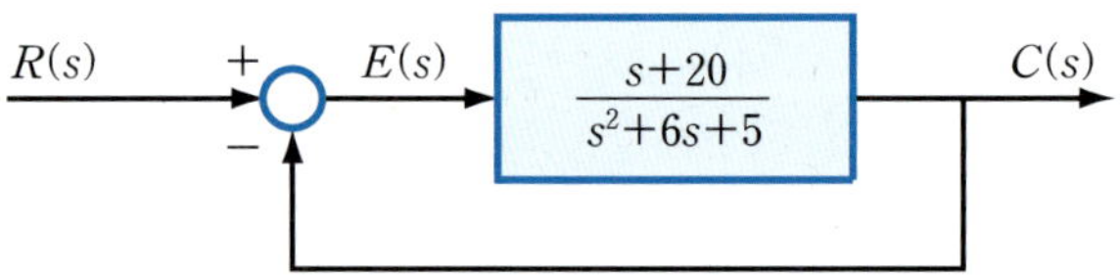

[그림 5-7] 단위귀환 제어시스템의 예

■ 단위계단입력에 대한 정상상태오차

단위계단입력 $u_s(t)$에 대한 정상상태오차는 $e_{step}(\infty)$로 표기하며, 다음과 같이 구한다.

$$\begin{aligned} e_{step}(\infty) &= \lim_{s\to 0} sE_{step}(s) \\ &= \lim_{s\to 0} s\times\frac{1}{1+\dfrac{s+20}{s^2+6s+5}}\times\frac{1}{s} \\ &= \frac{1}{1+4}=0.2 \end{aligned} \tag{5.15}$$

■ 단위램프입력에 대한 정상상태오차

단위램프입력 $tu_s(t)$에 대한 정상상태오차는 $e_{ramp}(\infty)$로 표기하며, 다음과 같이 구한다.

$$\begin{aligned} e_{ramp}(\infty) &= \lim_{s\to 0} sE_{parabola}(s) \\ &= \lim_{s\to 0} s \times \frac{1}{1+\dfrac{s+20}{s^2+6s+5}} \times \frac{1}{s^2} \\ &= \lim_{s\to 0} \frac{1}{s+s\times\dfrac{s+20}{s^2+6s+5}} \\ &= \frac{1}{0+0} = \infty \end{aligned} \tag{5.16}$$

■ 단위포물선입력에 대한 정상상태오차

단위포물선입력 $\frac{1}{2}t^2 u_s(t)$에 대한 정상상태오차는 $e_{parabola}(\infty)$로 표기하며, 다음과 같이 구한다.

$$\begin{aligned} e_{parabola}(\infty) &= \lim_{s\to 0} sE_{parabola}(s) \\ &= \lim_{s\to 0} s \times \frac{1}{1+\dfrac{s+20}{s^2+6s+5}} \times \frac{1}{s^3} \\ &= \lim_{s\to 0} \frac{1}{s^2+s^2\times\dfrac{s+20}{s^2+6s+5}} \\ &= \frac{1}{0+0} = \infty \end{aligned} \tag{5.17}$$

[그림 5-7]의 시스템에서 단위계단입력에 대한 정상상태오차는 20%나 되고, 단위램프입력이나 단위포물선입력에 대한 정상상태오차는 ∞가 된다. 같은 계단입력을 가해도 [그림 5-8(a)]는 어느 정도의 정상상태오차를 나타내지만, [그림 5-8(b)]는 정상상태오차가 0인 것을 알 수 있다.

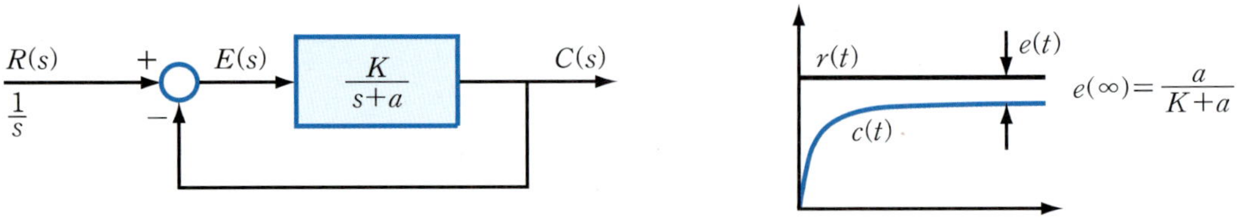

(a) $G(s)=\dfrac{K}{s+a}$ 인 단위귀환 제어시스템

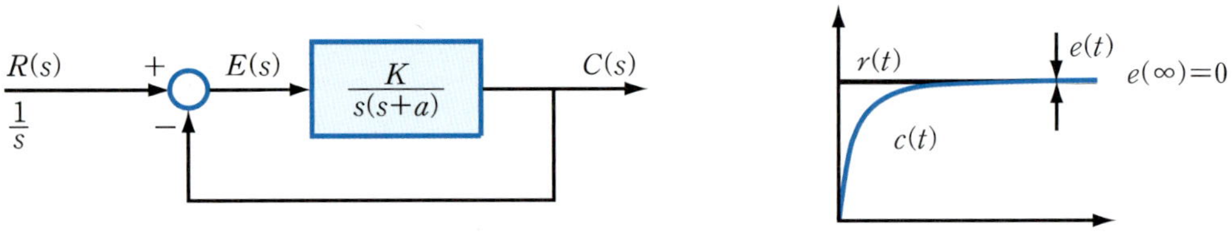

(b) $G(s)=\dfrac{K}{s(s+a)}$ 인 단위귀환 제어시스템

[그림 5-8] 계단입력에 대한 단위귀환 제어시스템들의 비교

그러나 [그림 5-8]과 같은 두 단위귀환 제어시스템에 램프입력을 가하면 [그림 5-9(a)]는 정상상태 오차가 무한대가 되고 [그림 5-9(b)]는 유한한 값을 갖는다.

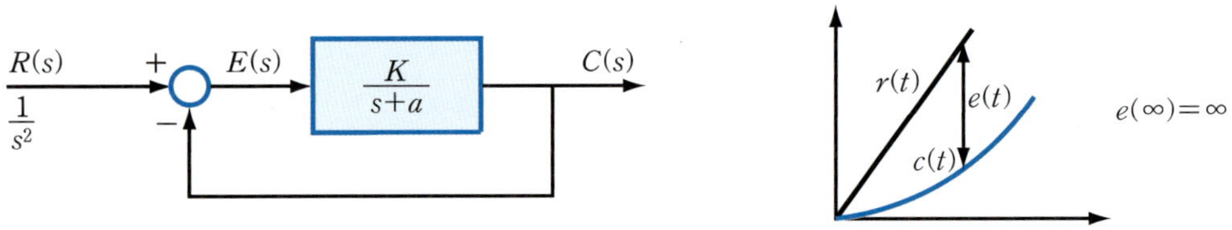

(a) $G(s)=\dfrac{K}{s+a}$ 인 단위귀환 제어시스템

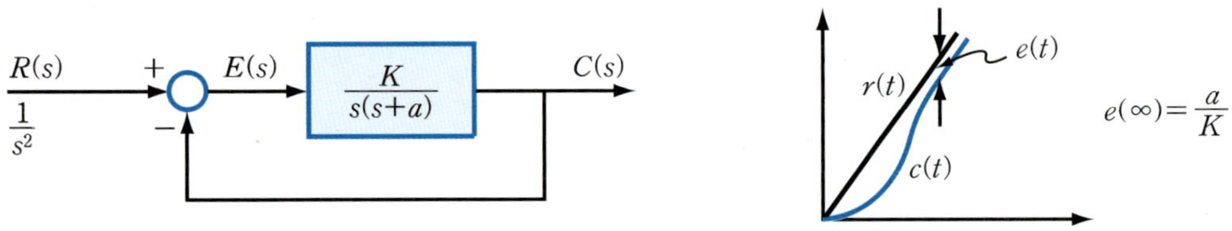

(b) $G(s)=\dfrac{K}{s(s+a)}$ 인 단위귀환 제어시스템

[그림 5-9] 램프입력에 대한 단위귀환 제어시스템들의 비교

3 정상상태오차와 정상상태오차 상수

폐루프 제어시스템에 시험용 입력들을 가했을 때, 정상상태오차들은 라플라스 변환의 최종값 정리를 이용하여 다음과 같이 나타낼 수 있다.

★ 폐루프 제어시스템의 정상상태오차 ★

$$e_{step}(\infty) = \lim_{s \to 0} s \frac{1}{1+G(s)H(s)} \frac{1}{s} = \frac{1}{1+\lim_{s \to 0} G(s)H(s)} = \frac{1}{1+K_p} \tag{5.18}$$

$$e_{ramp}(\infty) = \lim_{s \to 0} s \frac{1}{1+G(s)H(s)} \frac{1}{s^2} = \frac{1}{\lim_{s \to 0} sG(s)H(s)} = \frac{1}{K_v} \tag{5.19}$$

$$e_{parabola}(\infty) = \lim_{s \to 0} s \frac{1}{1+G(s)H(s)} \frac{1}{s^3} = \frac{1}{\lim_{s \to 0} s^2 G(s)H(s)} = \frac{1}{K_a} \tag{5.20}$$

여기서 K_p, K_v, K_a는 **정상상태오차 상수**(steady-state error constant)라고 하며, 다음과 같이 정의한다.

★ 정상상태오차 상수 ★

$$K_p = \lim_{s \to 0} G(s)H(s) \tag{5.21}$$

$$K_v = \lim_{s \to 0} s\, G(s)H(s) \tag{5.22}$$

$$K_a = \lim_{s \to 0} s^2 G(s)H(s) \tag{5.23}$$

이때 정상상태오차 상수 K_p, K_v, K_a는 각각 **위치상수**(position constant), **속도상수**(velocity constant), **가속도상수**(acceleration constant)라고 한다. 정상상태오차 상수가 0, ∞ 또는 상수인지에 따라 정상상태오차가 크게 달라진다.

예제 5-5

다음과 같은 자동제어시스템에서 단위계단입력, 단위램프입력, 단위포물선입력에 대한 정상상태오차를 각각 구하라.

(a)

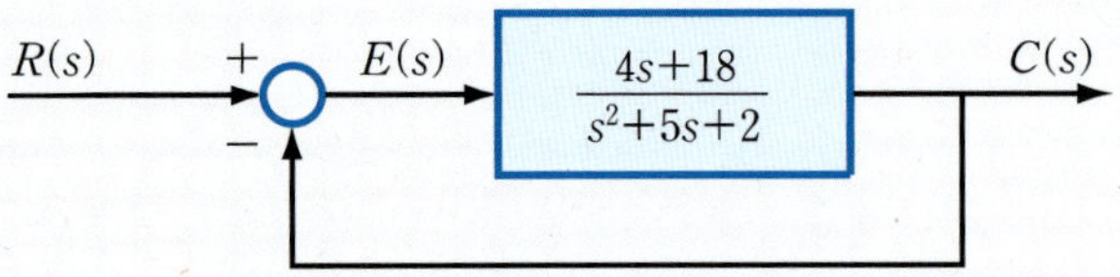

(b)

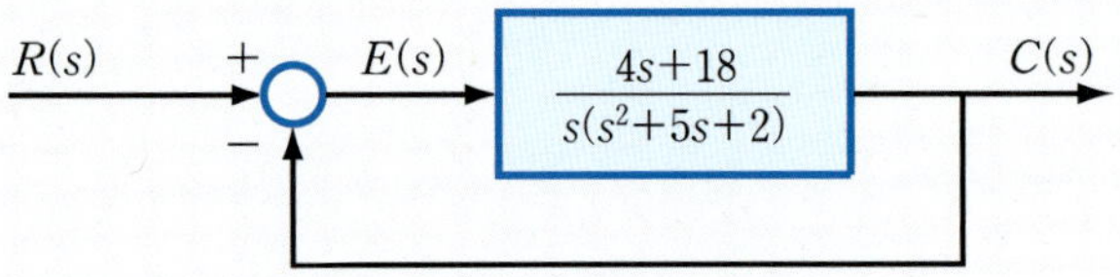

(c)

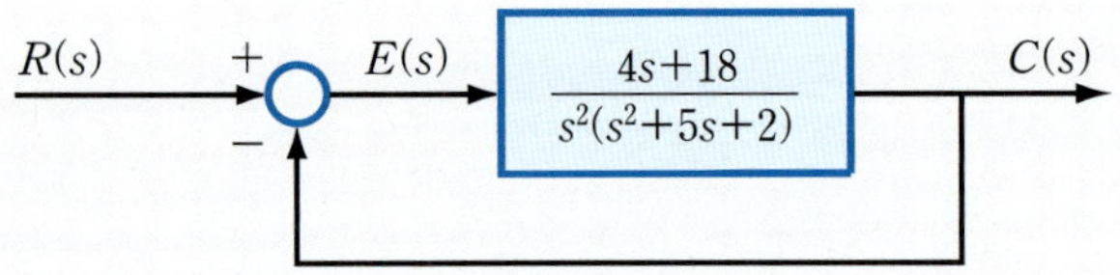

풀이

(a) 정상상태오차 상수를 구하면

$$K_p = \lim_{s \to 0} G(s)H(s) = \lim_{s \to 0} \frac{4s+18}{s^2+5s+2} = 9$$

$$K_v = \lim_{s \to 0} s\, G(s)H(s) = \lim_{s \to 0} s \times \frac{4s+18}{s^2+5s+2} = 0$$

$$K_a = \lim_{s \to 0} s^2 G(s)H(s) = \lim_{s \to 0} s^2 \times \frac{4s+18}{s^2+5s+2} = 0$$

이므로, 정상상태오차를 구하면 각각 다음과 같다.

$$e_{step}(\infty) = \frac{1}{1+K_p} = \frac{1}{1+9} = 0.1$$

$$e_{ramp}(\infty) = \frac{1}{K_v} = \frac{1}{0} = \infty$$

$$e_{parabola}(\infty) = \frac{1}{K_a} = \frac{1}{0} = \infty$$

(b) 정상상태오차 상수를 구하면

$$K_p = \lim_{s\to 0} G(s)H(s) = \lim_{s\to 0} \frac{4s+18}{s(s^2+5s+2)} = \infty$$

$$K_v = \lim_{s\to 0} s\,G(s)H(s) = \lim_{s\to 0} s \times \frac{4s+18}{s(s^2+5s+2)} = 9$$

$$K_a = \lim_{s\to 0} s^2 G(s)H(s) = \lim_{s\to 0} s^2 \times \frac{4s+18}{s(s^2+5s+2)} = 0$$

이므로, 정상상태오차를 구하면 각각 다음과 같다.

$$e_{step}(\infty) = \frac{1}{1+K_p} = \frac{1}{1+\infty} = 0$$

$$e_{ramp}(\infty) = \frac{1}{K_v} = \frac{1}{9} \fallingdotseq 0.11$$

$$e_{parabola}(\infty) = \frac{1}{K_a} = \frac{1}{0} = \infty$$

(c) 정상상태오차 상수를 구하면

$$K_p = \lim_{s\to 0} G(s)H(s) = \lim_{s\to 0} \frac{4s+18}{s^2(s^2+5s+2)} = \infty$$

$$K_v = \lim_{s\to 0} s\,G(s)H(s) = \lim_{s\to 0} s \times \frac{4s+18}{s^2(s^2+5s+2)} = \infty$$

$$K_a = \lim_{s\to 0} s^2\,G(s)H(s) = \lim_{s\to 0} s^2 \times \frac{4s+18}{s^2(s^2+5s+2)} = 9$$

이므로, 정상상태오차를 구하면 각각 다음과 같다.

$$e_{step}(\infty) = \frac{1}{1+K_p} = \frac{1}{1+\infty} = 0$$

$$e_{ramp}(\infty) = \frac{1}{K_v} = \frac{1}{\infty} = 0$$

$$e_{parabola}(\infty) = \frac{1}{K_a} = \frac{1}{9} \fallingdotseq 0.11$$

SECTION
5.4 자동제어시스템의 형

정상상태오차는 자동제어시스템이 적분요소를 가지고 있는지, 가지고 있다면 몇 개나 가지고 있는지에 의해 좌우된다. 이때 시스템이 가지고 있는 이 적분요소의 개수에 따라 자동제어시스템의 형(type)이 결정된다.

Keywords | 시스템 형 | 직류이득 |

앞의 [예제 5-5]에서 본 바와 같이 정상상태오차 상수는 개루프 전달함수의 분모에 있는 s의 차수에 따라 크게 달라지고, 이에 따라 자동제어시스템의 정상상태오차도 크게 달라진다.

[그림 5-10]의 시스템에서 개루프 전달함수의 분모에 있는 s는 적분기를 의미하며, 이 적분기가 몇 개나 추가되었느냐에 따라 정상상태오차가 0이 되기도 하고 무한대가 되기도 한다.

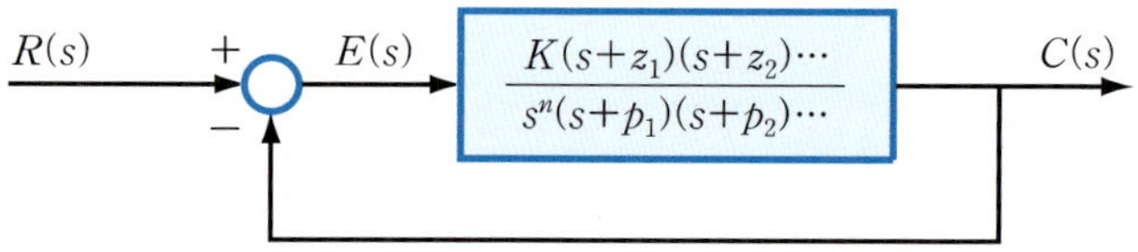

[그림 5-10] n형 시스템

따라서 적분기의 개수는 정상상태오차를 구하는 데 있어서 매우 중요하며, 적분기의 개수를 그 자동제어시스템의 **시스템 형**(system type)이라고 한다. 예를 들어, [예제 5-5]에서 (a)는 0형, (b)는 I형, (c)는 II형 시스템이다.

예제 5-6

[그림 5-11]의 자동제어시스템에서 단위램프입력에 대한 정상상태오차가 5% 이하가 되기 위한 K 값을 구하라.

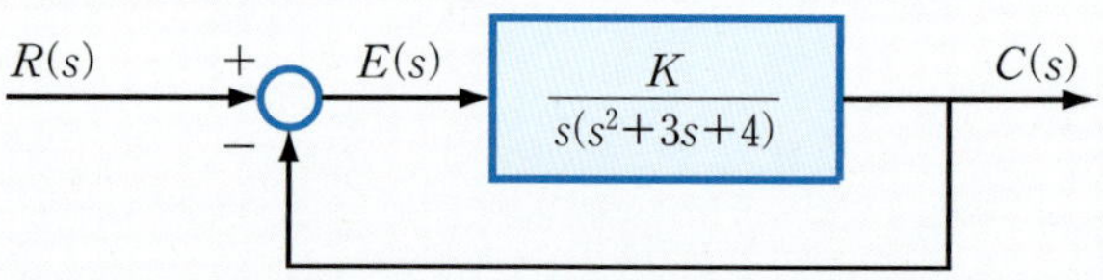

[그림 5-11] [예제 5-6]의 자동제어시스템

풀이

단위램프입력에 대한 정상상태오차가 5% 이하가 되려면

$$e_{ramp}(\infty) = \frac{1}{K_v} \le 0.05$$

이므로, 속도상수 K_v가 20 이상이어야 한다. 또한 K_v가 20 이상이 되려면

$$K_v = \lim_{s \to 0} s\,G(s)H(s) = \lim_{s \to 0} s \times \frac{K}{s(s^2+3s+4)} = \frac{K}{4} \ge 20$$

이므로, 이 시스템의 K값은 80 이상이어야 한다.

예제 5-7

[그림 5-12]의 자동제어시스템에 목표값으로 계단입력 $100u_s(t)$를 가했을 때 정상상태의 출력을 구하고, 정상상태오차에 대해 설명하라.

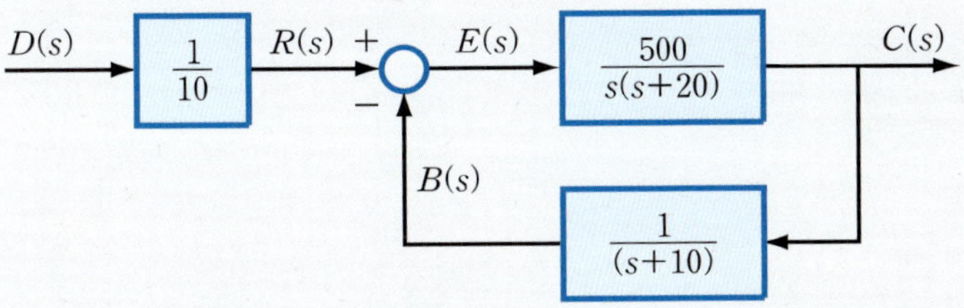

[그림 5-12] [예제 5-7]의 자동제어시스템

풀이

전체 폐루프 전달함수를 구하면

$$M(s) = \frac{1}{10} \times \frac{\dfrac{500}{s(s+20)}}{1 + \dfrac{500}{s(s+20)} \times \dfrac{1}{s+10}}$$

$$= \frac{50(s+10)}{s^3+30s^2+200s+500}$$

이므로, 정상상태의 출력 $C(s)$의 라플라스 변환을 구하면 다음과 같다.

$$C(s) = M(s)\,D(s) = \frac{50(s+10)}{s^3+30s^2+200s+500} \times \frac{100}{s}$$

이때 정상상태의 출력 $c(t)$를 구하면 라플라스 변환의 최종값 정리에 의해

$$c(\infty)=\lim_{s\to 0} s\,C(s)=\lim_{s\to 0} s\,\frac{50(s+10)}{s^3+30s^2+200s+500}\times\frac{100}{s}=100$$

이다. 이 결과를 보면 정상상태의 출력이 목표값과 일치하므로 정상상태오차가 0임을 알 수 있다. 또한 정상상태의 출력을 구하지 않고 정상상태오차를 구하면 정상상태오차 상수는

$$K_p=\lim_{s\to 0} G(s)H(s)=\lim_{s\to 0}\frac{500}{s(s+20)}\times\frac{1}{s+10}=\infty$$

이므로

$$e_{step}(\infty)=\frac{1}{1+K_p}=\frac{1}{1+\infty}=0$$

이다. 따라서 정상상태의 출력(=제어량)이 목표값과 일치하는 것을 알 수 있다.

[예제 5-7]과 같이 단위귀환 제어시스템이 아닌 귀환 제어시스템에서는 정상상태오차의 정의에 주의해야 한다. 이때 오차는 목표값에서 제어량을 뺀

$$\varepsilon(t)=d(t)-c(t) \quad \text{또는} \quad \mathcal{E}(s)=D(s)-C(s)$$

이거나, 기준입력에서 주귀환량을 뺀

$$e(t)=r(t)-b(t) \quad \text{또는} \quad E(s)=R(s)-B(s)$$

이다. 여기에서 오차는 다음과 같이 기준입력에서 제어량을 뺀 값이 아님에 주의해야 한다.

$$\varepsilon(t)\neq r(t)-c(t) \quad \text{또는} \quad e(t)\neq r(t)-c(t)$$

[예제 5-7]에서는 귀환요소의 직류이득(DC gain)이 $\frac{1}{10}$이므로, 정상상태에서는 제어량을 측정하여 귀환시키는 주귀환량이 제어량의 $\frac{1}{10}$이다. 이 자동제어시스템은 목표값의 $\frac{1}{10}$을 기준입력으로 하고, 제어량의 $\frac{1}{10}$을 주귀환량으로 하여 제어편차를 만들어 동작신호로 사용한다. 만일 기준입력요소와 귀환요소가 서로 맞지 않으면, 즉 직류이득이 맞지 않으면 동작신호(=제어편차)를 정상상태오차로 사용할 수 없으며, 반드시 목표값과 제어량을 직접 비교해 보아야 한다.

CHAPTER

05 연습문제

5.1 라우스-후르비츠 판별법은 시스템의 무엇을 판별하는가?

㉮ 안정도　㉯ 선형성　㉰ 시변성　㉱ 효율성

5.2 자동제어시스템의 안정도를 판별하기 위해 사용되는 입력신호로 적당한 것은?

㉮ 임펄스신호　㉯ 단위계단함수　㉰ 램프함수　㉱ 정현파 신호

5.3 어떤 자동제어시스템의 인디셜응답이 다음과 같을 때, 안정한 시스템은?

㉮ $c(t)=100\sin(377t-30°)$　㉯ $c(t)=5t$

㉰ $c(t)=t-e^{2t}$　㉱ $c(t)=10(1-e^{-2t})$

5.4 특성방정식의 근들이 복소평면의 우반면에 2개 있을 때, 자동제어시스템의 상태는?

㉮ 안정하다.　㉯ 불안정하다.

㉰ 선형이다.　㉱ 비선형이다.

5.5 특성방정식이 $s^3+6s^2+8s+6=0$일 때, 폐루프 제어시스템의 안정도는?

㉮ 안정하다.　㉯ 불안정하다.

㉰ 입력에 따라 다르다.　㉱ 알 수 없다.

5.6 어떤 자동제어시스템에 계단함수를 입력으로 가했을 때 출력이 다음과 같았다. 이 중 불안정한 시스템은?

㉮ $y(t)=10e^{-2t}\cos(10t+60°)$　㉯ $y(t)=10+5e^{-2t}\cos(377t-30°)$

㉰ $y(t)=100\sin377t$　㉱ $y(t)=t^3e^{-2t}\sin100t$

5.7 어떤 자동제어시스템의 특성방정식이 다음과 같을 때, 안정한 시스템은?

㉮ $s^3+5s^2+6s=0$　㉯ $s^3+7s^2+14s+8=0$

㉰ $s^2+10=0$　㉱ $s^3+24s^2-36s+20=0$

5.8 라우스-후르비츠 판별법으로 판별할 수 있는 것은?

㉮ 절대안정도　　㉯ 상대안정도

㉰ 특수안정도　　㉱ 정귀환제어시스템의 안정도

5.9 어떤 자동제어시스템의 특성방정식이 다음과 같을 때, 안정한 시스템은?

㉮ $s^4+2s^3+8s^2-5s+6=0$　　㉯ $s^4+2s^3+4s^2+6s+10=0$

㉰ $2s^4+3s^2+4s+10=0$　　㉱ $s^4+2s^3+5s^2+4s+2=0$

5.10 특성방정식이 $s^4+5s^3+2s^2-2s-6=0$일 때, 복소평면의 우반면에 몇 개의 근을 가지는가?

㉮ 1개　　㉯ 2개　　㉰ 3개　　㉱ 4개

5.11 다음 단위귀환 제어시스템이 안정한 K값의 범위는?

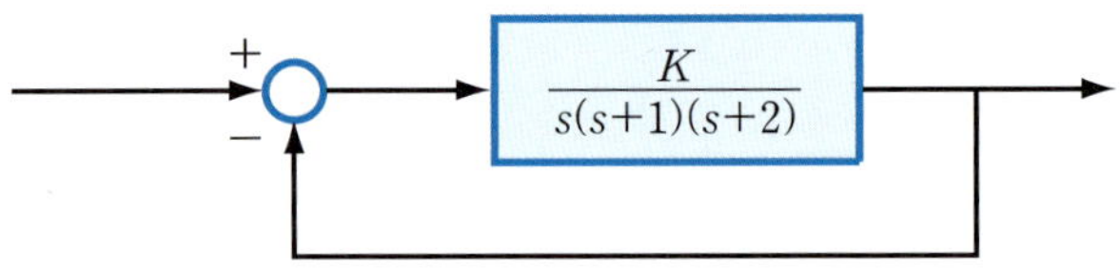

㉮ $10<K$　　㉯ $0<K<2$

㉰ $0<K<6$　　㉱ $K<-10$

5.12 특성방정식이 $s^4+3s^3+Ks^2+20s+100=0$ 일 때, 자동제어시스템이 안정한 K값의 범위는?

㉮ $K>17$　　㉯ $K>22$

㉰ $K<-5$　　㉱ $K>5$

5.13 특성방정식이 $s^4+2s^3+4s^2+3s+K=0$ 일 때, 자동제어시스템이 안정한 K값의 범위는?

㉮ $0<K<1.44$　　㉯ $0<K<3.75$

㉰ $0<K<5.02$　　㉱ $0<K<24$

5.14 개루프 전달함수가 $G(s)H(s)=\dfrac{K(s+a)}{s^2(s+b)}$ 일 때, 이 시스템의 안정 조건은? 단, $K, a, b>0$이다.

㉮ $b>a$　　㉯ $0<a<K$

㉰ $a>b$　　㉱ $b<K<a$

5.15 개루프 전달함수가 $G(s)H(s) = \dfrac{100}{s(s+2)(s+4)}$ 일 때, 이 시스템은 안정한가?

㉮ 안정하다. ㉯ 불안정하다.

㉰ 입력에 따라 다르다. ㉱ 절대안정하다.

5.16 상태방정식이 다음과 같은 자동제어시스템이 안정하기 위한 K값은?

$$\begin{bmatrix} \dfrac{dx_1(t)}{dt} \\ \dfrac{dx_2(t)}{dt} \\ \dfrac{dx_3(t)}{dt} \end{bmatrix} = \begin{bmatrix} 0 & 1 & 0 \\ 0 & 0 & 1 \\ -K & -2 & -5 \end{bmatrix} \begin{bmatrix} x_1(t) \\ x_2(t) \\ x_3(t) \end{bmatrix} + \begin{bmatrix} 0 \\ 0 \\ 1 \end{bmatrix} r(t)$$

㉮ $K < 7$ ㉯ $-2 < K < 5$

㉰ $0 < K < 10$ ㉱ $2 < K$

5.17 상태방정식이 다음과 같은 자동제어시스템이 안정하기 위한 K값은?

$$\begin{bmatrix} \dot{x}_1 \\ \dot{x}_2 \\ \dot{x}_3 \end{bmatrix} = \begin{bmatrix} 0 & 2 & 0 \\ 3 & 0 & 1 \\ -10 & -K & -2 \end{bmatrix} \begin{bmatrix} x_1 \\ x_2 \\ x_3 \end{bmatrix} + \begin{bmatrix} 0 \\ 0 \\ 1 \end{bmatrix} r(t)$$

㉮ $K < 10$ ㉯ $0 < K < 20$

㉰ $0 < K < 10$ ㉱ $10 < K$

5.18 개루프 전달함수가 다음과 같을 때, 이 시스템 형은?

$$G(s)H(s) = \frac{10}{s(s+5)(s+2)(s+1)}$$

㉮ 0 형 ㉯ I 형 ㉰ II 형 ㉱ III 형

5.19 개루프 전달함수가 다음과 같을 때, 이 시스템 형은?

$$G(s)H(s) = \frac{s^2+4s+10}{s^4+2s^3+6s^2+10s+5}$$

㉮ 0 형 ㉯ I 형 ㉰ II 형 ㉱ III 형

5.20 개루프 전달함수가 다음과 같을 때, 이 시스템 형은?

$$G(s)H(s) = \frac{10}{s^3 + 10s^2}$$

㉮ 0 형 ㉯ I 형 ㉰ II 형 ㉱ III 형

5.21 개루프 전달함수가 다음과 같을 때, 이 시스템 형은?

$$G(s)H(s) = \frac{20}{s^4 + 3s^3 + 10s^2 + 5s}$$

㉮ 0 형 ㉯ I 형 ㉰ II 형 ㉱ III 형

5.22 다음과 같은 자동제어시스템의 시스템 형은?

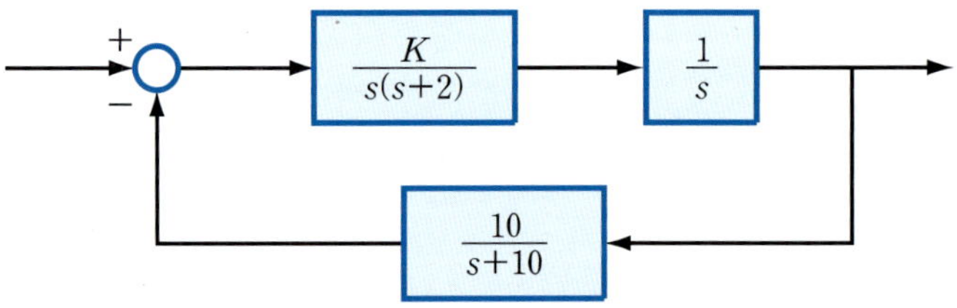

㉮ 0 형 ㉯ I 형 ㉰ II 형 ㉱ III 형

5.23 다음과 같은 자동제어시스템의 시스템 형은?

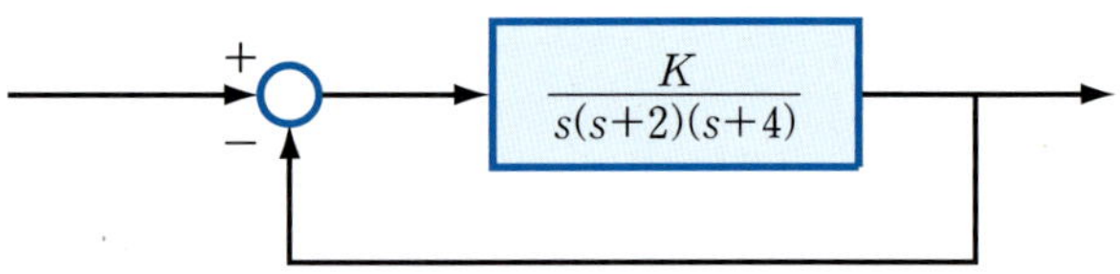

㉮ 0 형 ㉯ I 형 ㉰ II 형 ㉱ III 형

5.24 다음과 같은 단위귀환 자동제어시스템에서 단위계단함수를 입력으로 가할 때, 정상상태오차가 0.05가 되도록 하는 a값은?

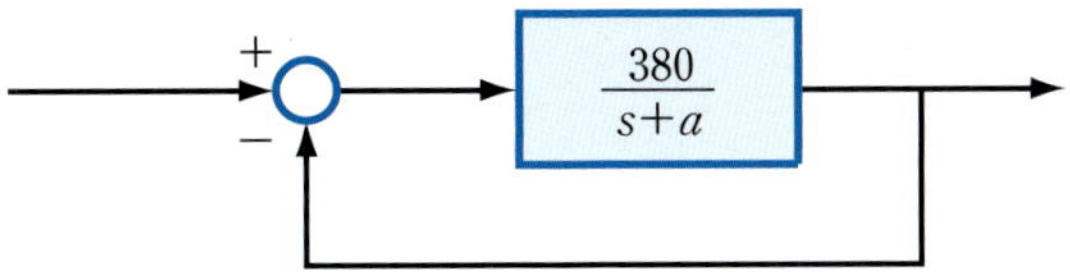

㉮ 0.05 ㉯ −380 ㉰ 20 ㉱ 76

5.25 정상상태오차를 나타낼 때, 위치상수는?

㉮ $K=\lim_{s\to 0} s^2 G(s)H(s)$

㉯ $K=\lim_{s\to 0} s\,G(s)H(s)$

㉰ $K=\lim_{s\to \infty} s\,G(s)H(s)$

㉱ $K=\lim_{s\to 0} G(s)H(s)$

5.26 정상상태오차를 나타낼 때, 속도상수는?

㉮ $K=\lim_{s\to 0} G(s)H(s)$

㉯ $K=\lim_{s\to 0} s\,G(s)H(s)$

㉰ $K=\lim_{s\to 0} s^2 G(s)H(s)$

㉱ $K=\lim_{s\to \infty} s^2 G(s)H(s)$

5.27 자동제어시스템에서 포물선함수 입력에 의한 정상상태오차가 다음과 같을 때, 상수 K를 무엇이라 하는가? 단, $K=\lim_{s\to 0} s^2 G(s)H(s)$ 이다.

$$e_{parabolic}(\infty)=\frac{1}{K}$$

㉮ 위치상수 ㉯ 속도상수 ㉰ 가속도상수 ㉱ 위치오차상수

5.28 위치상수가 1일 때, 단위계단입력에 대한 정상상태오차는?

㉮ 1 ㉯ 0.5 ㉰ 0.05 ㉱ 0.048

5.29 속도상수가 4일 때, 단위램프입력에 대한 정상상태오차는?

㉮ 0.4 ㉯ 0.25 ㉰ 0.2 ㉱ 0.02

5.30 가속도상수가 10일 때, 단위계단입력에 대한 정상상태오차는?

㉮ 0　㉯ 0.1　㉰ 0.09　㉱ 0.011

5.31 속도상수가 10일 때, 단위포물선입력에 대한 정상상태오차는?

㉮ 0　㉯ 0.1　㉰ 0.09　㉱ ∞

5.32 단위계단입력에 대한 정상상태오차가 0.1이 되려면 위치상수를 얼마로 해야 하는가?

㉮ 10　㉯ 5　㉰ 9　㉱ 4

5.33 위치상수는 ∞, 속도상수는 10, 가속도상수가 0인 자동제어시스템에 단위램프입력을 가했을 때 정상상태오차는?

㉮ 0　㉯ 0.1　㉰ 10　㉱ ∞

5.34 램프입력에 대해 정상상태오차가 ∞가 될 때, 이 시스템 형은?

㉮ 0 형　㉯ I 형　㉰ II 형　㉱ III 형

5.35 램프입력에 대해 정상상태오차가 0이 될 때, 이 시스템 형은?

㉮ 0 형　㉯ I 형　㉰ II 형　㉱ II 또는 III 형

5.36 단위계단입력에 대한 정상상태오차가 0.5가 될 때, 이 시스템 형은?

㉮ 0 형　㉯ I 형　㉰ II 형　㉱ III 형

5.37 개루프 전달함수가 다음과 같을 때, 램프입력에 대한 정상상태오차는 몇 %인가?

$$G(s)H(s) = \frac{100(s^2+3s+2)}{s(s^3+2s^2+8s+10)}$$

㉮ 0.5　㉯ 5　㉰ 20　㉱ ∞

5.38 다음과 같은 단위귀환 제어시스템에서 위치상수 K_p, 속도상수 K_v, 가속도상수 K_a는?

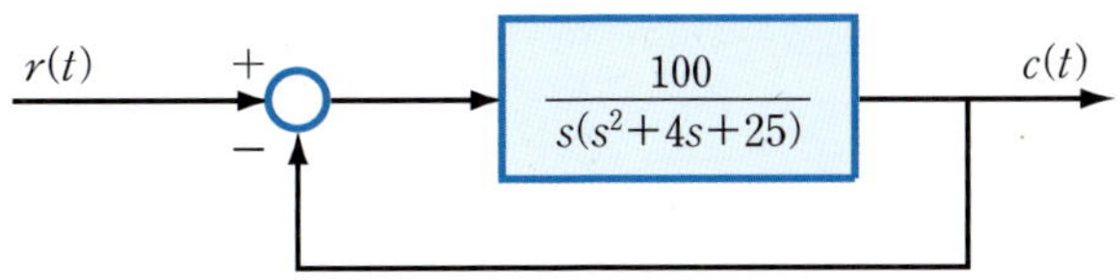

㉮ $K_p = 100,\ K_v = 25,\ K_a = 4$

㉯ $K_p = \infty,\ K_v = 4,\ K_a = 0$

㉰ $K_p = 0,\ K_v = 25,\ K_a = \infty$

㉱ $K_p = 4,\ K_v = 0,\ K_a = \infty$

5.39 다음과 같은 자동제어시스템의 단위계단입력에 대한 정상상태오차가 5% 이내가 되기 위한 K값의 범위는?

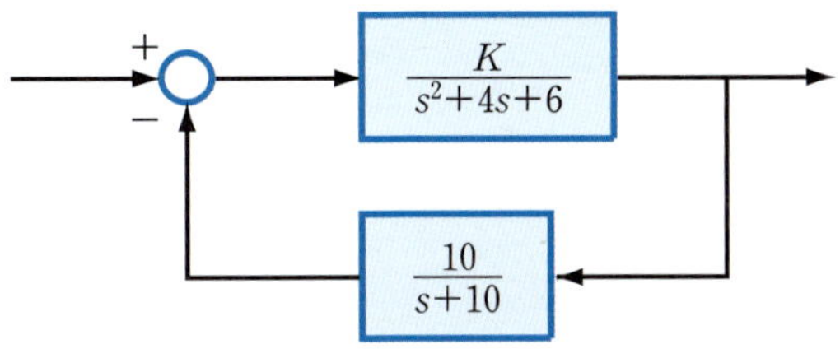

㉮ $0 < K < 1200$

㉯ $0 < K < 120$

㉰ $114 < K$

㉱ $16 < K < 120$

5.40 폐루프 자동제어시스템에서 정상상태오차를 제거하기 위해 전향경로에 삽입하는 제어요소는?

㉮ 적분제어

㉯ 미분제어

㉰ ON−OFF 제어

㉱ 비례제어

5.41 다음과 같은 자동제어시스템에 $r(t) = 10t$의 입력을 가했을 때, 정상상태오차는?

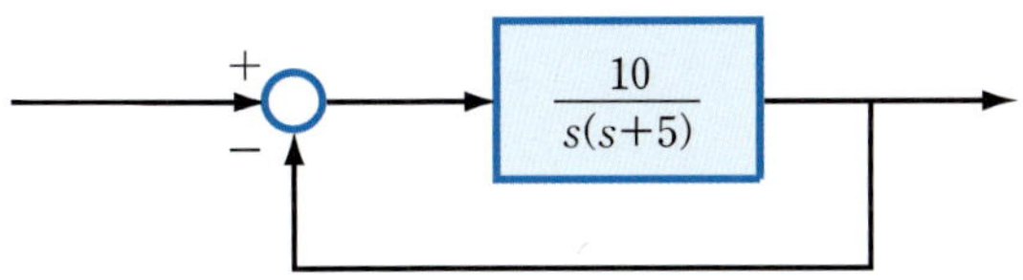

㉮ 0

㉯ 1

㉰ 2

㉱ 5

5.42 다음과 같은 단위귀환 제어시스템의 단위램프입력에 대한 정상상태오차가 8% 이내가 되기 위한 K값의 범위는?

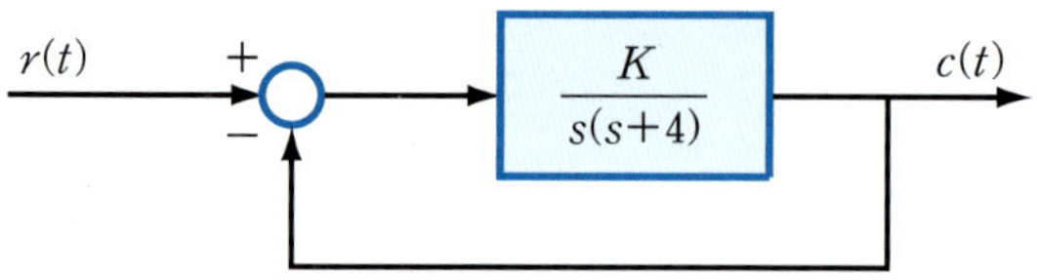

㉮ $1.25 \le K$ ㉯ $20 \le K$

㉰ $50 \le K$ ㉱ $80 \le K$

5.43 어떤 자동제어시스템의 단위계단응답이 다음과 같을 때, 이 시스템에 대한 설명 중 옳은 것은?

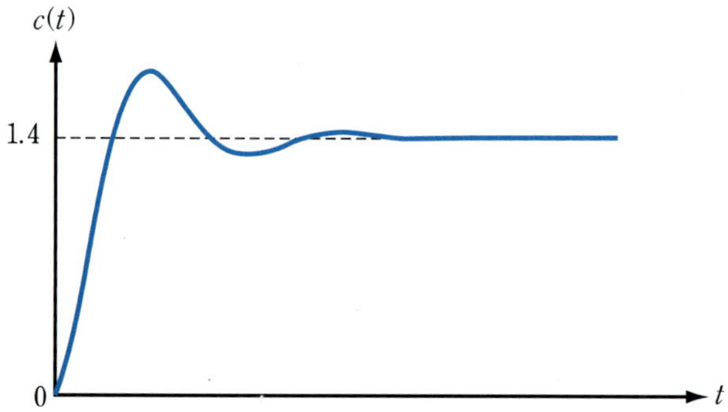

㉮ 단위계단입력에 대한 정상상태오차가 존재한다.

㉯ 불안정한 시스템이다.

㉰ 위치상수가 ∞이다.

㉱ 속도상수가 0.4이다.

CHAPTER

06

주파수응답

지금까지는 특성방정식의 근의 위치에 따른 시간응답에 대해 살펴보았다. 이때 고차제어시스템의 시간응답은 대부분 표준 2차제어시스템의 응답으로 유추하였다.

이 장에서는 고차제어시스템에 적용하기 용이한 주파수응답에 대해 살펴본다. 주파수응답은 특성방정식의 근의 위치에 따른 시간응답처럼 직관적이지는 않지만, 실험 자료를 이용한 고차제어시스템의 모델링 및 시스템 매개변수의 변화에 대한 영향, 비선형제어시스템의 안정도 판단 등에 장점이 있어 자동제어시스템을 해석하거나 설계할 때 많이 사용한다.

CONTENTS

SECTION 6.1 주파수응답과 주파수 전달함수
SECTION 6.2 주파수응답 선도
연습문제

SECTION

6.1 주파수응답과 주파수 전달함수

선형제어시스템에 정현파를 입력으로 가했을 때 얻어지는 출력은 입력 정현파의 주파수에 따라 달라진다. 이때 입력 정현파의 주파수 변화에 따른 출력의 진폭과 위상의 변화를 이 시스템의 주파수응답이라고 한다. 이 절에서는 이러한 주파수응답과 주파수 전달함수에 대해 살펴본다.

Keywords | 진폭비 | 위상차 | 주파수응답 | 주파수 전달함수 |

1 진폭비와 위상차

[그림 6-1]과 같은 선형제어시스템에 정현파(sinusoidal wave)를 입력하면 출력이 어떻게 될까? 예를 들어, 식 (6.1)과 같은 입력을 가했을 때, 이에 대한 출력은 식 (6.2)와 같다.

$$x(t) = 50\sin 10t \tag{6.1}$$

$$y(t) = 28.85e^{-2t} - 27.52e^{-3t} + 2.82\sin(10t - 152°) \tag{6.2}$$

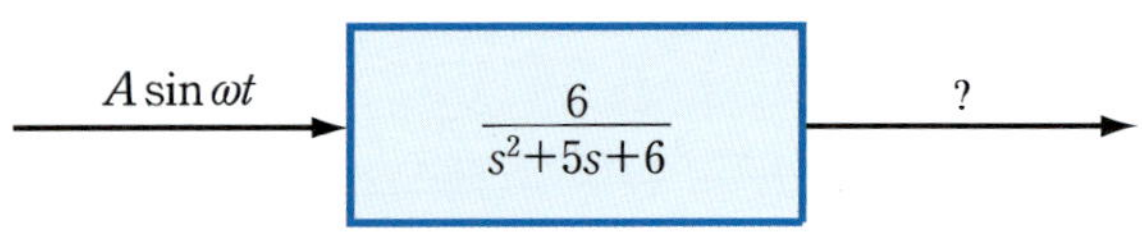

[그림 6-1] 선형제어시스템의 예

Q 식 (6.2)와 같은 출력은 어떻게 구할까?

A $Y(s) = G(s)X(s)$를 구하면 다음과 같다.

$$Y(s) = \frac{6}{s^2+5s+6} \times \frac{50\times 10}{s^2+100} \fallingdotseq \frac{28.85}{s+2} - \frac{27.52}{s+3} - \frac{1.32s+24.9}{s^2+100}$$

이를 라플라스 역변환하면 다음과 같이 출력을 구할 수 있다.

$$\begin{aligned} y(t) &= 28.85e^{-2t} - 27.52e^{-3t} - 1.32\cos 10t - 2.49\sin 10t \\ &= 28.85e^{-2t} - 27.52e^{-3t} + 2.82\sin(10t - 152°) \end{aligned}$$

식 (6.2)를 살펴보면 입력을 가한 직후에는 과도적인 현상이 나타나지만, (시간이 지날수록 지수함수로 표시된 부분은 0으로 수렴하며) 시간이 많이 지난 정상상태의 출력은 진폭과 위상은 다를지라도 입력과 같은 주파수, 즉 입력과 모양이 같은 정현파가 됨을 알 수 있다.

선형제어시스템에 정현파를 입력으로 가했을 때, 정상상태에서 입력에 대한 출력을 비교하여 출력의 진폭을 입력의 진폭으로 나눈 값을 **진폭비**(amplitude ratio)라고 하고, 출력의 위상각에서 입력의 위상각을 뺀 값을 **위상차**(phase difference)라고 한다.

★ 진폭비와 위상차 ★

$$\text{진폭비} = \frac{\text{출력의 진폭}}{\text{입력의 진폭}}$$

$$\text{위상차} = \text{출력의 위상각} - \text{입력의 위상각}$$

예를 들어, 식 (6.1)과 식 (6.2)에 대한 진폭비와 위상차를 구하면 다음과 같다.

$$\text{진폭비} = \frac{2.82}{50} = 0.056$$

$$\text{위상차} = -152°$$

일반적으로 [그림 6-2]와 같이 선형제어시스템에 입력 $A\sin\omega t$를 인가했을 때, 시간이 많이 지난 정상상태에서의 출력은 $B\sin(\omega t+\phi)$가 되며, 이때의 진폭비와 위상차는 다음과 같다.[1]

$$\text{진폭비} = \frac{B}{A}$$

$$\text{위상차} = \phi$$

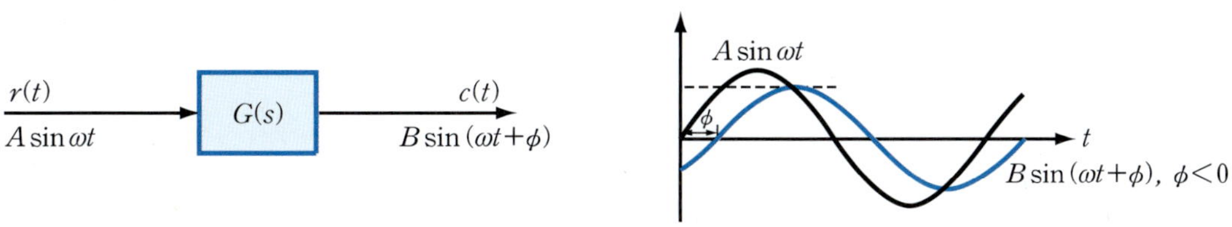

[그림 6-2] 선형제어시스템의 정상상태에서의 출력

1 선형제어시스템에서는 입력 주파수와 주파수가 같은 정현파만 출력에 나타나지만, 비선형제어시스템에서는 입력 주파수와 주파수가 같지 않은 정현파도 출력에 나타날 수 있다.

Q 주파수와 각주파수는 어떻게 다른가?

A 주파수 f[1/sec]에 2π[rad]을 곱한 것을 각주파수라고 하며, 보통 ω로 표시한다. 각주파수는 $\omega = 2\pi f$ [rad/sec]가 된다. 자동제어공학에서는 특별한 언급이 없으면 일반적으로 각주파수를 주파수라고 부른다.

2 주파수응답

대부분의 선형제어시스템은 [그림 6-3]과 같이 일정한 크기의 진폭을 가진 정현파를 입력으로 가해도 그 인가하는 정현파의 주파수에 따라 진폭과 위상각이 다른 출력이 나타난다.

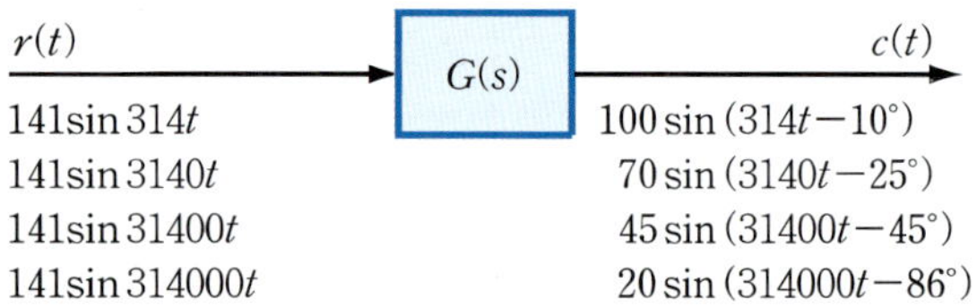

[그림 6-3] 입력 주파수에 따른 출력 변화의 예

[그림 6-3]에서 보는 것처럼 같은 선형제어시스템이더라도 인가되는 정현파의 입력 주파수에 따라 진폭비와 위상차가 달라진다. 주파수를 0에서부터 ∞까지 변화시킬 때, 그에 대한 진폭비와 위상차의 변화를 그 시스템의 **주파수응답**(frequency response)이라고 한다. 즉 정현파의 입력 주파수를 2배, 3배, 4배, 10배, 100배로 계속 증가시키며 그에 따른 진폭비와 위상차의 변화를 실험적으로 구할 때, 이 실험 자료를 그 시스템의 주파수응답이라고 한다.

선형제어시스템에서는 일일이 주파수 ω를 변화시키며 실험을 하지 않고도 그 시스템의 전달함수 $G(s)$를 통해 이론적으로 계산하여 주파수응답을 구할 수 있다.

결론적으로 말하면, 전달함수가 $G(s)$인 안정한 선형제어시스템에 $A\sin\omega t$인 정현파를 입력으로 가했을 때의 주파수응답(진폭비와 위상차)은 $G(s)$의 식에서 s 대신에 $s = j\omega$를 대입하여 얻어지는 복소벡터 $G(j\omega)$의 절댓값과 그 위상각으로 구한다.

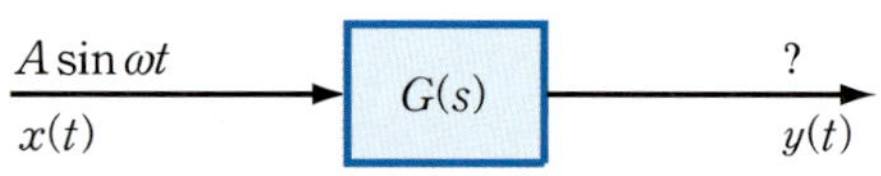

[그림 6-4] 전달함수가 $G(s)$인 선형제어시스템

[그림 6-4]와 같이 전달함수가 $G(s)$인 안정한 선형제어시스템에 $x(t) = A\sin\omega t$를 입력으로 인가하고, 그 출력 $y(t)$를 라플라스 변환을 이용하여 구하면 대략 다음과 같다(유도 과정 생략).

$$\begin{aligned} y(t) &= C_1 e^{-at} + C_2 e^{-bt} + \cdots + K_1 e^{j\omega t} + K_2 e^{-j\omega t} \\ &= C_1 e^{-at} + C_2 e^{-bt} + \cdots + A|G(j\omega)|\sin(\omega t + \theta) \end{aligned}$$

이 식에서 앞부분 $C_1 e^{-at} + C_2 e^{-bt} + \cdots$은 정상상태에서 그 값이 0으로 수렴한다. 따라서 정상상태에서 이 안정한 선형제어시스템의 출력은 다음과 같이 된다.

$$y(t) = A|G(j\omega)|\sin(\omega t + \theta) \quad 단, \ \theta = \angle G(j\omega)$$

또한 진폭비와 위상차는 다음과 같다.

$$진폭비 = \frac{A|G(j\omega)|}{A} = |G(j\omega)| \tag{6.3}$$

$$위상차 = \theta = \angle G(j\omega) \tag{6.4}$$

이들 진폭비와 위상차는 입력한 정현파의 주파수 ω의 함수이며, 입력 주파수 ω의 변화에 대한 진폭비 $|G(j\omega)|$와 위상차 $\angle G(j\omega)$의 변화를 이 시스템의 주파수응답이라고 한다. 이때 변수 s를 $j\omega$로 치환한 $G(j\omega)$를 **주파수 전달함수**(frequency transfer function)라고 한다. [그림 6-5]에 귀환제어시스템의 대표적인 주파수응답의 한 예를 나타내었다.

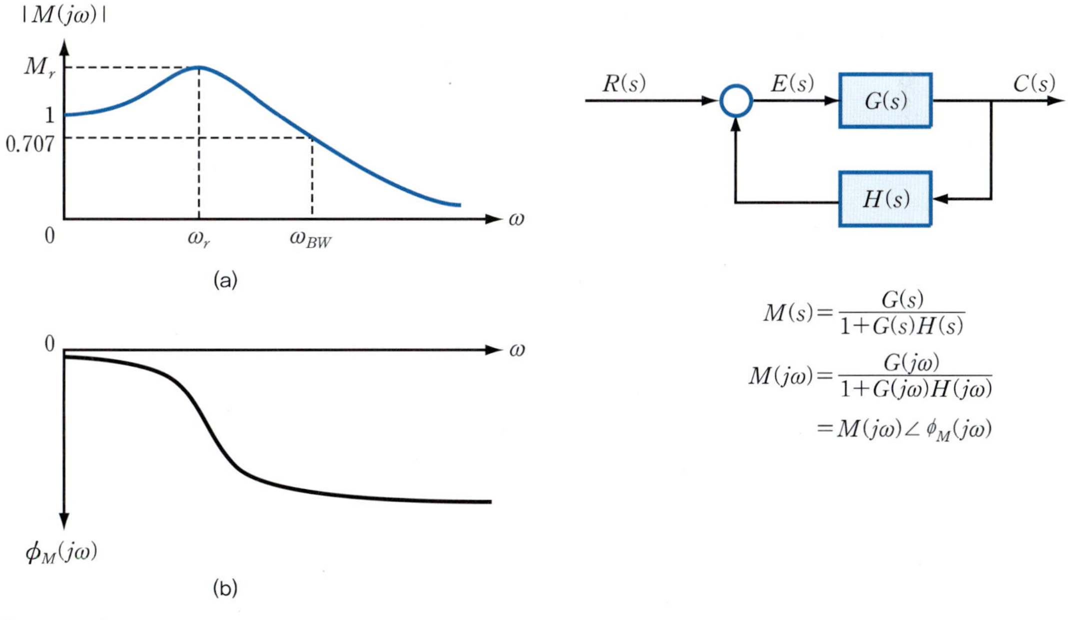

[그림 6-5] 귀환 제어시스템의 대표적인 주파수응답

시간응답에서는 백분율 오버슈트, 상승시간, 정정시간 등의 사양(specification)에 관심을 가졌지만, 주파수응답에서는 첨두공진값(peak resonance) M_r, 공진주파수(resonance frequency) ω_r, 대역폭(bandwidth) ω_{BW} 등의 사양에 관심을 갖는다. 이들에 대해서는 7장에서 자세히 설명한다.

여기에서 한 가지 주의할 사항은 시간응답에서는 입력을 가한 직후에 나타나는, 즉 과도현상에 주로 관심을 가지는 데 반해, 주파수응답에서는 시간이 많이 지난 정상상태에서의 출력에 관해 관심을 갖는다는 사실이다.

Q 주파수응답에는 과도응답이 없는가?

A 어떤 자동제어시스템에 정현파를 입력으로 가하면, 입력을 가하는 순간부터 짧은 시간 동안에는 과도기적인 시간응답이 발생한다. 이는 모든 시스템에서 일어나는 현상이다. 그러나 주파수응답에서는 이런 과도현상에 초점을 맞추고 논하는 것이 아니라, 정현파 입력의 주파수를 변화시키고 시간이 충분히 지난 정상상태에서의 주파수 변화에 따른 출력의 진폭 변화와 위상 변화를 논하는 것이다.

SECTION

6.2 주파수응답 선도

주파수응답의 특성을 한눈에 바로 알 수 있게 나타내는 선도(diagrams)에는 여러 가지가 있지만, 이 절에서는 대표적으로 많이 사용하는 보드선도, 벡터궤적, 이득 · 위상도를 살펴본다.

Keywords | 보드선도 | 벡터궤적 | 이득 · 위상도 |

1 보드선도

주파수 전달함수 $G(j\omega)$는 일반적으로 복소수이므로, 그 크기와 위상각을 이용하여 다음과 같이 극좌표식으로 표시할 수 있다.

$$G(j\omega) = |G(j\omega)| \angle G(j\omega) \tag{6.5}$$

어떤 자동제어시스템의 주파수응답을 [그림 6-6]과 같이 가로축은 주파수 ω의 대수 눈금으로, 세로축은 주파수에 대한 주파수 전달함수의 크기(= 진폭비) $|G(j\omega)|$의 [dB]값과 주파수 전달함수의 위상각(위상차) $\theta = \angle G(j\omega)$를 나타내도록 그린 선도를 **보드선도**(bode diagram)라고 한다.

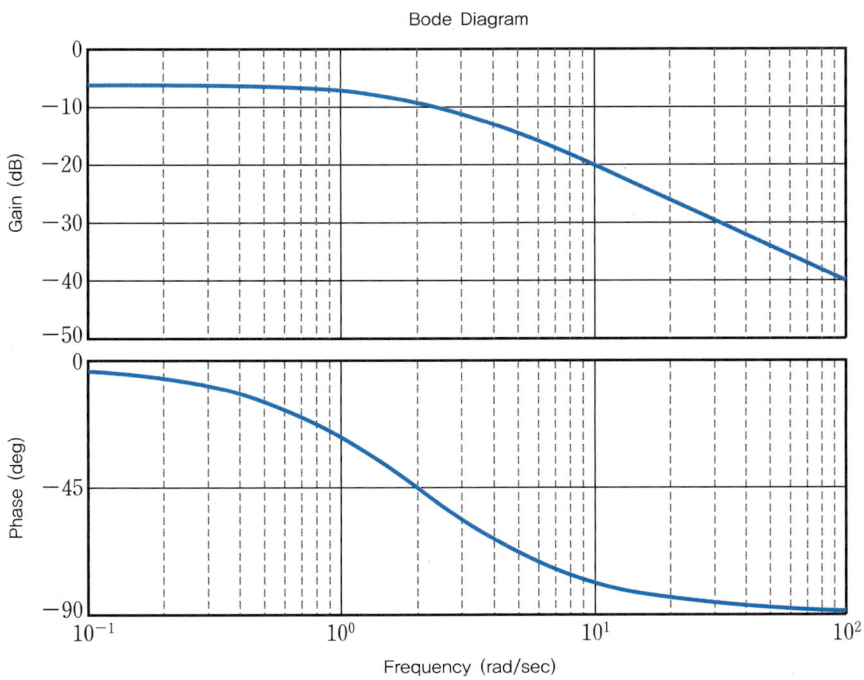

[그림 6-6] 보드선도의 예

자동제어시스템에서 이득(gain)이란 '입력의 크기에 대한 출력의 크기 비'를 말하는데, 원래는 단위가 없지만 데시벨(decibel)이라는 단위를 사용하여 나타내기도 한다. 데시벨 단위로 나타낸 것을 특별히 **이득**이라고 하고, 크기의 비(ratio of amplitude)와 구분하여 사용한다. 이때 이득 g는 다음과 같이 계산한다.

$$g = 20\log_{10}\left(\frac{\text{출력의 진폭}}{\text{입력의 진폭}}\right)[\text{dB}] \tag{6.6}$$

$$= 20\log_{10} \text{진폭비}[\text{dB}]$$

$$= 20\log_{10}|G(j\omega)|[\text{dB}] \tag{6.7}$$

예를 들어, 주파수 전달함수의 크기의 비, 즉 진폭비가 2일 때 이득 g를 구하면 다음과 같다.

$$g = 20\log_{10} 2 = 20\times 0.301 = 6.02[\text{dB}]$$

이때 크기가 10, 20, 100, 1000이면 이득은 각각 20, 26.02, 40, 60[dB]이 된다. 반면에, 크기가 1, $\frac{1}{2}$, $\frac{1}{3}$, $\frac{1}{10}$, $\frac{1}{20}$, $\frac{1}{100}$, $\frac{1}{1000}$이면 이득은 각각 0, −6.02, −9.54, −20, −26.02, −40, −60[dB]이 된다.

먼저 한 예로 전달함수가 다음과 같은 1차지연요소의 보드선도를 그려보자.

$$G(s) = \frac{1}{s+1}$$

주파수 전달함수를 구하면

$$G(j\omega) = \frac{1}{j\omega+1} = \frac{1}{\sqrt{\omega^2+1^2}} \angle -(\tan^{-1}\omega) \tag{6.8}$$

이므로, 크기와 위상은 다음과 같다.

$$|G(j\omega)| = \frac{1}{\sqrt{\omega^2+1^2}}$$

$$\theta = \angle G(j\omega) = -(\tan^{-1}\omega) \tag{6.9}$$

따라서 이득을 구하면 다음과 같다.

$$g = 20\log|G(j\omega)| = 20\log\frac{1}{\sqrt{\omega^2+1^2}}$$

$$= 20\log(\omega^2+1^2)^{-\frac{1}{2}} = -10\log(\omega^2+1^2) \tag{6.10}$$

식 (6.10)을 이용해 ω 값의 변화에 대한 이득을 각각 구하면 다음과 같다.

$$\omega = 0 \text{ 일 때, } \quad g = -10\log 1 = 0\,[\text{dB}]$$

$$\omega = 1 \text{ 일 때, } \quad g = -10\log(1^2+1^2) \fallingdotseq -3.01\,[\text{dB}]$$

$$\omega = 10 \text{ 일 때, } \quad g = -10\log(10^2+1^2) \fallingdotseq -20.04\,[\text{dB}]$$

$$\omega = 20 \text{ 일 때, } \quad g = -10\log(20^2+1^2) \fallingdotseq -26.03\,[\text{dB}]$$

$$\omega = 100 \text{ 일 때, } \quad g = -10\log(100^2+1^2) \fallingdotseq -40.00\,[\text{dB}]$$

$$\omega = 1000 \text{ 일 때, } \quad g = -10\log(1000^2+1^2) \fallingdotseq -60.00\,[\text{dB}]$$

또한 식 (6.9)를 이용해 ω 값의 변화에 대한 위상각을 각각 구하면 다음과 같다.

$$\omega = 0 \text{ 일 때, } \quad \theta = -\tan^{-1}0 = 0\,[^\circ]$$

$$\omega = 1 \text{ 일 때, } \quad \theta = -\tan^{-1}1 = -45\,[^\circ]$$

$$\omega = 10 \text{ 일 때, } \quad \theta = -\tan^{-1}10 \fallingdotseq -84\,[^\circ]$$

$$\omega = 20 \text{ 일 때, } \quad \theta = -\tan^{-1}20 \fallingdotseq -87\,[^\circ]$$

$$\omega = 100 \text{ 일 때, } \quad \theta = -\tan^{-1}100 \fallingdotseq -89\,[^\circ]$$

$$\omega = 1000 \text{ 일 때, } \quad \theta = -\tan^{-1}1000 = -90\,[^\circ]$$

앞에서 구한 값들을 이용하여 보드선도를 그리면 [그림 6-7]과 같다.

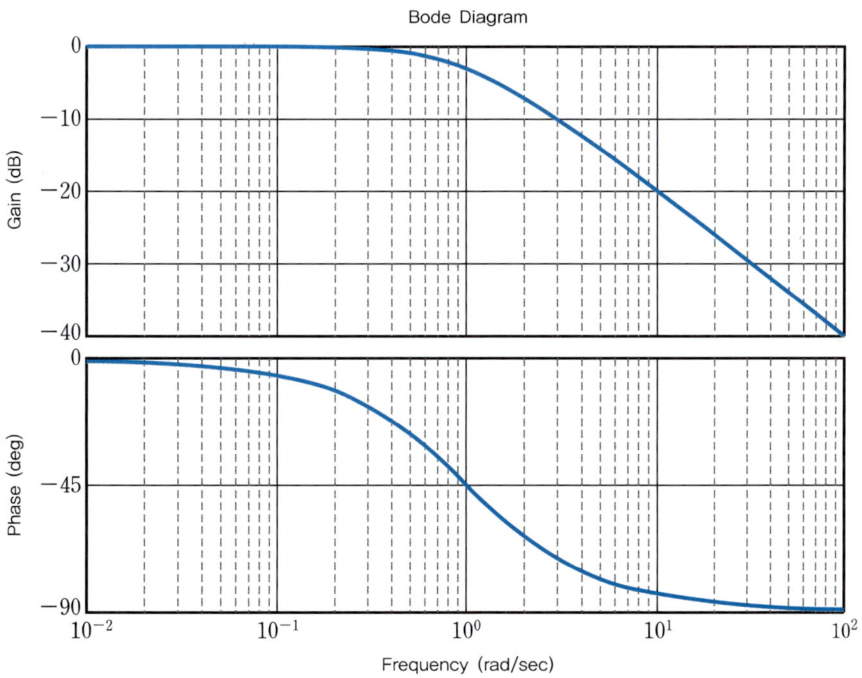

[그림 6-7] $G(s) = \dfrac{1}{s+1}$ 의 보드선도

Q **보드선도에서 변곡점(break frequency)이란 무엇인가?**

A [그림 6-7]의 이득곡선에서 주파수가 10배씩 증가하면 이득은 20[dB]씩 감소함을 알 수 있다. 여기에서 -20[dB/dec]의 기울기 선과 0[dB]의 선이 만나는 점을 변곡점이라고 한다. 이 변곡점은 1차앞선요소, 1차지연요소, 2차지연요소 등의 보드선도를 그릴 때 중요한 기준점으로 사용된다. 전달함수가 $G(s)=\frac{a}{s+a}$인 1차지연요소에서는 $\omega=a$[rad/sec]인 점이 변곡점이 된다.

2 기본 제어요소의 보드선도

우리가 실제 접하는 자동제어시스템에는 전달함수의 s차수가 높은 복잡한 시스템이 많다. 그러나 차수가 높은 복잡한 시스템도 비례요소, 미분요소, 적분요소, 1차앞선요소, 1차지연요소, 2차지연요소 그리고 낭비시간요소 등 기본적인 제어요소들의 종속결합으로 생각할 수 있다.

예를 들어, 전달함수가 다음과 같은 제어요소를 생각해보자.

$$G(s)=\frac{100(s+5)e^{-10s}}{s^4+8s^3+37s^2+50s}$$

$$=\frac{100(s+5)e^{-10s}}{s(s+2)(s^2+6s+25)}$$

$$=100\times(s+5)\times\frac{1}{s}\times\frac{1}{s+2}\times\frac{1}{s^2+6s+25}\times e^{-10s} \qquad (6.11)$$

식 (6.11)은 비례요소, 1차앞선요소, 적분요소, 1차지연요소, 2차지연요소, 낭비시간요소의 결합이라고 할 수 있다.

이제 전달함수가 다음과 같은 자동제어시스템의 보드선도를 그려보자.

$$G(s)=\frac{100(s+5)}{s(s+2)(s^2+8s+100)}$$

$$=100\times(s+5)\times\frac{1}{s}\times\frac{1}{s+2}\times\frac{1}{s^2+8s+100} \qquad (6.12)$$

먼저 주파수 전달함수를 구하고 그 이득과 위상각을 구한다. 이에 앞서 두 복소수의 곱의 크기와 위상각이 다음과 같음을 명심해야 한다.

$$A\times B=|A|\angle\theta_1\times|B|\angle\theta_2=|A|\times|B|\angle(\theta_1+\theta_2)$$

주파수 전달함수를 구하면 다음과 같다.

$$\begin{aligned} G(j\omega) &= \frac{100(j\omega+5)}{j\omega(j\omega+2)\{(j\omega)^2+8j\omega+100\}} \\ &= 100\times(j\omega+5)\times\frac{1}{j\omega}\times\frac{1}{j\omega+2}\times\frac{1}{(j\omega)^2+8j\omega+100} \\ &= |G(j\omega)| \angle G(j\omega) \end{aligned}$$

그리고 주파수 전달함수의 크기를 구하면

$$|G(j\omega)| = 100\times|j\omega+5|\times\left|\frac{1}{j\omega}\right|\times\left|\frac{1}{j\omega+2}\right|\times\left|\frac{1}{(j\omega)^2+8j\omega+100}\right|$$

이므로, 이득은 다음과 같다.

$$\begin{aligned} \mathrm{g} &= 20\log|G(j\omega)| \\ &= 20\log\left\{100\times|j\omega+5|\times\left|\frac{1}{j\omega}\right|\times\left|\frac{1}{j\omega+2}\right|\times\left|\frac{1}{(j\omega)^2+8j\omega+100}\right|\right\} \\ &= 20\log 100 + 20\log|j\omega+5| + 20\log\left|\frac{1}{j\omega}\right| + 20\log\left|\frac{1}{j\omega+2}\right| \\ &\qquad + 20\log\left|\frac{1}{(j\omega)^2+8j\omega+100}\right| \\ &= \mathrm{g}_1+\mathrm{g}_2+\mathrm{g}_3+\mathrm{g}_4+\mathrm{g}_5 \end{aligned}$$

단, $\mathrm{g}_1 = 20\log 100$, $\mathrm{g}_2 = 20\log|j\omega+5|$, $\mathrm{g}_3 = 20\log\left|\frac{1}{j\omega}\right|$

$\mathrm{g}_4 = 20\log\left|\frac{1}{j\omega+2}\right|$, $\mathrm{g}_5 = 20\log\left|\frac{1}{(j\omega)^2+8j\omega+100}\right|$

앞에서 설명한 바와 같이 전체 이득은 각 요소들의 이득을 대수적으로 합한 것과 같다. 전체 이득을 구한 것과 똑같이 전체 위상각도 다음과 같이 각 요소들의 위상각을 구한 후에 합하면 된다.

$$\theta = \theta_1+\theta_2+\theta_3+\theta_4+\theta_5 \tag{6.13}$$

단, $\theta = \angle G(j\omega)$, $\theta_1 = \angle 100$, $\theta_2 = \angle(j\omega+5)$, $\theta_3 = \angle\frac{1}{j\omega}$

$\theta_4 = \angle\frac{1}{j\omega+2}$, $\theta_5 = \angle\frac{1}{(j\omega)^2+8j\omega+100}$

이처럼 어떤 자동제어시스템에 대한 보드선도는 각 요소들의 보드선도를 각각 구하여 합하면 된다. 즉 아무리 복잡한 자동제어시스템의 보드선도도 이렇게 기본 제어요소들로 나누어 보드선도를 그리고, 각각의 보드선도를 대수적으로 합하기만 하면 된다.

대표적인 기본 제어요소들의 보드선도들을 정리하면 [그림 6-8]과 같다.

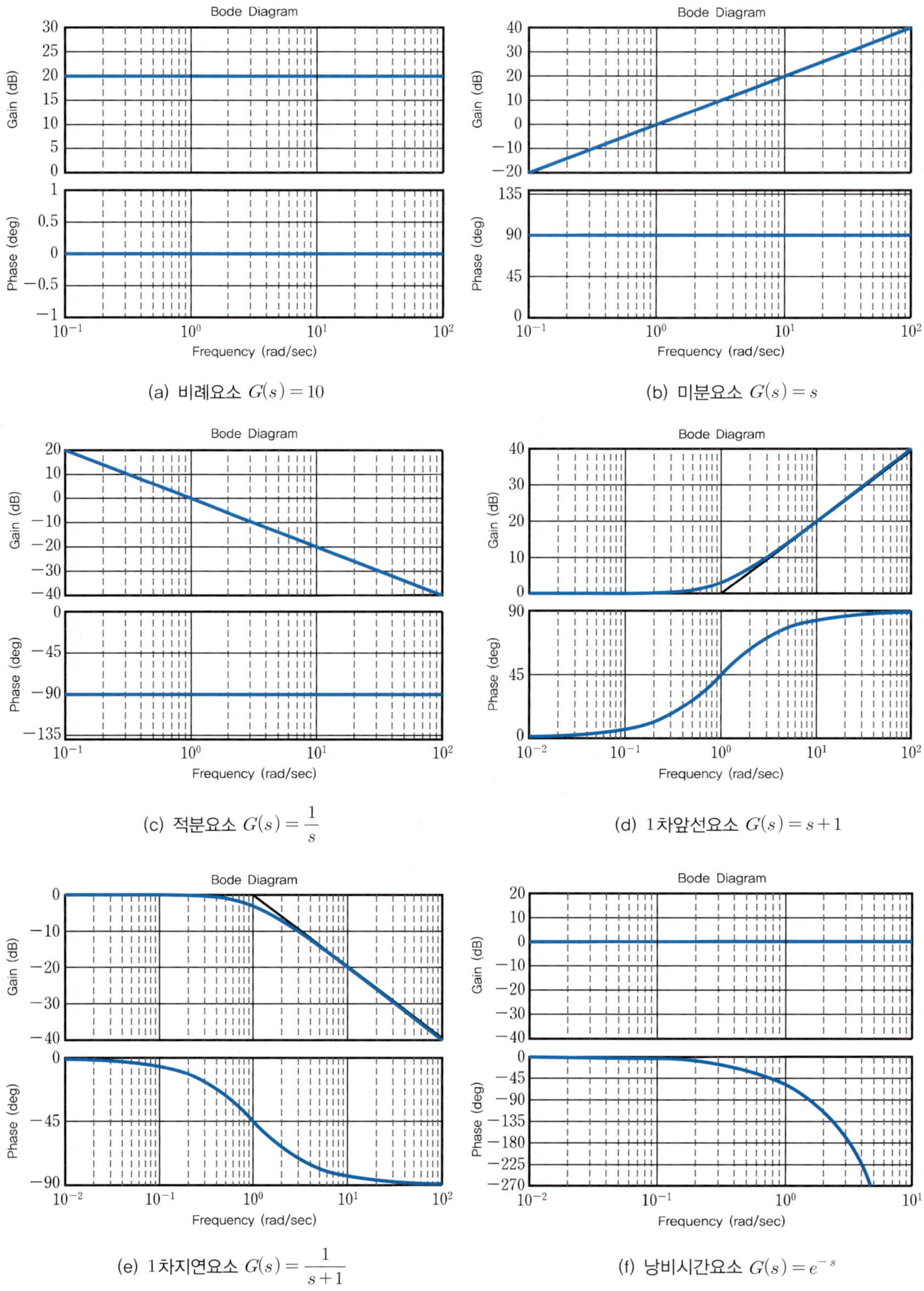

(a) 비례요소 $G(s)=10$

(b) 미분요소 $G(s)=s$

(c) 적분요소 $G(s)=\dfrac{1}{s}$

(d) 1차앞선요소 $G(s)=s+1$

(e) 1차지연요소 $G(s)=\dfrac{1}{s+1}$

(f) 낭비시간요소 $G(s)=e^{-s}$

[그림 6-8] 대표적인 기본 제어요소들의 보드선도 (계속)

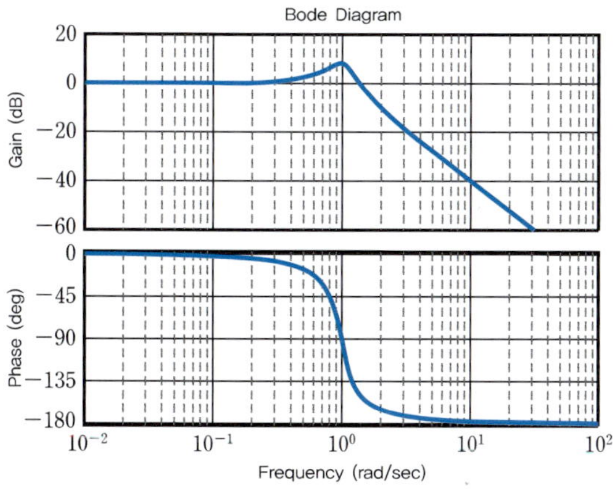

(g) 2차지연요소 $G(s)=\dfrac{1}{s^2+0.4s+1}$

[그림 6-8] 대표적인 기본 제어요소들의 보드선도

특히, 주로 많이 사용하는 2차지연요소의 보드선도는 [그림 6-8(g)]와 같은데, 감쇠비 ζ값의 변화에 대해 좀 더 자세히 그려보면 [그림 6-9]와 같다. [그림 6-9]에서 보는 바와 같이 감쇠비 ζ값이 작은 자동제어시스템에 시스템의 고유주파수 ω_n에 가까운 주파수를 갖는 정현파를 인가하면 대단히 큰 진폭비를 나타냄을 알 수 있다.

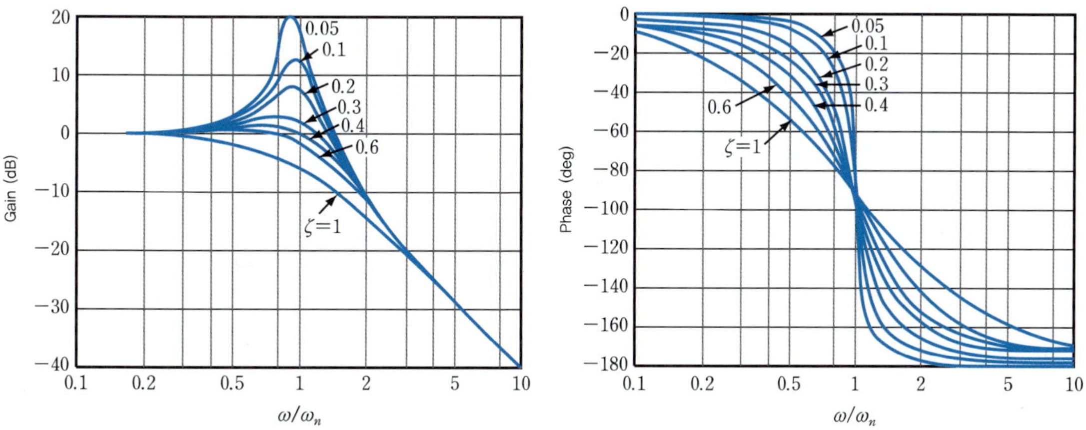

[그림 6-9] ζ값에 따른 2차지연요소 $G(s)=\dfrac{\omega_n^2}{s^2+2\zeta\omega_n s+\omega_n^2}$ 의 보드선도

예제 6-1

전달함수가 다음과 같은 자동제어시스템의 보드선도를 그려라.

$$G(s)=\frac{100}{s(s+10)}$$

풀이

주어진 전달함수를 비례요소, 적분요소, 1차지연요소로 분해하면 다음과 같다.

$$G(s)=\frac{100}{s(s+10)}=100\times\frac{1}{s}\times\frac{1}{s+10}$$

이들 각각에 대한 보드선도를 그리면 [그림 6-10]의 ❶, ❷, ❸과 같으며, 이들을 대수적으로 합하면 주어진 전달함수의 보드선도를 ❹와 같이 구할 수 있다.

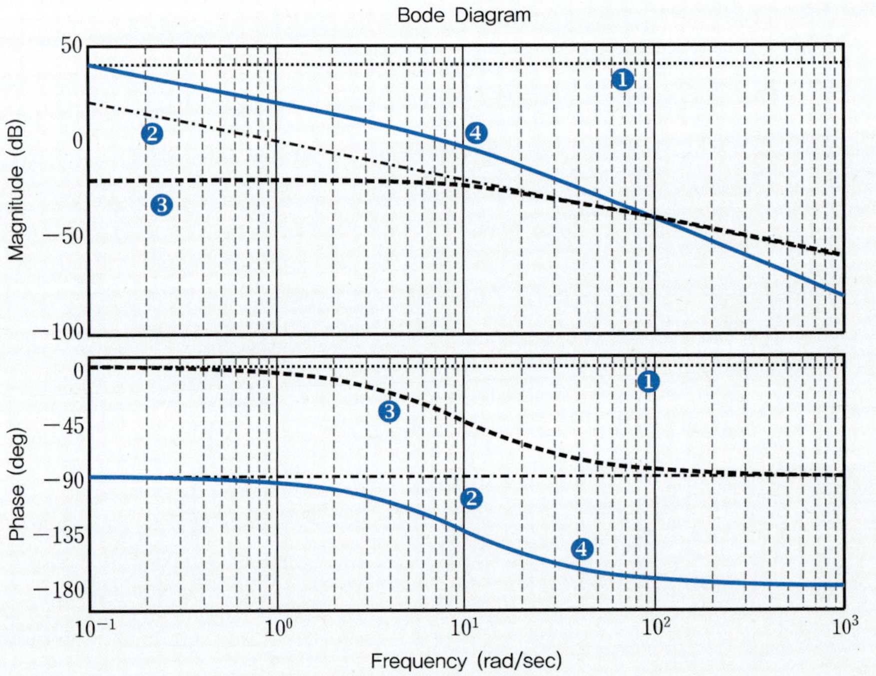

[그림 6-10] $G(s)=\frac{100}{s(s+10)}$ 의 보드선도

Q 보드선도의 세로축의 단위는 [dB]로만 해야 하나?

A 그렇다. 크기와 이득은 밀접한 1 : 1 관계가 있으나, 여러 제어요소들로 구성된 자동제어시스템의 주파수응답을 쉽게 구하기 위해서는 진폭비를 나타내는 세로축의 크기를 [dB] 단위를 사용하는 이득으로 표시해야 한다.

3 벡터궤적

주파수 전달함수 $G(j\omega)$는 복소수로 다음과 같이 직각좌표식, 지수식, 극좌표식으로 나타낼 수 있다.

$$\begin{aligned} G(j\omega) &= Re\,G(j\omega) + j\,Im\,G(j\omega) \\ &= |G(j\omega)|e^{j\theta} \\ &= |G(j\omega)| \angle\theta \end{aligned} \tag{6.14}$$

$$\text{단, } \theta = \angle G(j\omega)$$

주파수 전달함수를 직각좌표평면에 벡터로 나타내고, 주파수를 $\omega = 0$ [rad/sec] 에서부터 점점 증가시키면서 그 주파수응답을 벡터의 궤적으로 그린 그래프를 **벡터궤적**(vector diagram)이라고 한다.

먼저 한 예로 전달함수가 다음과 같은 1차지연요소의 벡터궤적을 그려보자.

$$G(s) = \frac{5}{s+5} \tag{6.15}$$

이 1차지연요소의 주파수 전달함수를 구하면 다음과 같다.

$$G(j\omega) = \frac{5}{j\omega+5} \tag{6.16}$$

$$M = |G(j\omega)| = \frac{5}{\sqrt{\omega^2+5^2}}$$

$$\theta = \angle G(j\omega) = -\left(\tan^{-1}\frac{\omega}{5}\right)[°]$$

식 (6.16)에 대한 벡터궤적을 그리면 [그림 6-11]과 같이 반지름 $\frac{1}{2}$ 인 반원이 된다(유도과정 생략). 대표적인 기본 제어요소들의 벡터궤적을 정리하면 [그림 6-12]와 같다.

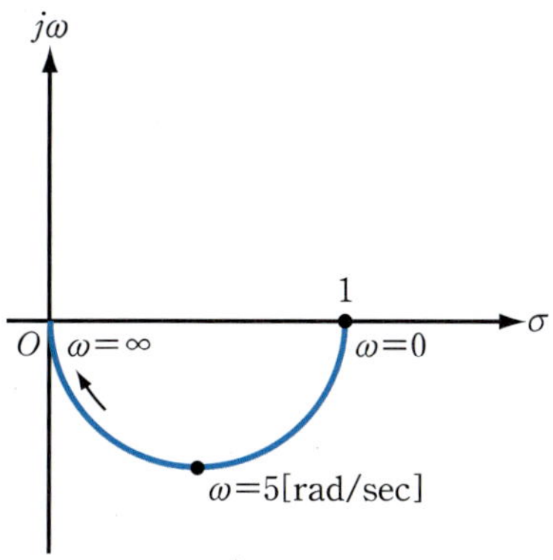

[그림 6-11] 1차지연요소 $G(s) = \frac{5}{s+5}$ 에 대한 벡터궤적

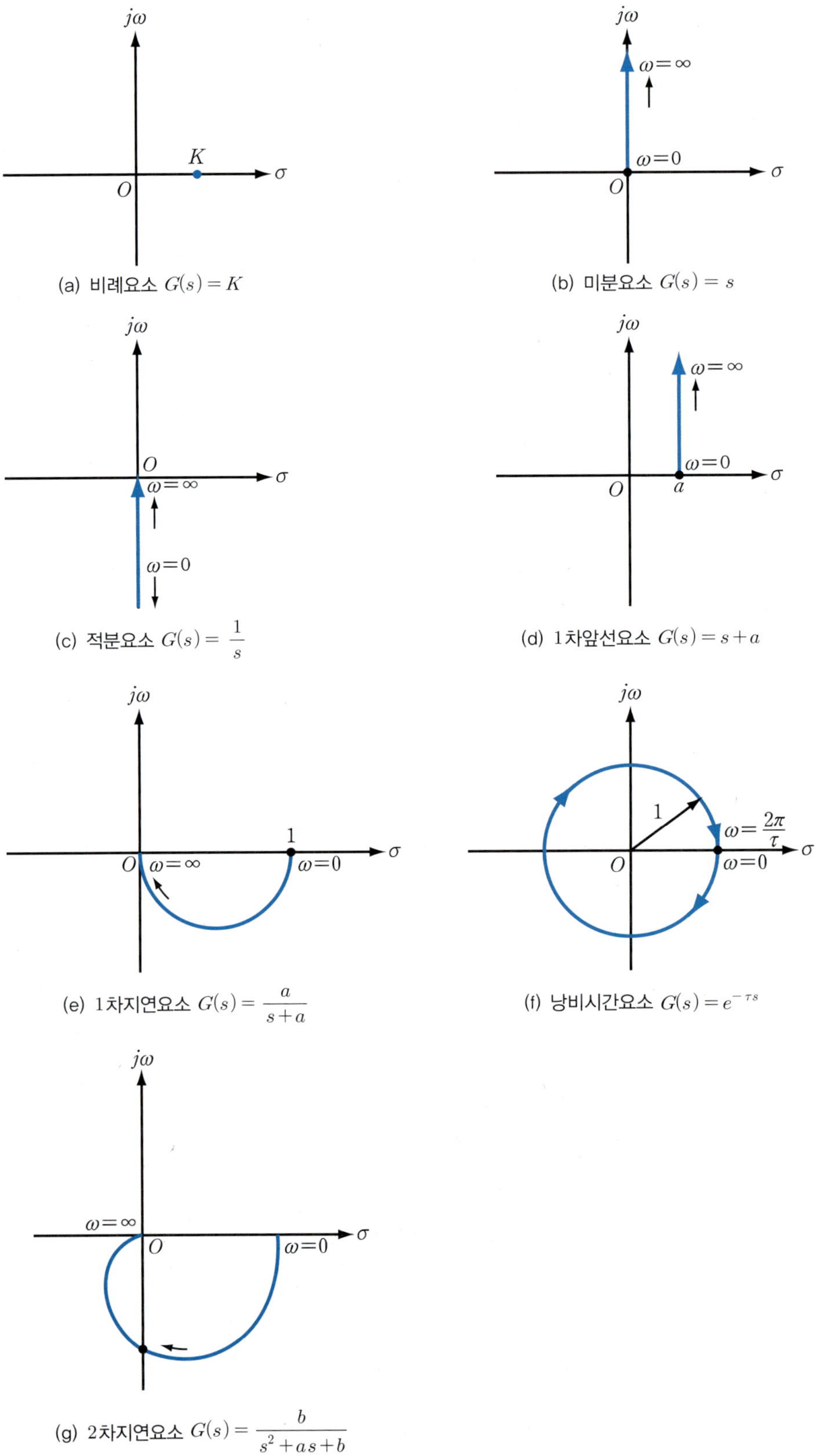

(a) 비례요소 $G(s)=K$

(b) 미분요소 $G(s)=s$

(c) 적분요소 $G(s)=\frac{1}{s}$

(d) 1차앞선요소 $G(s)=s+a$

(e) 1차지연요소 $G(s)=\frac{a}{s+a}$

(f) 낭비시간요소 $G(s)=e^{-\tau s}$

(g) 2차지연요소 $G(s)=\frac{b}{s^2+as+b}$

[그림 6-12] 대표적인 기본 제어요소들의 벡터궤적

특히, 주로 많이 사용하는 2차지연요소의 벡터궤적은 [그림 6-12(g)]와 같은데, 감쇠비 ζ값의 변화에 대해 좀 더 자세히 그려보면 [그림 6-13]과 같다.

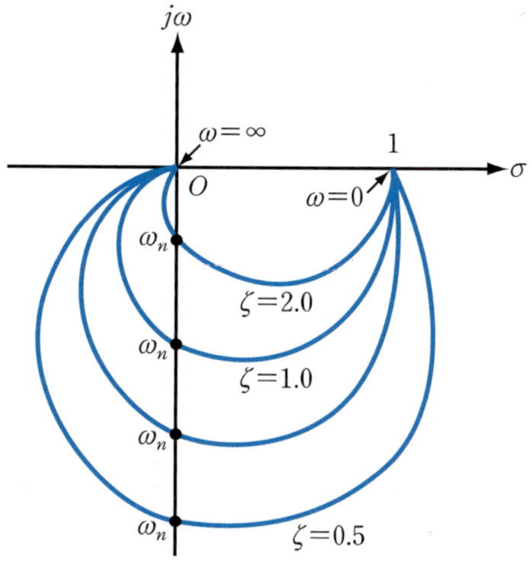

[그림 6-13] ζ값에 따른 2차지연요소 $G(s)=\dfrac{\omega_n^2}{s^2+2\zeta\omega_n s+\omega_n^2}$ 의 벡터궤적

여기서 0형, I형, II형 시스템에 대한 벡터궤적을 생각해보자. 예를 들어, 식 (6.17)과 같은 0형 표준 2차지연제어시스템에 적분요소가 1개 추가된 식 (6.18)과 같은 I형 시스템이나 적분요소가 2개 추가된 식 (6.19)와 같은 II형 시스템의 벡터궤적을 구해보자.

$$G_0(s)=\frac{\omega_n^2}{s^2+2\zeta\omega_n s+\omega_n^2} \tag{6.17}$$

$$G_I(s)=\frac{\omega_n^2}{s\left(s^2+2\zeta\omega_n s+\omega_n^2\right)} \tag{6.18}$$

$$G_{II}(s)=\frac{\omega_n^2}{s^2\left(s^2+2\zeta\omega_n s+\omega_n^2\right)} \tag{6.19}$$

어떤 시스템에 적분요소가 하나 추가된다는 것은 기본적으로 전체 주파수 전달함수의 위상이 90°만큼 늦어진다는 것을 의미한다. 또한 크기에 있어서는 주파수가 1[rad/sec]보다 작은 범위에서는 전체 주파수 전달함수의 크기가 커지고, 주파수가 1[rad/sec]보다 큰 범위에서는 작아지는 것을 의미한다.

따라서 식 (6.18)과 같은 I형 시스템에서는 주파수가 0[rad/sec] 일 때 $\infty\angle-90°$에서 시작하여, 주파수 $\omega=\omega_n$일 때 $\dfrac{1}{2\zeta\,\omega_n}\angle-180°$를 지나 주파수가 ∞가 되면 $0\angle-270°$가 되어 원점으로 수렴한다.

또한 식 (6.19)와 같은 II형 시스템에서는 주파수가 0[rad/sec] 일 때 $\infty \angle -180°$ 에서 시작하여, 주파수 $\omega = \omega_n$ 일 때 $\frac{1}{2\zeta\,\omega_n^2} \angle -270°$ 를 지나, 주파수가 ∞ 가 되면 $0 \angle -360°$ 가 되어 원점으로 수렴한다. 0형 시스템과 I형 시스템, II형 시스템에 대한 벡터궤적은 [그림 6-14]와 같다.

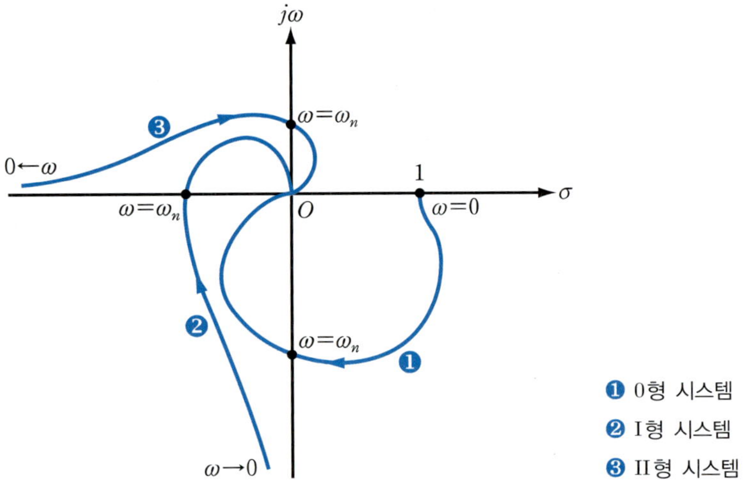

[그림 6-14] $G(s) = \frac{\omega_n^2}{s^n\left(s^2 + 2\zeta\omega_n s + \omega_n^2\right)}$ 에 대한 벡터궤적

4 이득 · 위상도

가로축에 주파수 전달함수의 위상각 θ, 세로축에 이득 g를 나타내고, ω의 증가에 따른 g와 θ의 변화를 나타내는 그래프를 **이득 · 위상도**(gain-phase diagram)라고 한다.

예를 들어, 다음과 같은 전달함수에 대한 이득 · 위상도를 그려보자.

$$G_I(s) = \frac{6}{s(s+1)(s+3)} \tag{6.20}$$

식 (6.20)과 같은 전달함수에 대한 주파수 전달함수는 다음과 같다.

$$G_I(j\omega) = \frac{6}{j\omega(j\omega+1)(j\omega+3)}$$

따라서 크기와 이득 및 위상각은 다음과 같다.

$$|G_I(j\omega)| = \frac{6}{\omega\sqrt{\omega^2+1^2}\sqrt{\omega^2+3^2}} \tag{6.21}$$

$$g_I = 20\log_{10}|G(j\omega)|\ [\text{dB}] \tag{6.22}$$

$$\theta_I = -90 - \left(\tan^{-1}\frac{\omega}{1}\right) - \left(\tan^{-1}\frac{\omega}{3}\right)[°] \tag{6.23}$$

주파수 ω 값을 0에서부터 점점 증가시키면서 식 (6.21), 식 (6.22), 식 (6.23)에 대입하여 이득과 위상각을 구하면 다음과 같다.

$\omega = 0$일 때,

$$|G_I(j\omega)| = \frac{6}{0\sqrt{0+1^2}\sqrt{0+3^2}} \fallingdotseq \infty$$

$$g_I = 20\log_{10}\infty \fallingdotseq \infty\ [\text{dB}]$$

$$\theta_I = -90 - \left(\tan^{-1}\frac{0}{1}\right) - \left(\tan^{-1}\frac{0}{3}\right) \fallingdotseq -90.0\ [°]$$

$\omega = 0.5$일 때,

$$|G_I(j\omega)| = \frac{6}{0.5\sqrt{0.5^2+1^2}\sqrt{0.5^2+3^2}} \fallingdotseq 3.53$$

$$g_I = 20\log_{10}3.53 \fallingdotseq 11.0\ [\text{dB}]$$

$$\theta_I = -90 - \left(\tan^{-1}\frac{0.5}{1}\right) - \left(\tan^{-1}\frac{0.5}{3}\right) \fallingdotseq -126.0\ [°]$$

$\omega = 2.0$일 때,

$$|G_I(j\omega)| = \frac{6}{2.0\sqrt{2.0^2+1^2}\sqrt{2.0^2+3^2}} \fallingdotseq 0.372$$

$$g_I = 20\log_{10}0.372 \fallingdotseq -8.6\ [\text{dB}]$$

$$\theta_I = -90 - \left(\tan^{-1}\frac{2.0}{1}\right) - \left(\tan^{-1}\frac{2.0}{3}\right) \fallingdotseq -187.1\ [°]$$

주파수 ω에 따른 이득과 위상각을 나타내면 [표 6-1]과 같으며, [표 6-1]에 의해 이득·위상도를 그리면 [그림 6-15]와 같다.

[표 6-1] ω에 따른 $G_I(j\omega)=\dfrac{6}{j\omega(j\omega+1)(j\omega+3)}$의 이득과 위상각

주파수 ω [rad/sec]	이득 g_I [dB]	위상각 θ_I [°]
0	∞	−90.0
0.1	26.0	−97.6
0.2	19.8	−105.1
0.5	11.0	−126.0
1.0	2.6	−153.4
2.0	−8.6	−187.1
4.0	−22.7	−219.1
6.0	−32.2	−234.0
10.0	−44.9	−247.6
20.0	−62.6	−258.6
40.0	−80.6	−264.3
100.0	−104.4	−267.7

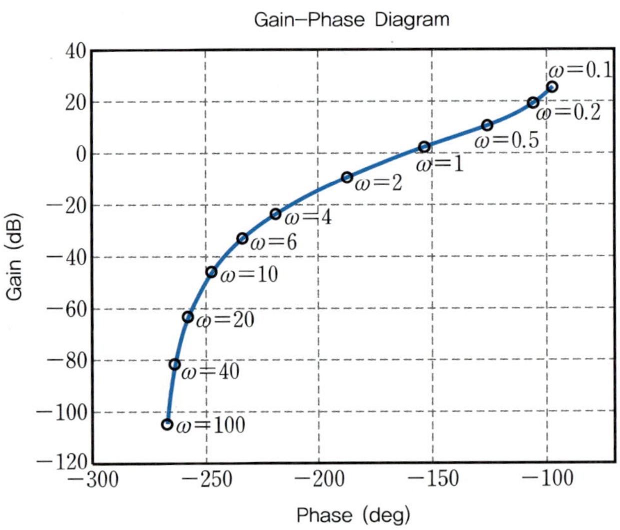

[그림 6-15] $G_I(s)=\dfrac{6}{s(s+1)(s+3)}$의 이득·위상도

대표적인 기본 제어요소에 대해 앞에서 구한 보드선도의 값들을 이용하여 대략적인 이득·위상도를 정리하면 [그림 6-16]과 같다.

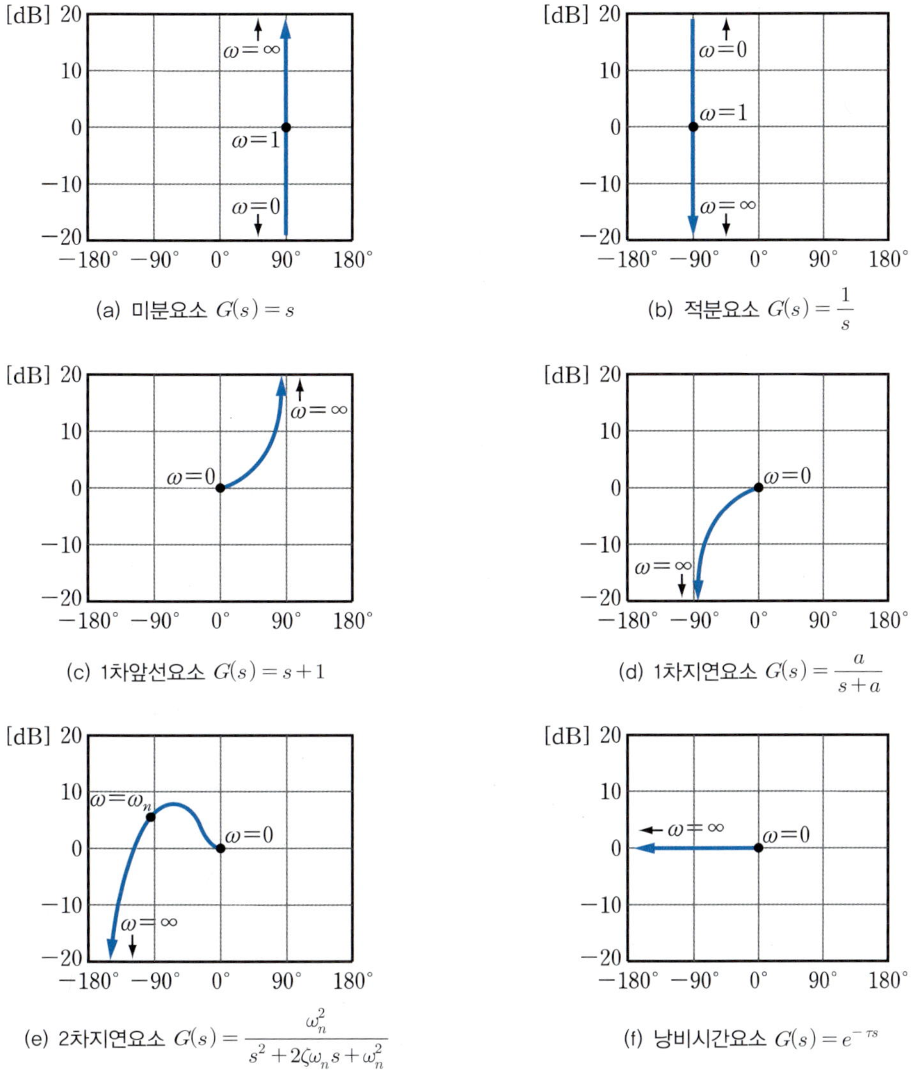

(a) 미분요소 $G(s)=s$

(b) 적분요소 $G(s)=\frac{1}{s}$

(c) 1차앞선요소 $G(s)=s+1$

(d) 1차지연요소 $G(s)=\frac{a}{s+a}$

(e) 2차지연요소 $G(s)=\frac{\omega_n^2}{s^2+2\zeta\omega_n s+\omega_n^2}$

(f) 낭비시간요소 $G(s)=e^{-\tau s}$

[그림 6-16] 대표적인 기본 제어요소들의 이득·위상도

지금까지 가장 기본적인 제어요소들에 대한 주파수응답의 표시 방법인 보드선도, 벡터궤적, 이득·위상도에 대해 살펴보았다. 이들 중 보드선도는 복잡한 고차제어시스템의 주파수응답을 구할 때 대단히 편리하다. 복잡한 시스템을 여러 개의 기본 제어요소의 종속결합으로 생각하여 기본 제어요소의 각각에 대한 보드선도를 그린 다음에, 그들을 대수적으로 합하면 전체 시스템에 대한 보드선도가 얻어진다. 또한 보드선도는 7장에서 소개할 이득여유와 위상여유를 구하기 쉬워 제어기를 설계할 때 가장 많이 사용된다.

한편, 벡터궤적은 나이퀴스트의 판별법을 이용하여 시스템의 상대안정도를 판단할 때 유용하게 사용되며, 이득·위상도는 니콜스선도를 이용하여 개루프 전달함수의 주파수응답으로부터 폐루프 전달함수의 주파수응답을 구할 때 유용하게 사용되지만, 니콜스선도는 이 책에서 소개하지 않는다.

예제 6-2

전달함수가 $G_I(s) = \dfrac{100}{s(s+10)}$ 의 이득·위상도를 그려라.

풀이

주파수 전달함수를 구하면 다음과 같다.

$$G_I(j\omega) = \frac{100}{j\omega(j\omega+10)}$$

따라서 크기, 이득, 위상각을 구하면 다음과 같다.

$$|G_I(j\omega)| = \frac{100}{\omega\sqrt{\omega^2+10^2}}$$

$$g_I = 20\log_{10}|G_I(j\omega)| \ [\text{dB}]$$

$$\theta_I = -90-\left(\tan^{-1}\frac{\omega}{10}\right)[°]$$

주파수 ω값을 0에서부터 점점 증가시키면서 크기, 이득, 위상각을 구하면 다음과 같다.

$\omega = 0$ 일 때,

$$|G_I(j\omega)| = \frac{100}{0\sqrt{0^2+10^2}} \fallingdotseq \infty$$

$$g_I = 20\log_{10}\infty \fallingdotseq \infty \ [\text{dB}]$$

$$\theta_I = -90-\left(\tan^{-1}\frac{0}{10}\right) \fallingdotseq -90[°]$$

$\omega = 1$ 일 때,

$$|G_I(j\omega)| = \frac{100}{1\sqrt{1^2+10^2}} \fallingdotseq 10$$

$$g_I = 20\log_{10}10 \fallingdotseq 20 \ [\text{dB}]$$

$$\theta_I = -90-\left(\tan^{-1}\frac{1}{10}\right) \fallingdotseq -95.7[°]$$

$\omega = 2$ 일 때,

$$|G_I(j\omega)| = \frac{100}{2\sqrt{2^2+10^2}} \fallingdotseq 4.3$$

$$g_I = 20\log_{10}4.3 \fallingdotseq 12.7 \ [\text{dB}]$$

$$\theta_I = -90-\left(\tan^{-1}\frac{2}{10}\right) \fallingdotseq -101.3[°]$$

$\omega = 3$ 일 때,

$$|G_I(j\omega)| = \frac{100}{3\sqrt{3^2+10^2}} \fallingdotseq 3.19$$

$$g_I = 20\log_{10}3.19 \fallingdotseq 10.1 \text{ [dB]}$$

$$\theta_I = -90 - \left(\tan^{-1}\frac{3}{10}\right) \fallingdotseq -106.7 [^\circ]$$

$\omega = 4$ 일 때,

$$|G_I(j\omega)| = \frac{100}{4\sqrt{4^2+10^2}} \fallingdotseq 2.32$$

$$g_I = 20\log_{10}2.32 \fallingdotseq 7.31 \text{ [dB]}$$

$$\theta_I = -90 - \left(\tan^{-1}\frac{4}{10}\right) \fallingdotseq -111.8 [^\circ]$$

주파수 ω에 따른 크기, 이득, 위상각을 나타내면 [표 6-2]를 얻을 수 있으며, [표 6-2]에 의해 이득·위상도를 그리면 [그림 6-17]과 같다.

[표 6-2] ω에 따른 $G_I(j\omega) = \dfrac{100}{j\omega(j\omega+10)}$ 의 크기, 이득, 위상각

주파수 ω [rad/sec]	크기 $\lvert G_I(j\omega)\rvert$	이득 g_I [dB]	위상각 θ_I [°]
0	∞	∞	−90.0
1	10.0	20.0	−95.7
2	4.3	12.7	−101.3
3	3.19	10.1	−106.7
4	2.32	7.31	−111.8
5	1.79	5.05	−116.6
6	1.43	3.11	−121.0
8	0.98	−0.21	−128.7
10	0.71	−3.01	−135.0
20	0.22	−13.15	−153.4
40	0.06	−24.44	−166.0
100	0.0094	−40.04	−174.3
200	0.0025	−52.05	−177.1
400	0.00062	−64.09	−178.6
800	0.00016	−75.12	−179.3

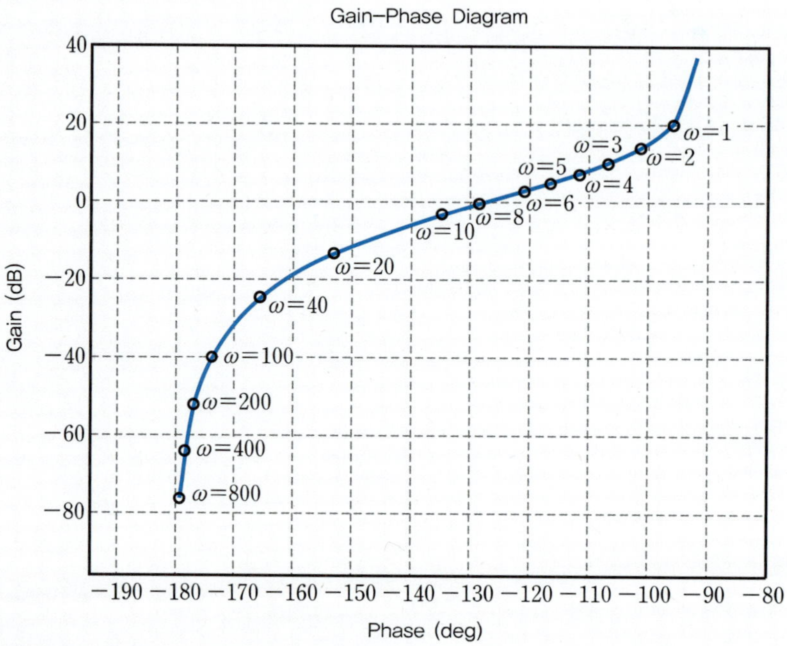

[그림 6-17] $G_I(s) = \dfrac{100}{s(s+10)}$ 의 이득 · 위상도

CHAPTER

06 연습문제

6.1 0 [dB]은 증폭도 얼마에 해당되는가?

㉮ 0 ㉯ 1 ㉰ 10 ㉱ 20

6.2 크기 100은 이득 몇 [dB] 인가?

㉮ 1 ㉯ 20 ㉰ 40 ㉱ 100

6.3 이득 -20 [dB]은 증폭도 얼마에 해당하는가?

㉮ -1 ㉯ -10 ㉰ -100 ㉱ 0.1

6.4 이득 10 [dB]은 증폭도 얼마에 해당하는가?

㉮ 1 ㉯ $\sqrt{10}$ ㉰ 10 ㉱ 20

6.5 주파수응답을 구하기 위해 주로 사용하는 입력은?

㉮ 단위임펄스 ㉯ 단위계단

㉰ 램프함수 ㉱ 정현파

6.6 전달함수가 $G(s) = \dfrac{100}{s+100}$ 인 제어요소에 주파수가 $\omega = 100$ [rad/sec] 인 정현파를 입력으로 가했을 때, 입력에 대한 출력의 진폭비 k와 위상차 θ는 대략 얼마인가?

㉮ $k = 2.0,\ \theta = 30°$ ㉯ $k = 0.7,\ \theta = -45°$

㉰ $k = 0.7,\ \theta = 45°$ ㉱ $k = 1.4,\ \theta = 90°$

6.7 전달함수가 $G(s) = \dfrac{30}{s+30}$ 인 제어요소의 주파수응답에서 주파수 $\omega = 40$ [rad/sec]에 대한 진폭비 k와 위상차 θ는 대략 얼마인가?

㉮ $k = 0.5,\ \theta = -30°$ ㉯ $k = 0.7,\ \theta = -45°$

㉰ $k = 0.6,\ \theta = -53°$ ㉱ $k = 0.5,\ \theta = -66°$

6.8 주파수 전달함수가 $G(j\omega)=e^{-j0.2\omega}$인 제어요소의 주파수응답에서 $\omega=5$[rad/sec]에 대한 이득과 위상각은 얼마인가?

㉮ 1[dB], 0° ㉯ 0[dB], −57°

㉰ 20[dB], 303° ㉱ −20[dB], 72°

6.9 주파수 전달함수가 $G(j\omega)=4e^{-j3\omega}$인 제어요소의 주파수응답에서 주파수 $\omega=1.5$[rad/sec]에 대한 이득과 위상각은 얼마인가?

㉮ 0[dB], −30° ㉯ 4[dB], −258°

㉰ 4[dB], −45° ㉱ 12[dB], 102°

6.10 주파수 전달함수 $G(j\omega_0)=-3+j4$의 이득과 위상각은 대략 얼마인가?

㉮ 14[dB], 127° ㉯ 5[dB], −60°

㉰ 100[dB], −85° ㉱ 25[dB], 89°

6.11 주파수 전달함수 $G(j\omega_0)=-100$의 이득과 위상차는 대략 얼마인가?

㉮ 20[dB], −180° ㉯ 13.6[dB], 68°

㉰ 40[dB], 180° ㉱ 100[dB], 0°

6.12 전달함수가 $G(s)=\frac{1}{s}$인 적분기의 주파수응답에서 주파수 $\omega=10$[rad/sec]에 대한 이득과 위상각은 얼마인가?

㉮ 40[dB], 90° ㉯ 20[dB], 90°

㉰ −40[dB], −90° ㉱ −20[dB], −90°

6.13 전달함수가 $G(s)=\frac{5}{s+5}$인 선형제어시스템에 주파수 $\omega=5$[rad/sec]인 정현파를 입력으로 가했을 때, 입력에 대한 출력의 이득과 위상차는 얼마인가?

㉮ −2[dB], 30° ㉯ −3[dB], −45°

㉰ −3[dB], −90° ㉱ −2[dB], −30°

6.14 전달함수가 $G(s) = \dfrac{10}{s+10}$ 인 제어요소의 주파수 전달함수는?

㉮ $\dfrac{10}{10+j\omega}$ ㉯ $\dfrac{10}{10-j\omega}$ ㉰ $\dfrac{10}{j\omega-10}$ ㉱ $\dfrac{1}{j\omega+1}$

6.15 전달함수가 $G(s) = s+2$ 인 제어요소의 주파수응답을 나타내는 벡터궤적은?

㉮
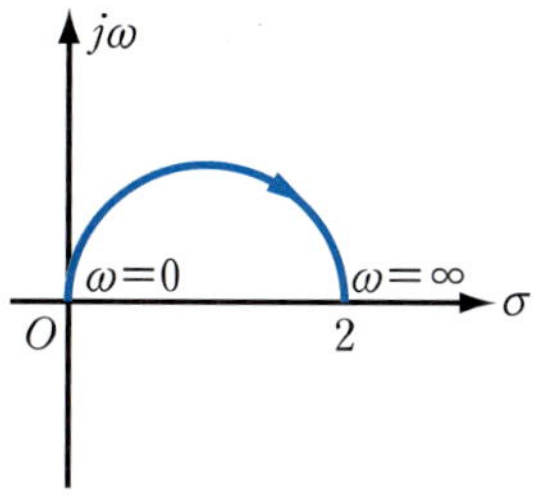

㉯
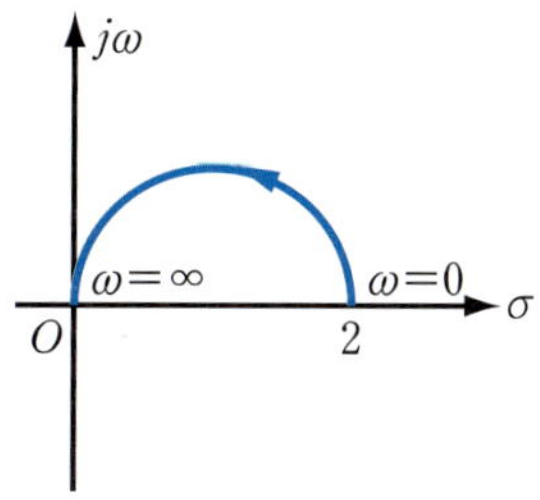

㉰
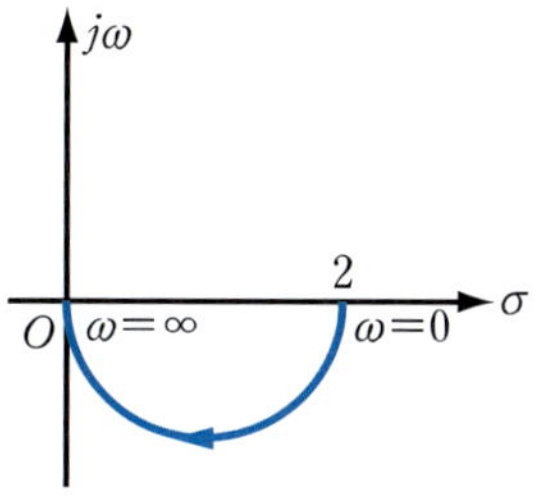

㉱
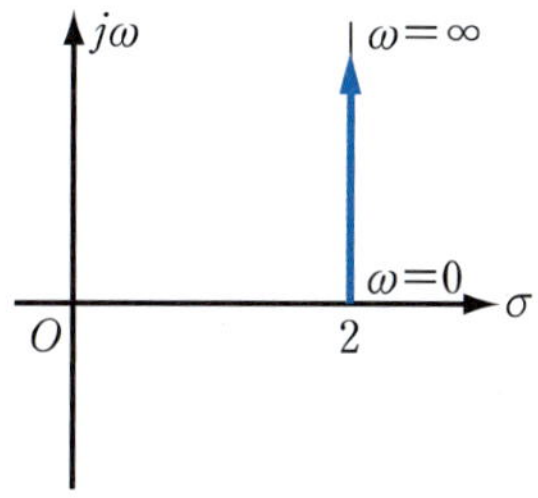

6.16 다음 그림과 같은 벡터궤적을 그리는 제어요소는?

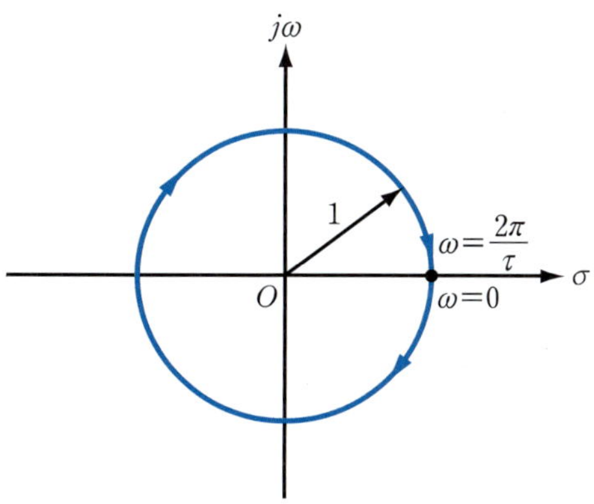

㉮ 1차지연요소 ㉯ 2차지연요소

㉰ 낭비시간요소 ㉱ 비례요소

6.17 다음 그림과 같은 벡터궤적을 그리는 제어요소는?

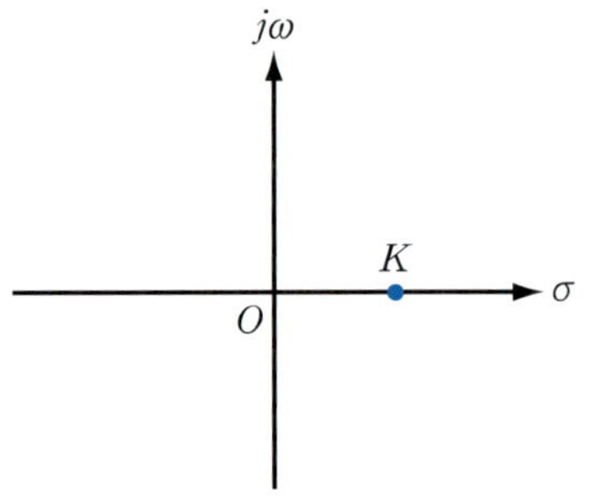

㉮ 비례요소　　㉯ 1차지연요소　　㉰ 2차지연요소　　㉱ 미분요소

6.18 다음 그림과 같은 벡터궤적을 그리는 주파수 전달함수는?

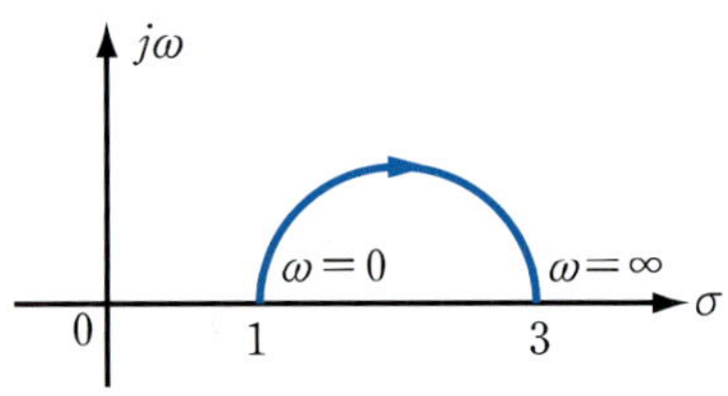

㉮ $\frac{3}{j\omega+1}$　　㉯ $\frac{1}{j\omega+3}$　　㉰ $\frac{1}{j3\omega+1}$　　㉱ $\frac{j3\omega+1}{j\omega+1}$

6.19 다음 그림과 같은 보드선도를 나타내는 제어요소는?

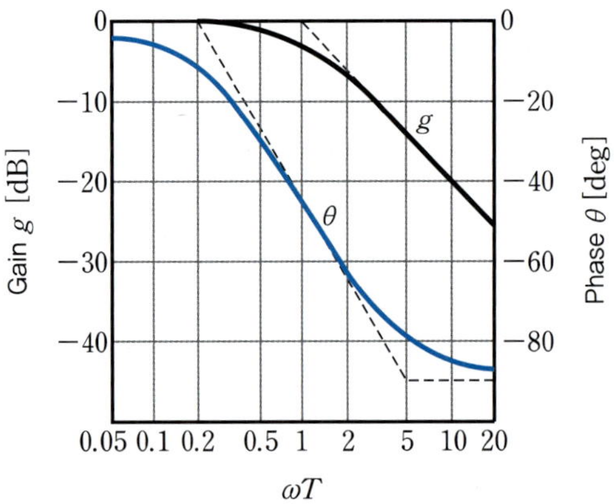

㉮ 비례요소　　㉯ 적분요소　　㉰ 1차지연요소　　㉱ 2차지연요소

6.20 전달함수가 $G(s)=\dfrac{10}{s(s+2)}$ 인 제어요소의 벡터궤적은?

㉮
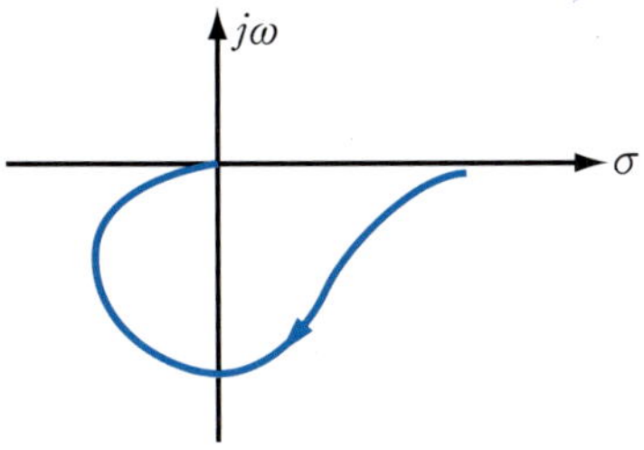

㉯
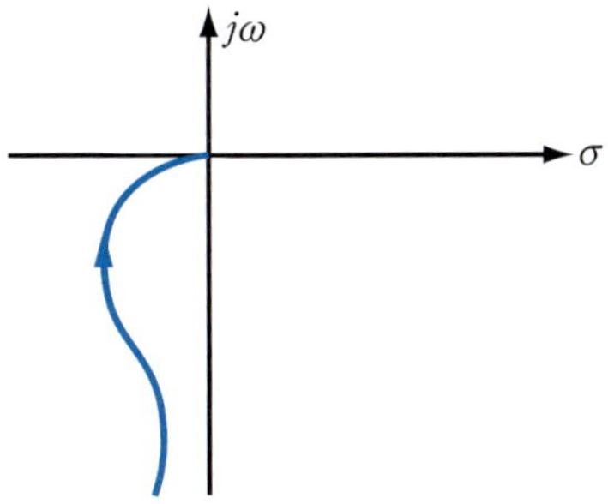

㉰
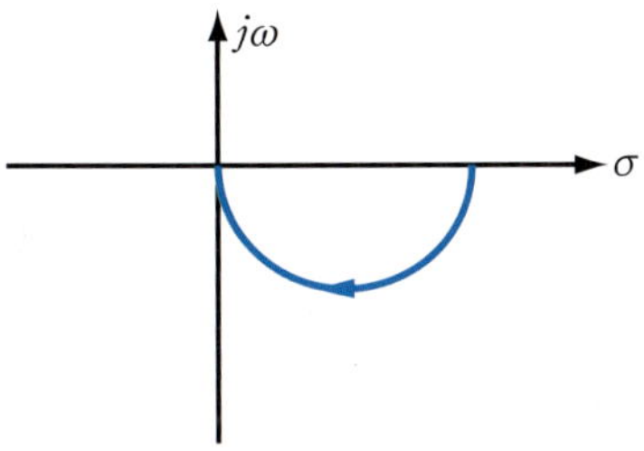

㉱
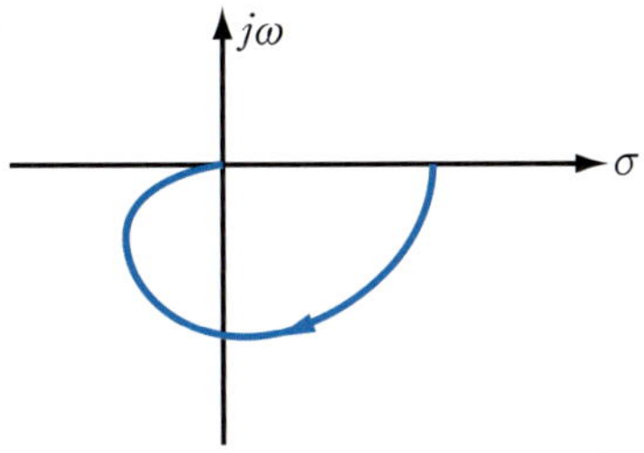

6.21 주파수 전달함수 $\dfrac{10}{j\omega(j\omega+10)}$ 에서 $\omega\rightarrow\infty$ 일 때의 $|G(j\omega)|$와 $\angle G(j\omega)$ 의 값은?

㉮ 0, −180°　　㉯ −3, −90°　　㉰ 1, 90°　　㉱ ∞, −90°

6.22 다음 그림과 같은 주파수응답 곡선을 무엇이라 하는가?

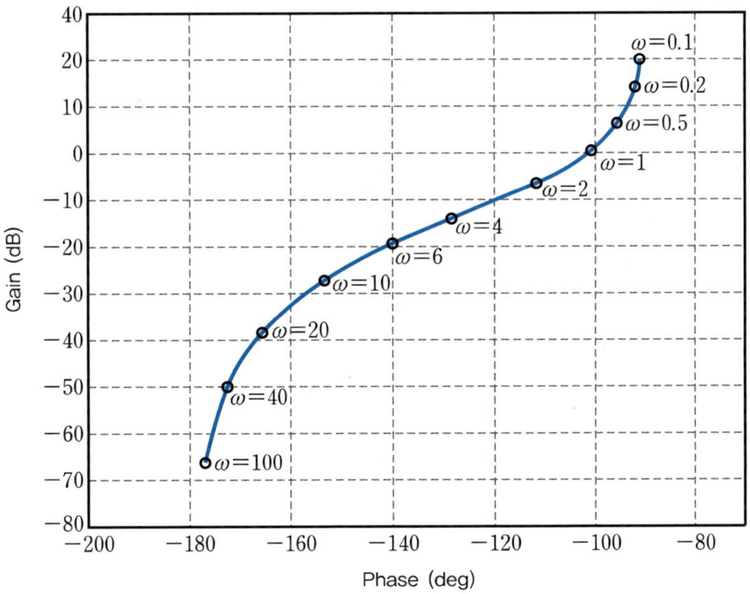

㉮ 보드선도　　㉯ 벡터궤적　　㉰ 이득 · 위상도　　㉱ 니콜스선도

6.23 다음 그림과 같은 보드선도를 나타내는 제어요소는?

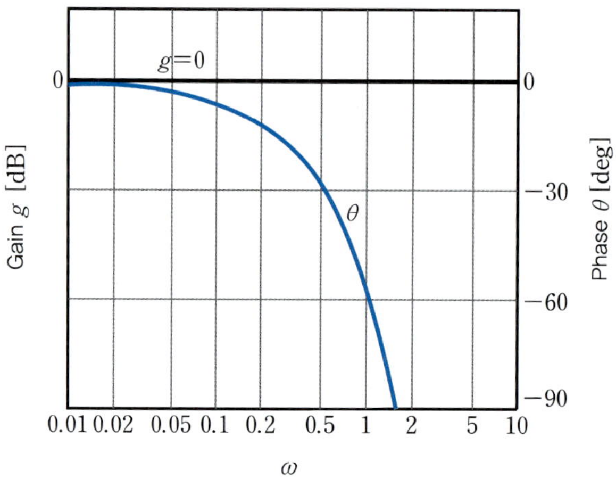

㉮ 비례요소 ㉯ 1차지연요소 ㉰ 2차지연요소 ㉱ 낭비시간요소

6.24 다음 그림과 같은 보드선도를 나타내는 제어요소는?

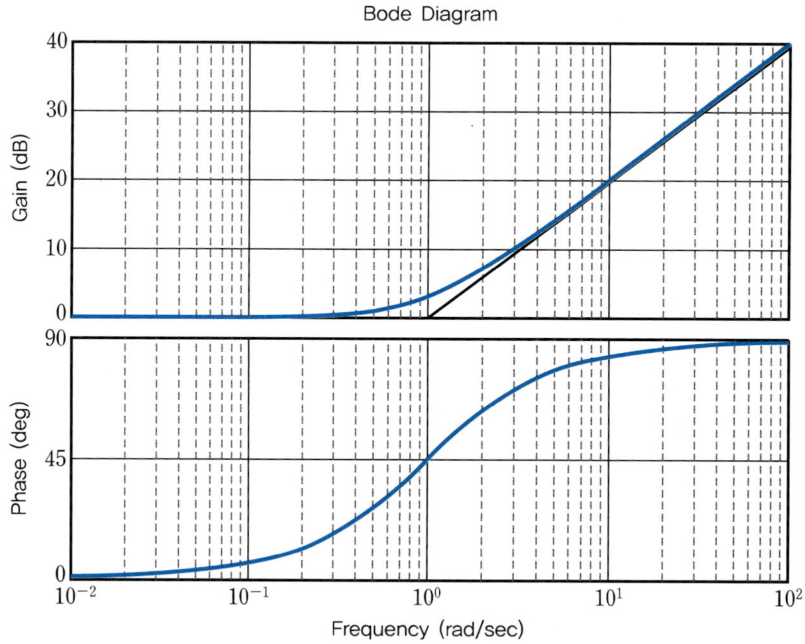

㉮ 적분요소 ㉯ 낭비시간요소 ㉰ 1차앞선요소 ㉱ 2차지연요소

6.25 전달함수가 $G(s)=\dfrac{10}{s}$ 인 제어요소의 보드선도에 관한 설명으로 옳은 것은?

㉮ -20[dB/dec]의 기울기를 가지며 위상각은 $-90°$이다.

㉯ -20[dB/dec]의 기울기를 가지며 위상각은 $+90°$이다.

㉰ -40[dB/dec]의 기울기를 가지며 위상각은 $-180°$이다.

㉱ -40[dB/dec]의 기울기를 가지며 위상각은 $+180°$이다.

6.26 전달함수가 $G(s)=\dfrac{K}{s^2}$ 인 자동제어시스템의 주파수응답을 나타내는 보드선도에 대한 설명으로 옳은 것은?

㉮ 주파수가 10배씩 증가할 때, 이득은 40[dB]씩 증가하고, 위상은 $90°$씩 감소한다.

㉯ 주파수가 10배씩 증가할 때, 이득은 40[dB]씩 감소하고, 위상은 $-180°$를 유지한다.

㉰ 주파수가 10배씩 증가할 때, 이득이 20[dB]씩 증가하고, 위상은 $90°$를 유지한다.

㉱ 주파수가 10배씩 증가할 때, 처음에는 이득이 0[dB]를 유지하다가 변곡점을 지나면 이득이 20[dB]씩 감소하고, 위상은 $45°$씩 감소한다.

6.27 다음 그림과 같은 벡터궤적을 나타내는 제어요소는?

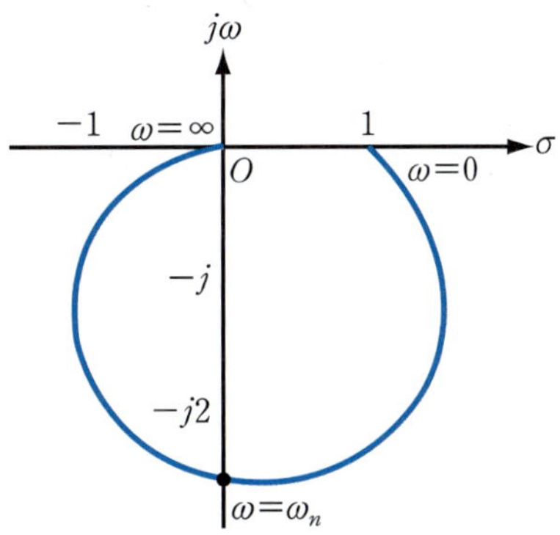

㉮ 적분요소　　　　　　　　㉯ 낭비시간요소

㉰ 1차앞선요소　　　　　　　㉱ 2차지연요소

6.28 전달함수가 $G(s)=\dfrac{25}{s^2+6s+25}$ 인 제어요소의 벡터궤적에 관한 설명으로 틀린 것은?

㉮ $\omega=0$ [rad] 일 때 실수축 1 에서 출발한다.

㉯ $\omega=\infty$ [rad] 일 때 실수축 1 에 다시 수렴한다.

㉰ $\omega=5$ [rad] 일 때 허수축과 만난다.

㉱ $\omega=5$ [rad] 일 때 $G(j\omega)\fallingdotseq 0.83\angle-90°$ 이다.

6.29 다음 그림과 같은 이득 · 위상도를 나타내는 제어요소는?

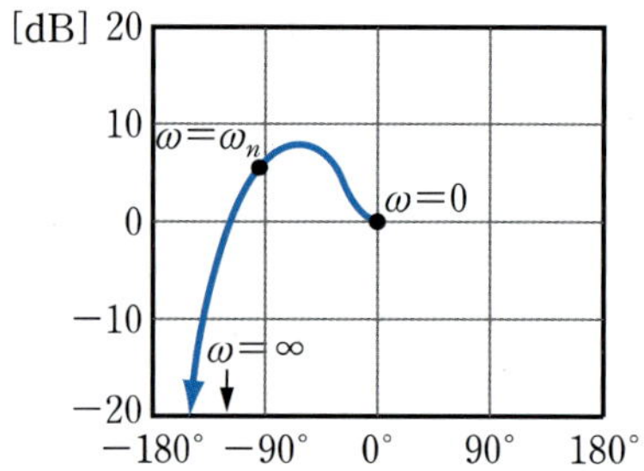

㉮ 미분요소 ㉯ 적분요소

㉰ 1차지연요소 ㉱ 2차지연요소

6.30 보드선도의 세로축과 가로축의 눈금과 단위의 설명으로 옳은 것은?

㉮ 세로축은 균등 눈금, [dB]이고 가로축은 균등 눈금, [°]이다.

㉯ 세로축은 균등 눈금, [dB]이고 가로축은 대수 눈금, [rad/sec]이다.

㉰ 세로축은 대수 눈금, [dB]이고 가로축은 대수 눈금, [rad/sec]이다.

㉱ 세로축은 균등 눈금, 단위 없음이고 가로축은 균등 눈금, [rad/sec]이다.

6.31 전달함수가 $G(s)=\dfrac{100}{s+5}$ 인 1차지연요소의 보드선도에서 변곡점의 각주파수는 몇 [rad] 인가?

㉮ 0.5 ㉯ 1 ㉰ 5 ㉱ 20

6.32 입력 $x(t)=100\sin(377t+45°)$에 대한 정상상태에서의 출력이 $y(t)=40\sin(377t-10°)$일 때, 진폭비와 위상차는 얼마인가?

㉮ 25, 55° ㉯ 40, −10° ㉰ 2.5, −55° ㉱ 0.4, −55°

CHAPTER

07

주파수응답과 시간응답

6장에서 학습한 주파수응답은 시간응답과 밀접한 관계가 있다. 따라서 이 장에서는 주파수응답의 특성을 이용하여 시간응답의 특성을 얻는 방법을 살펴본다. 먼저 새로운 안정도 판별법인 나이퀴스트 판별법을 소개하고, 시간응답의 특성과 상호관계가 있는 이득여유와 위상여유에 대해 살펴본다.

CONTENTS

SECTION 7.1 나이퀴스트 판별법

SECTION 7.2 이득여유와 위상여유

SECTION 7.3 주파수응답의 사양

SECTION 7.4 주파수응답과 시간응답의 관계

연습문제

SECTION 7.1

나이퀴스트 판별법

5장에서 학습한 라우스-후르비츠 판별법은 자동제어시스템의 전달함수를 정확히 알고 있는 경우에는 사용할 수 있지만, 자동제어시스템의 입출력 관계를 실험으로 얻은 경우나 낭비시간요소를 포함하고 있는 경우에는 사용할 수 없다. 또한 라우스-후르비츠 판별법으로는 절대안정도만 판단할 수 있다. 어느 정도 안정한가를 나타내는 상대안정도를 알고 싶은 경우나, 자동제어시스템의 어떤 요소의 특성이 전체 시스템의 안정도에 미치는 영향 등을 알고 싶을 때에는 나이퀴스트 판별법을 사용한다.

Keywords | 나이퀴스트 판별법 | 경로사상 | 간략화된 나이퀴스트 판별법 |

1 특성식의 영점과 특성방정식의 근

나이퀴스트 판별법을 공부하기에 앞서, 특성식의 영점들(zeros)과 특성방정식의 근들(roots)의 관계를 살펴봄으로써 특성식의 영점과 시스템의 안정도의 관계를 알아보자.

[그림 7-1]과 같은 폐루프 제어시스템의 전체 전달함수 $M(s)$는 다음과 같다.

$$M(s) = \frac{G(s)}{1 + G(s)H(s)} \tag{7.1}$$

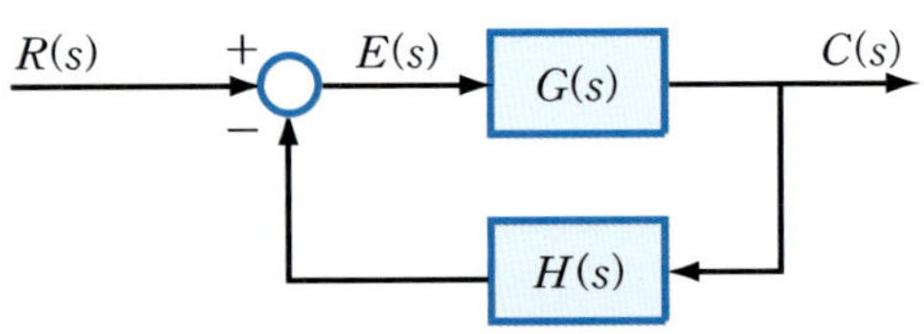

[그림 7-1] 폐루프 제어시스템의 블록선도

식 (7.1)의 분모를 0으로 놓은

$$1 + G(s)H(s) = 0 \tag{7.2}$$

을 이 폐루프 제어시스템의 특성방정식이라고 한다. 이 특성방정식의 근의 위치가 복소평면의 우반면이나 허수축에 있으면 이 시스템은 불안정하다.

전향경로 전달함수 $G(s)$와 귀환요소 전달함수 $H(s)$는 일반적으로 s의 분수식이므로 다음과 같이 표현할 수 있다.

$$G(s) = \frac{N_1(s)}{D_1(s)}$$

$$H(s) = \frac{N_2(s)}{D_2(s)}$$

따라서 특성방정식은 다음과 같이 나타낼 수 있다.

$$\begin{aligned} 1 + G(s)H(s) &= 1 + \frac{N_1(s)}{D_1(s)} \times \frac{N_2(s)}{D_2(s)} \\ &= \frac{D_1(s)D_2(s) + N_1(s)N_2(s)}{D_1(s)D_2(s)} \\ &= \frac{a_0(s-z_1)(s-z_2)\cdots(s-z_m)}{b_0(s-p_1)(s-p_2)\cdots(s-p_n)} = 0 \end{aligned} \tag{7.3}$$

이때 특성방정식의 근은 식 (7.3)의 특성식 분자를 0으로 놓으면 얻어진다.

식 (7.3)에서 보는 바와 같이 특성방정식의 근들은 특성식의 영점들임을 알 수 있다. 따라서 특성식의 영점들 z_1, z_2, $\cdots$, z_m 중 하나라도 복소평면의 우반면이나 허수축에 있으면 이 시스템은 불안정하다.

특성식의 영점이 s 평면의 우반면에 존재하는가에 대한 여부를 벡터궤적을 이용하여 판별하는 것이 바로 나이퀴스트의 안정도 판별법, 즉 **나이퀴스트 판별법**(Nyquist criterion)이다.

2 영점 및 극점의 존재와 사상

나이퀴스트 판별법을 설명하기 위해, 간단한 복소함수를 예로 들어 **경로사상**(contour mapping)을 살펴보자. 먼저 다음과 같은 복소함수를 생각해보자.

$$F_1(s) = s - 3 - j4 \tag{7.4}$$

[그림 7-2(a)]와 같이 점 p가 점 $(3,\ j4)$, 즉 함수 $F_1(s)$의 영점을 중심으로 오른쪽으로 폐곡선을 그리며 움직일 때, 점 p의 경로에 대한 함수 $F_1(s)$의 사상은 [그림 7-2(b)]와 같이 된다. 여기에서 주의 깊게 볼 점은 함수 $F_1(s)$의 사상이 원점 둘레를 점 p와 똑같은 방향으로 회전한다는 것이다.

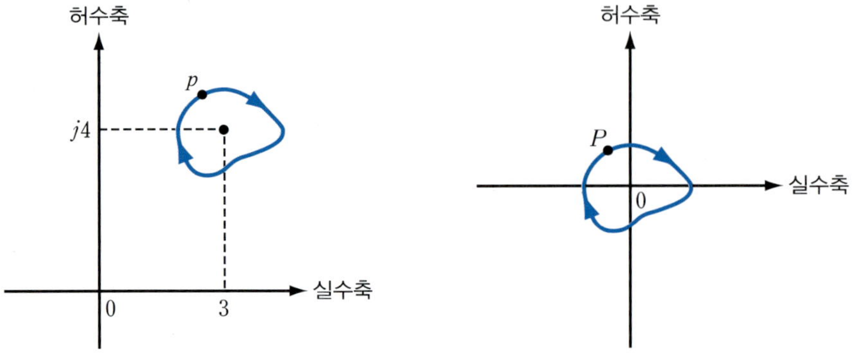

(a) s평면 (b) $F_1(s)$평면

[그림 7-2] 영점 주위를 도는 점 p의 경로에 대한 $F_1(s)$로의 사상

이제 다음과 같은 복소함수를 생각해보자.

$$F_2(s) = \frac{1}{s-3-j5} \tag{7.5}$$

[그림 7-3(a)]와 같이 점 p가 점 $(3,\ j5)$, 즉 함수 $F_2(s)$의 극점을 중심으로 오른쪽으로 폐곡선을 그리며 움직일 때, 점 p의 경로에 대한 함수 $F_2(s)$의 사상은 [그림 7-3(b)]와 같이 된다. 여기에서 주의할 점은 $F_2(s)$의 사상은 원점 둘레를 점 p와 반대 방향으로 회전한다는 것이다.

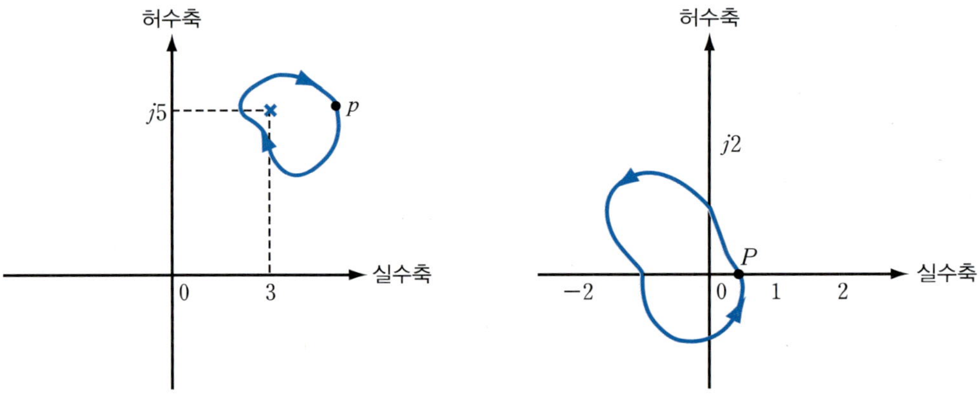

(a) s평면 (b) $F_2(s)$평면

[그림 7-3] 극점 주위를 도는 점 p의 경로에 대한 $F_2(s)$로의 사상

지금까지의 설명을 정리하면, 복소평면에서 어떤 점이 복소함수의 영점 주위를 오른쪽으로 한 바퀴 돌 때 그에 대한 복소함수의 경로사상은 원점 둘레를 같은 오른쪽 방향으로 한 바퀴 돌게 된다. 그리고 어떤 점이 복소함수의 극점 주위를 오른쪽으로 한 바퀴 돌 때 그에 대한 복소함수의 경로사상은 원점 둘레를 왼쪽으로 한 바퀴 돌게 된다.

여기에서 더 나아가 다음과 같은 복소함수를 살펴보자.

$$F(s) = s^2 - 6s + 25 = (s - 3 - j4)(s - 3 + j4) \tag{7.6}$$

식 (7.6)과 같이 영점을 2개 가지고 있는 함수에서 어떤 점이 이 2개의 영점을 다 포함하는 폐경로를 따라 오른쪽으로 한 번 회전할 때, 그에 대한 함수 $F(s)$의 경로사상은 원점 주위를 같은 방향(오른쪽)으로 2번 회전한다(증명 생략).

또한 s가 원점도 극점도 포함하지 않는 원을 그리며 돌면 복소함수 $F(s)$의 경로사상은 원점을 포함하지 않는 폐곡선이 된다. 그리고 똑같은 수의 원점과 극점을 포함하고 돌 때도 복소함수 $F(s)$의 궤적은 원점을 포함하지 않는 폐곡선이 된다.

이 사실은 대단히 중요한 것으로, 복소평면에서 s가 어떤 영역 주위를 오른쪽으로 한 바퀴 돌 때, 특성식 $F(s) = 1 + G(s)H(s)$의 경로사상(벡터궤적)이 원점을 포함하여(원점을 중심으로) 오른쪽으로 회전하지 않으면 그 영역에는 영점, 즉 특성방정식의 근이 없다고 단정할 수 있다. 물론 이 사실은 그 영역에 특성식의 극점이 없다는 가정 안에서만 성립하며, 일반적으로 안정한 자동제어시스템에서는 특성식의 극점이 복소평면의 우반면에 존재하지 않는다.

복소평면에서 복소수 s의 경로를 [그림 7-4]와 같이 복소평면의 우반면 전체를 포함하도록 ❶의 $0 \to +j\infty$ 인 허수축의 경로를 지나서 $+j\infty$ 에서 ❷와 같이 반경이 무한대인 원을 따라 $-j\infty$ 에 이르고, ❸의 $-j\infty \to 0$ 인 허수축의 경로를 따라 돌게 하면, s는 복소평면의 우반면 전체를 시계방향으로 한 바퀴 돈 것이 된다. 그리하여 이 복소평면의 우반면에 특성식 $1 + G(s)H(s)$의 영점이 n개(극점은 없고) 있다면, 특성식 $1 + G(s)H(s)$의 경로사상은 원점 둘레를 시계방향으로 n번 회전하게 된다.

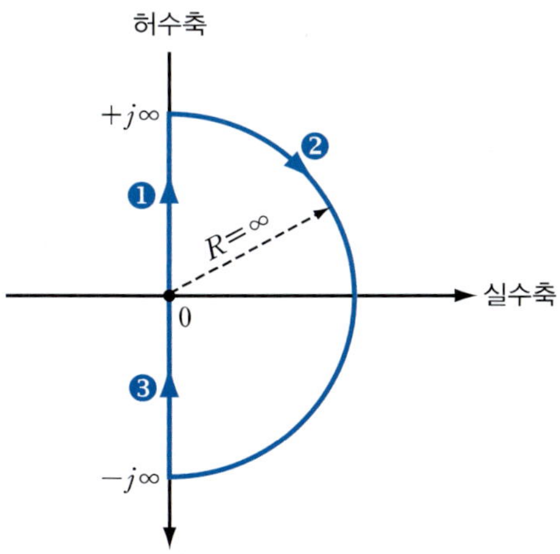

[그림 7-4] 복소평면의 우반면 전체를 내포하는 복소수 s의 경로

역으로 말하면, 이 경우에 특성식의 경로사상이 원점을 중심으로 시계방향으로 회전하면 복소평면 우반면에 특성식의 영점, 즉 특성방정식의 근이 존재한다는 것을 의미한다. 따라서 이 시스템은 불안정하다고 할 수 있다.

3 나이퀴스트 판별법에 의한 안정도 판별

앞에서 복소수 s를 복소평면의 우반면 전체를 포함하도록 시계방향으로 회전시켰을 때, 그에 대한 특성식 $1+G(s)H(s)$의 경로사상(벡터궤적)을 구하여 복소평면의 원점 둘레를 시계방향으로 회전하는가의 여부로 그 폐루프 제어시스템의 안정도를 판별하였다. 예를 들어, 특성식의 경로사상이 [그림 7-5(a)]나 [그림 7-5(b)]와 같으면 그 시스템은 안정하며, [그림 7-5(c)]나 [그림 7-5(d)]와 같으면 그 시스템은 불안정하다.

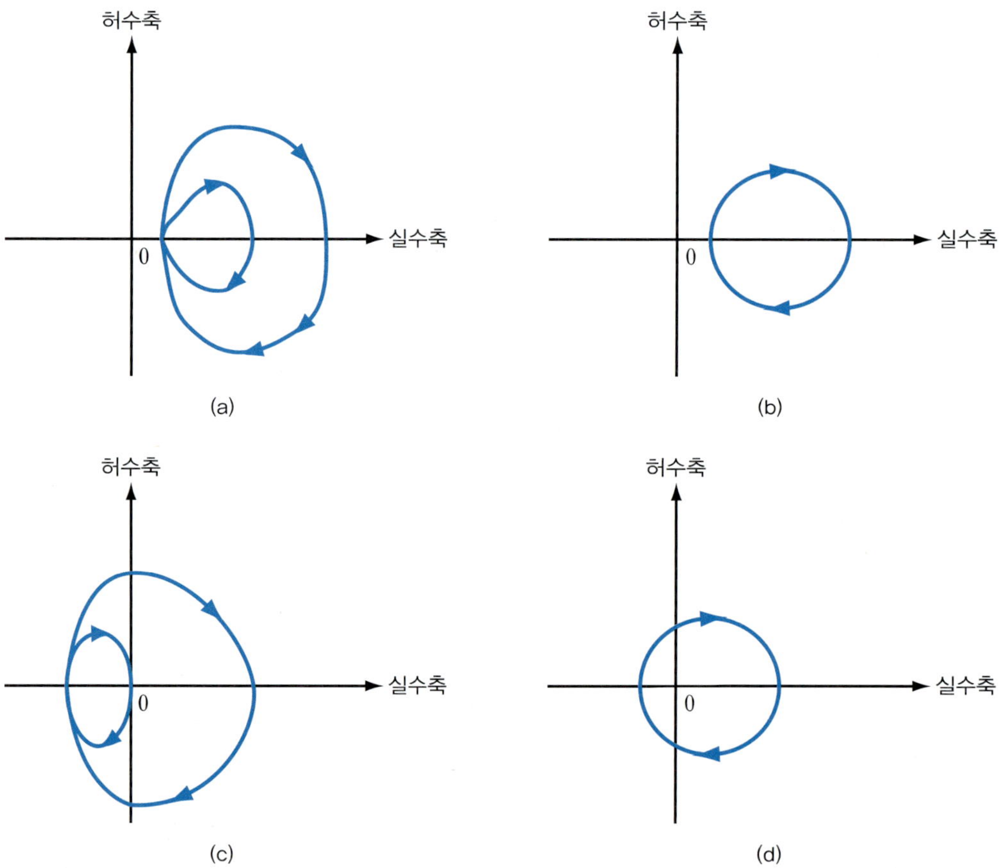

[그림 7-5] $1+G(s)H(s)$의 경로사상 예

지금까지는 특성식의 경로사상을 그리고, 그린 경로사상이 복소평면의 원점을 중심으로 회전하는가의 여부로 안정도를 판별하였다. 그러나 다음과 같은 개루프 전달함수와 특성식에서 보는 바와 같이, 특성식의 경로사상은 개루프 전달함수의 경로사상을 구하고, 그 경로사상을 복소평면 좌표에서 오른쪽으로 1만큼 이동시키면 된다.

$$\text{개루프 전달함수 : } G(s)H(s) \tag{7.7}$$

$$\text{특성식 : } 1+G(s)H(s) \tag{7.8}$$

만약 개루프 전달함수 $G(s)H(s)$의 경로사상이 [그림 7-6(a)]와 같다면 특성식 $1+G(s)H(s)$의 경로사상은 [그림 7-6(b)]와 같이 [그림 7-6(a)]의 그래프를 오른쪽으로 1만큼 이동시키면 된다. 또한 [그림 7-6(b)]에 있는 특성식 $1+G(s)H(s)$의 경로사상을 보면, 원점을 내포해서 돌고 있지 않으므로, 이 시스템은 안정하다고 말할 수 있다.

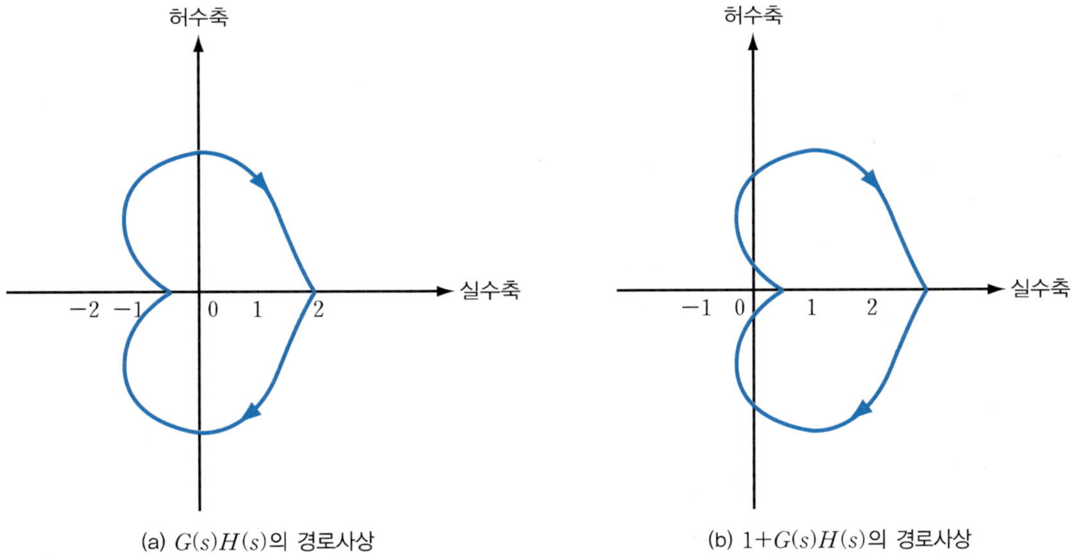

[그림 7-6] $G(s)H(s)$와 $1+G(s)H(s)$의 경로사상 비교(안정한 경우)

또 다른 예로 복소수 s를 복소평면 우반면 전체를 포함하도록 시계방향으로 회전시켰을 때, 그에 대한 개루프 전달함수 $G(s)H(s)$의 경로사상이 [그림 7-7(a)]와 같다면 특성식 $1+G(s)H(s)$의 경로사상은 [그림 7-7(b)]와 같다. 즉 [그림 7-7(a)]의 그래프를 오른쪽으로 1만큼 이동시킨 것이다. [그림 7-7(b)]에서 이 경로사상이 원점을 내포하면서 오른쪽으로 돌고 있으므로, 이 시스템이 불안정한 것을 알 수 있다.

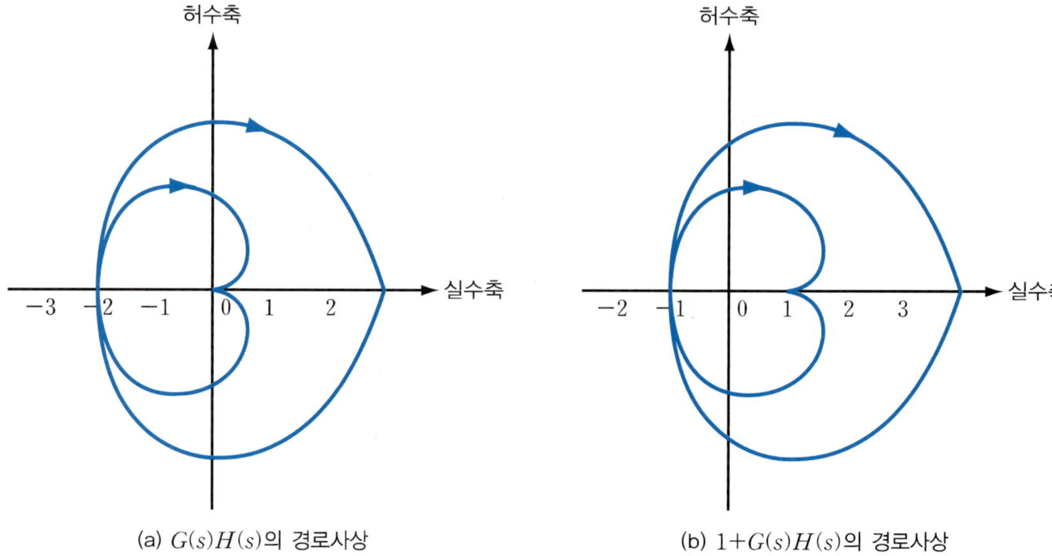

[그림 7-7] $G(s)H(s)$와 $1+G(s)H(s)$의 경로사상 비교(불안정한 경우)

앞에서 우리는 특성식의 경로사상을 직접 구하는 대신에, 개루프 전달함수 $G(s)H(s)$의 경로사상을 구한 후 실수축 방향으로 $+1$만큼 이동시켜서 특성식 $1+G(s)H(s)$의 경로사상을 구했다. 그리고 이 특성식의 경로사상이 복소평면의 원점을 내포하고 있는지의 여부로 자동제어시스템의 안정도를 판별했다.

그러나 개루프 전달함수의 경로사상을 $+1$만큼 오른쪽으로 이동시키지 않고도 개루프 전달함수의 경로사상을 보면 $+1$만큼 이동시켰을 때 특성식의 경로사상이 복소평면의 원점을 내포할 것인지의 여부를 미리 짐작할 수 있다. 즉 $G(s)H(s)$의 경로사상이 실수축 위의 -1의 점을 내포하면서 회전하고 있으면, 그 그래프를 오른쪽으로 1만큼 이동시킨 $1+G(s)H(s)$의 경로사상은 복소평면의 원점을 내포하면서 회전하므로 시스템이 불안정하다. 반면에, $G(s)H(s)$의 경로사상이 실수축 위의 -1의 점을 내포하면서 회전하지 않으면, $1+G(s)H(s)$의 경로사상은 복소평면의 원점을 내포하면서 회전하지 않으므로 시스템이 안정하다.

그러므로 이제부터는 복소수 s를 복소평면의 우반면 전체를 포함하도록 시계방향으로 회전시키면서 그에 대한 특성식 $1+G(s)H(s)$의 경로사상 대신, 구하기 쉬운 개루프 전달함수 $G(s)H(s)$의 경로사상(= 나이퀴스트선도)을 구한 후, 그 경로사상이 복소평면에서 실수축 위의 -1인 점을 내포하면서 시계방향으로 회전하는지의 여부로 시스템의 안정도를 판단할 것이다.

복소수 s가 무한대의 반지름을 가지고 반원을 그리는 경로에 대한 $G(s)H(s)$의 사상, 즉 나이퀴스트선도를 시스템의 형에 따라 그리면 [그림 7-8]과 같다(유도 과정 생략).

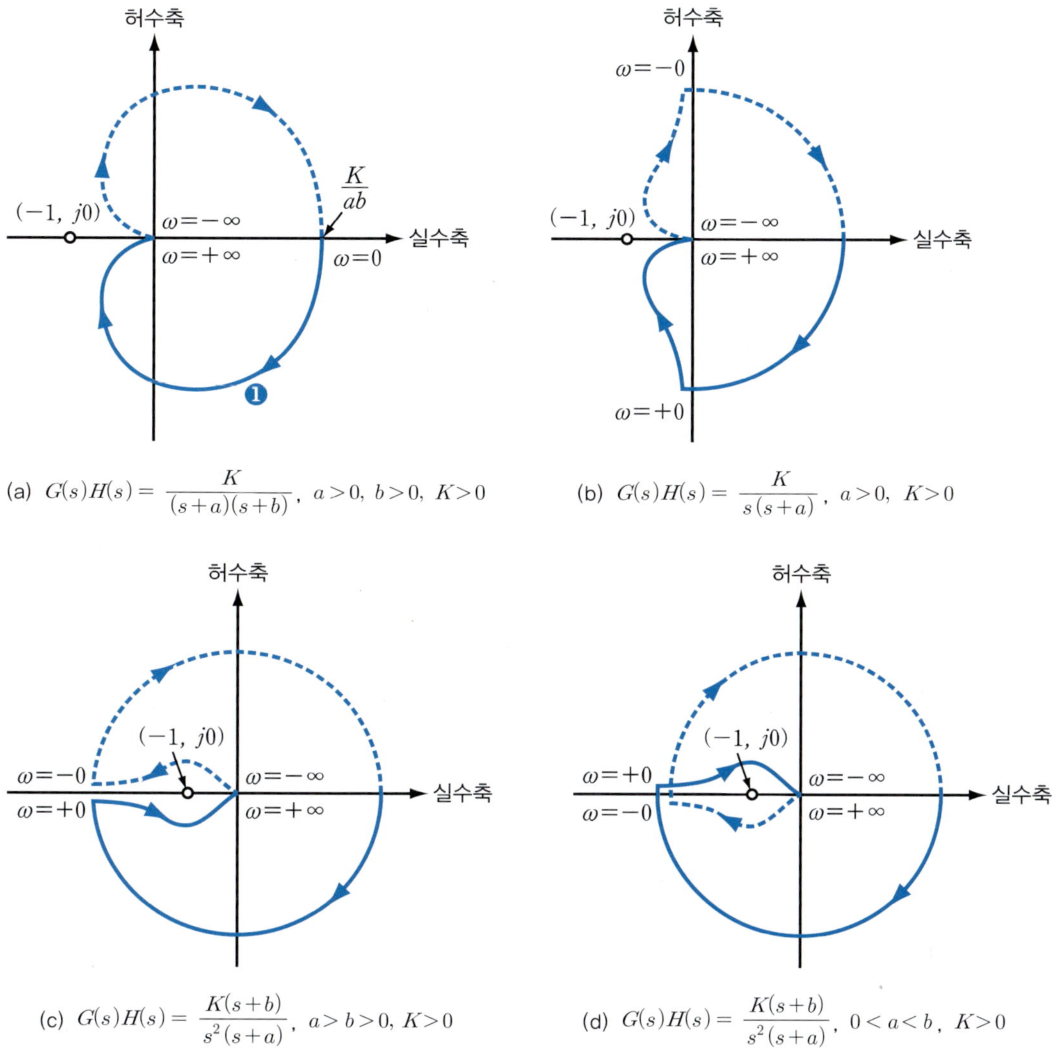

(a) $G(s)H(s)=\dfrac{K}{(s+a)(s+b)}$, $a>0,\ b>0,\ K>0$

(b) $G(s)H(s)=\dfrac{K}{s(s+a)}$, $a>0,\ K>0$

(c) $G(s)H(s)=\dfrac{K(s+b)}{s^2(s+a)}$, $a>b>0,\ K>0$

(d) $G(s)H(s)=\dfrac{K(s+b)}{s^2(s+a)}$, $0<a<b,\ K>0$

[그림 7-8] 시스템 형에 따른 나이퀴스트선도

[그림 7-8(a)]는 0형 시스템에 대한 나이퀴스트선도이고 [그림 7-8(b)]는 I형 시스템에 대한 나이퀴스트선도이다. 그리고 [그림 7-8(c)]와 [그림 7-8(d)]는 II형 시스템에 대한 나이퀴스트선도를 보여준다. [그림 7-4]에서 복소수 s가 무한대의 반지름을 가지고 반원을 그리는 경로 ❷에 대한 $G(s)H(s)$의 경로사상은 일반적으로 $G(s)H(s)$의 분모의 s 차수가 분자의 차수보다 높으므로 $G(s)H(s)$의 크기는 0이 된다. 따라서 그 경로사상은 [그림 7-8]의 모든 나이퀴스트선도 원점에서 하나의 점으로 그려진다. 또한 [그림 7-8]에서 점선으로 표시되는 부분은 s값이 $s=-j\infty$에서 $s=0$로 수렴하는 것에 대한 사상으로, 실선으로 그려진 부분과 복소평면의 실수축에 대해 대칭됨을 알 수 있다.[1]

1 계수가 실수로 된 변수 s의 함수식에서 s에 $s=j\omega$를 대입한 함숫값과 $s=-j\omega$를 대입한 함숫값은 항상 공액복소수 관계에 있으므로 서로 실수축에 대해 상하 대칭관계에 있다.

따라서 앞으로는 복소수 s가 허수축을 따라 원점에서 출발하여 $+j\infty$까지 이동하는, 즉 $s=j\omega$, $\omega:0\rightarrow\infty$에 대한 사상만을 구하고 복소수 s가 허수축을 따라 $-j\infty$에서 원점까지 이동하는 사상은 별도로 구하지 않고 대칭성을 이용하여 그리면 된다.

[그림 7-8]에서 보는 바와 같은 0형 시스템과 (1개의 극점과 적분기를 가지고 있는) I형 시스템은 안정하다. 그리고 II형 시스템은 개루프 전달함수의 영점 위치가 극점 위치보다 오른쪽에 있으면 안정하고, 왼쪽에 있으면 불안정함을 알 수 있다.

여기서 [그림 7-8(b)]의 I형 시스템에 대한 나이퀴스트선도의 이해를 돕기 위해 다음과 같은 개루프 전달함수를 갖는 I형 시스템에 대해 살펴보자.

$$G(s)H(s)=\frac{K}{s(s+a)}$$

복소수 s의 경로를 [그림 7-4]와 같이 취하면, $s=0$일 때 개루프 전달함수의 값이 ∞가 되어 경로사상을 그릴 수 없다. 이러한 경우에는 복소수 s의 경로가 [그림 7-9(a)]의 ❶, ❷와 같이 원점을 피해 반경이 대단히 작은 반원을 따라 가도록 한다. [그림 7-9(a)]와 같이 복소수 s가 점 A에서 조그만 반지름을 가진 원호 ❷를 따라 점 B까지 회전할 때, 그에 대한 개루프 전달함수의 경로사상은 [그림 7-9(b)]의 ❷에 해당한다. 그리고 복소수 s가 점 B에서 허수축을 따라 올라가는 경로에 대한 경로사상은 [그림 7-9(b)]의 $\omega=+0$인 점에서 $\omega=+\infty$인 원점으로 들어가는 곡선이 된다.

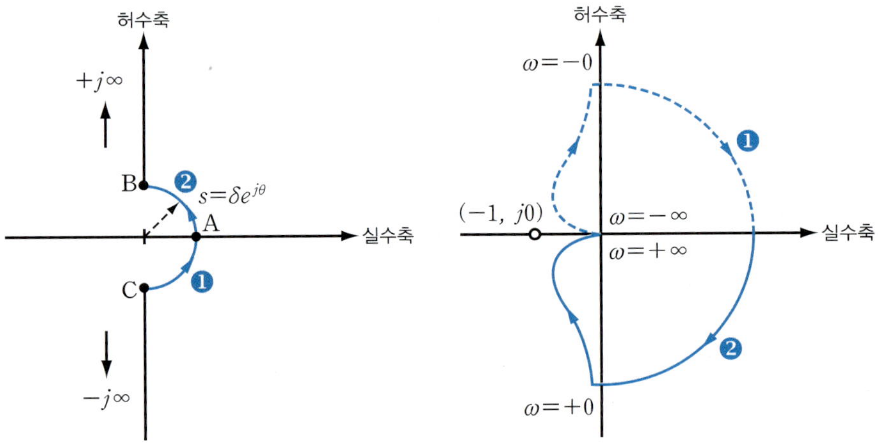

(a) 복소수 s가 원점 근처를 우회하는 경로

(b) 경로사상

[그림 7-9] $G(s)H(s)=\dfrac{K}{s(s+a)}(a>0,\ k>0)$의 나이퀴스트선도

예제 7-1

[그림 7-10]과 같은 단위귀환 제어시스템의 안정도를 나이퀴스트 판별법을 이용하여 판별하라. 단, $K=300$이다.

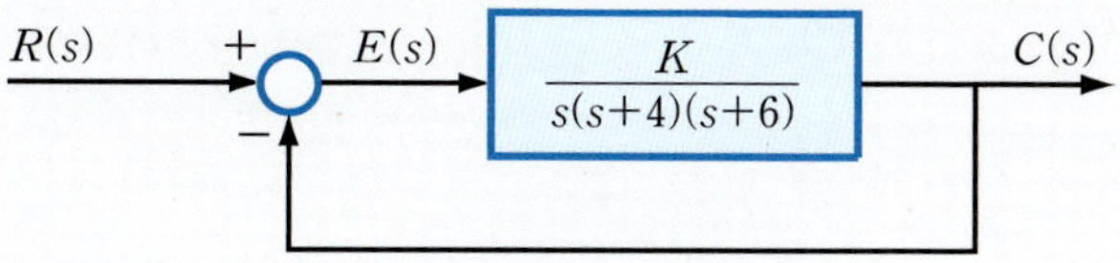

[그림 7-10] [예제 7-1]의 단위귀환 제어시스템

풀이

개루프 전달함수를 구하면 다음과 같다.

$$G(s)H(s)=\frac{300}{s(s+4)(s+6)}$$

복소수 s가 허수축을 따라 원점에서 $+j\infty$까지 이동할 때, 즉 $s=j\omega$, $\omega:0\rightarrow\infty$에 대한 개루프 전달함수의 사상을 구하면

$$G(j\omega)H(j\omega)=\frac{300}{j\omega(j\omega+4)(j\omega+6)}$$

$$|G(j\omega)H(j\omega)|=\frac{300}{\omega\sqrt{\omega^2+4^2}\sqrt{\omega^2+6^2}}$$

$$\theta=-\left(\tan^{-1}\frac{\omega}{4}+\tan^{-1}\frac{\omega}{6}+90°\right)$$

이고, $\omega:0\rightarrow\infty$에 대해 다음과 같이 된다.

$$|G(j\omega)H(j\omega)|:\infty\rightarrow 0$$

$$\theta:-90°\rightarrow-270°$$

나이퀴스트선도가 $(-)$실수축과 만나는 점을 구해보자. 이 점은 복소함수 $G(j\omega)H(j\omega)$의 허수부가 0이 되는 때이다. 이때의 ω값과 $|G(j\omega)H(j\omega)|$를 구해보자.

$$G(j\omega)H(j\omega)=\frac{300}{j\omega(j\omega+4)(j\omega+6)}=\frac{300}{j\omega(24-\omega^2+j10\omega)}$$

$\omega=\sqrt{24}\fallingdotseq 4.9$이면 다음과 같이 허수부가 없는 값이 구해진다.

$$\frac{300}{j\sqrt{24}\times j10\sqrt{24}}=-1.25$$

나이퀴스트선도를 대략적으로 그리면 [그림 7-11]과 같다. 점 $(-1,\ j0)$을 내포하면서 시계방향으로 2번 돌고 있으므로 특성방정식의 근이 복소평면의 우반면에 2개 있음을 알 수 있다. 따라서 이 시스템은 불안정하다.

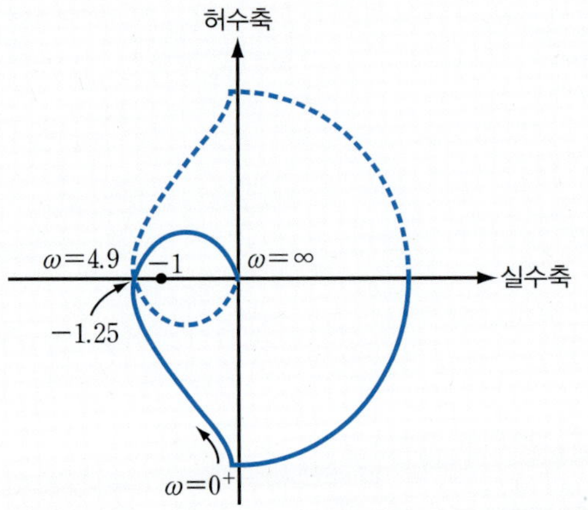

[그림 7-11] $G(s)H(s)=\dfrac{300}{s(s+4)(s+6)}$ 의 나이퀴스트선도

4 간략화된 나이퀴스트 판별법

지금까지 나이퀴스트 판별법에 대해 살펴보았다. 복소평면의 우반면을 모두 포함하도록 폐경로를 취하고 그 폐경로를 복소변수 s가 오른쪽으로 돌며 가도록 그 값을 변화시키면서 개루프 전달함수 $G(s)H(s)$의 경로사상을 구했다. 그리고 그 사상이 점 $(-1,\ j0)$을 중심으로 주위를 오른쪽으로 회전하면서 폐곡선을 그리면, 그 시스템은 불안정하다고 판단하였다.

그러나 경로사상의 실수축에 대한 대칭성을 이용하면 좀 더 간단하게 안정도를 판별할 수 있다. s값을 양의 허수축을 따라 0에서 $+j\infty$까지만 취하고, 그에 대한 개루프 전달함수 $G(s)H(s)$의 경로사상을 구한 다음, 그 사상이 점 $(-1,\ j0)$을 왼쪽으로 보면서 진행해 나가면 그 시스템이 안정하고, 점 $(-1,\ j0)$을 오른쪽으로 보면서 진행해 나가면 그 시스템은 불안정하다고 판별할 수 있다. 이와 같은 방법으로 시스템의 안정도를 판단하는 것을 **간략화된 나이퀴스트 판별법**(simplified Nyquist criterion)이라고 하며, [그림 7-12]의 예와 같이 안정도를 판단할 수 있다. 보통 나이퀴스트 판별법이라고 하면 이 간략화된 나이퀴스트 판별법을 의미한다.

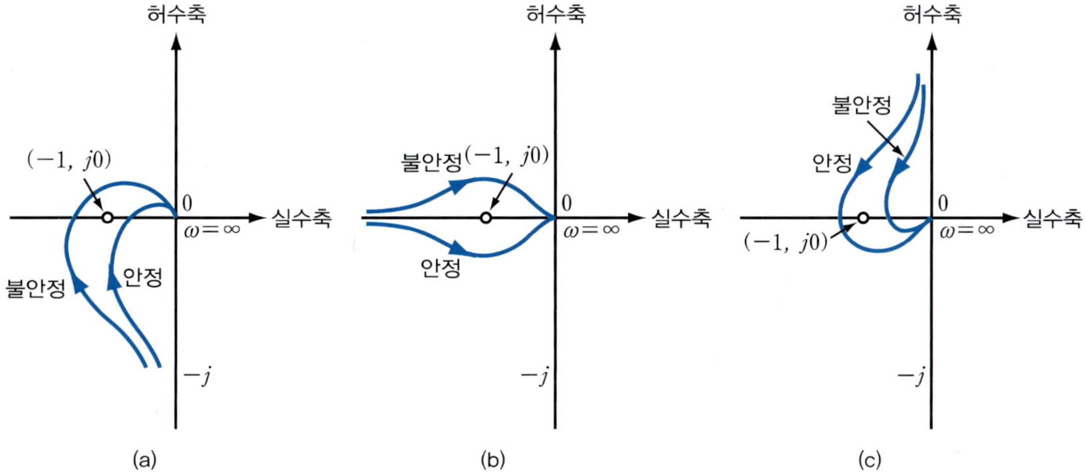

[그림 7-12] 간략화된 나이퀴스트 판별법의 예

예제 7-2

[그림 7-13]과 같은 폐루프 제어시스템의 안정도를 간략화된 나이퀴스트 판별법을 이용하여 판별하라.

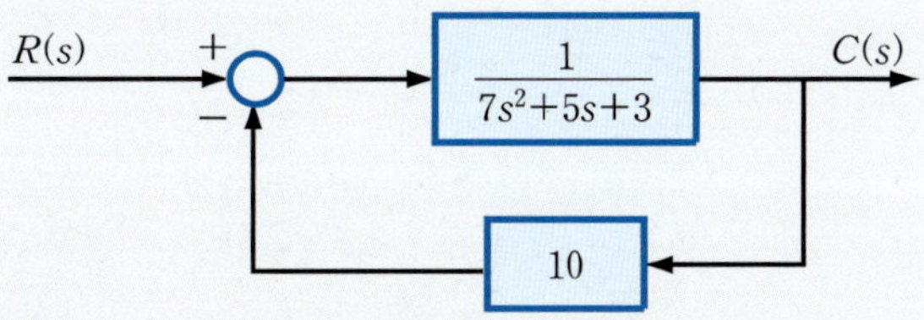

[그림 7-13] [예제 7-2]의 폐루프 제어시스템

풀이

개루프 전달함수와 개루프 주파수 전달함수를 구하면 다음과 같다.

$$G(s)H(s) = \frac{10}{7s^2+5s+3}$$

$$G(j\omega)H(j\omega) = \frac{10}{7}\frac{1}{(j\omega)^2+\frac{5}{7}j\omega+\frac{3}{7}} = \frac{10}{7}\frac{1}{\left(\frac{3}{7}-\omega^2\right)+j\frac{5}{7}\omega}$$

$$|G(j\omega)H(j\omega)| = \frac{10}{7}\frac{1}{\sqrt{\left(\frac{3}{7}-\omega^2\right)^2+\left(\frac{5}{7}\omega\right)^2}}$$

$$\theta = -\tan^{-1}\frac{\frac{5}{7}\omega}{\frac{3}{7}-\omega^2} = -\tan^{-1}\frac{5\omega}{3-7\omega^2}$$

복소수 s가 허수축을 따라 원점에서 출발하여 $+j\infty$까지 이동할 때의 $G(j\omega)H(j\omega)$의 크기와 위상각을 구하면 [표 7-1]과 같다.

[표 7-1] $G(s)H(s)=\dfrac{10}{7s^2+5s+3}$의 주파수에 대한 크기와 위상각

ω[rad/sec]	0	0.5	0.655	1	2	5	∞
$\lvert G(j\omega)H(j\omega)\rvert$	3.33	3.58	3.06	1.56	0.36	0.06	0
θ[°]	0	−64	−90	−129	−159	−172	−180

[표 7-1]에 의해 나이퀴스트선도를 그리면 [그림 7-14]와 같다. 그림을 보면 ω가 증가함에 따라 벡터궤적이 점 $(-1,\ j0)$을 왼쪽으로 보면서 진행해 나가므로 간략화된 나이퀴스트의 판별법에 의해 이 시스템은 안정하다.

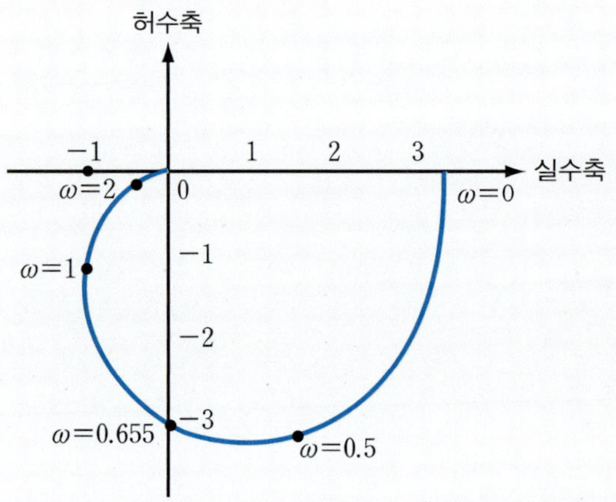

[그림 7-14] $G(s)H(s)=\dfrac{10}{7s^2+5s+3}$의 나이퀴스트선도

Q **나이퀴스트 판별법과 간략화된 나이퀴스트 판별법의 차이는?**

A 나이퀴스트 판별법에서는 복소수 s가 허수축을 따라 원점에서 출발하여 $+j\infty$까지 이동하는, 즉 $s=j\omega$, $\omega: 0\rightarrow\infty$에 대한 사상을 구한다. 그리고 다시 복소수 s가 허수축을 따라 $-j\infty$에서 원점까지 이동하는 사상을 구해 복소평면에서 점 $(-1,\ j0)$의 주위를 시계방향으로 회전하는지 조사함으로써 시스템의 안정도를 판단한다.

반면에, 간략화된 나이퀴스트 판별법은 경로사상의 실수축에 대한 대칭성을 이용하여 복소수 s가 허수축을 따라 원점에서 출발하여 $+j\infty$까지 이동하는 사상만 구하고, 점 $(-1,\ j0)$을 왼쪽으로 보면서 원점으로 수렴하면 안정하고, 오른쪽으로 보면서 수렴하면 불안정하다고 판단한다.

SECTION
7.2

이득여유와 위상여유

자동제어시스템은 안정하면서 알맞은 제어응답(시간응답 또는 주파수응답)을 얻을 수 있는 것이 가장 바람직하다. 그러나 안정한 것과 알맞은 시간응답은 때로 서로 상반관계에 있을 수 있으므로 무조건 안정한 것만 추구할 수는 없다. 따라서 제어기를 설계할 때는 절대안정도뿐만 아니라 상대안정도도 같이 고려해야 한다. 이 상대안정도를 알기 위해 나이퀴스트선도가 사용되며, 주파수응답의 이득여유와 위상여유는 시간응답과 밀접한 관계가 있다.

Keywords | 이득여유 | 위상교차점 | 이득여유주파수 | 위상교차주파수 | 위상여유 | 이득교차점 | 위상여유주파수 | 이득교차주파수 |

1 이득여유와 위상여유의 정의

주파수응답은 시간응답과 밀접한 관계가 있다. 그중에서도 이득여유와 위상여유는 과도응답의 특성이나 정상상태오차와도 밀접한 관계가 있어 대단히 중요한 주파수응답의 특성이다. [그림 7-15]를 보면 3가지 나이퀴스트선도가 그려져 있다. ❶과 ❷는 안정한 시스템의 나이퀴스트선도, ❸은 불안정한 시스템의 나이퀴스트선도이다. 이때 ❷보다 ❶이 더 안정한 시스템이라고 할 수 있는데, 왜냐하면 ❷는 시스템의 이득을 조금 크게 하면 점 $(-1, j0)$을 넘어서 ❸과 같이 되어 불안정해지기 쉽기 때문이다. 이제 이득여유와 위상여유에 대해 좀 더 자세히 살펴보자.

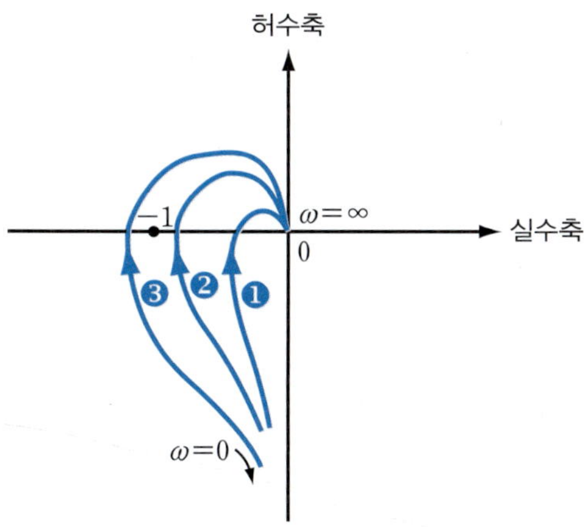

[그림 7-15] 나이퀴스트선도와 안정도

■ 이득여유

[그림 7-16]과 같은 단위귀환 제어시스템의 나이퀴스트선도가 [그림 7-17]과 같이 그려질 때, 이 벡터궤적이 실수축과 만나는 점 Q를 **위상교차점**(phase crossover)이라 하고, 그때의 주파수 ω_{GM}을 **이득여유주파수**(gain margin frquency) 또는 **위상교차주파수**(phase crossover frequency)라고 한다.

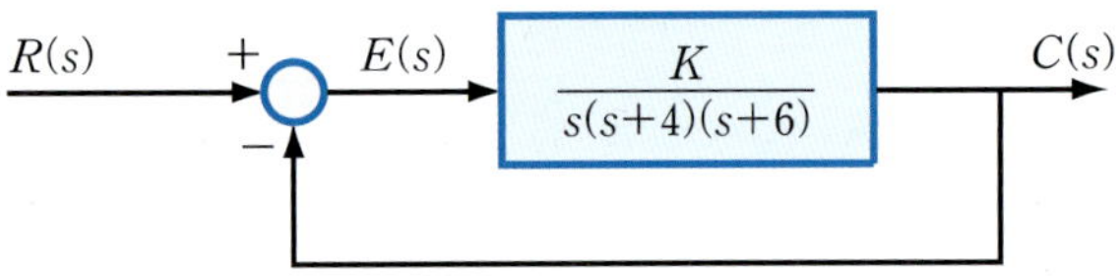

[그림 7-16] $G(s)H(s)=\dfrac{K}{s(s+4)(s+6)}$ 인 단위귀환 제어시스템

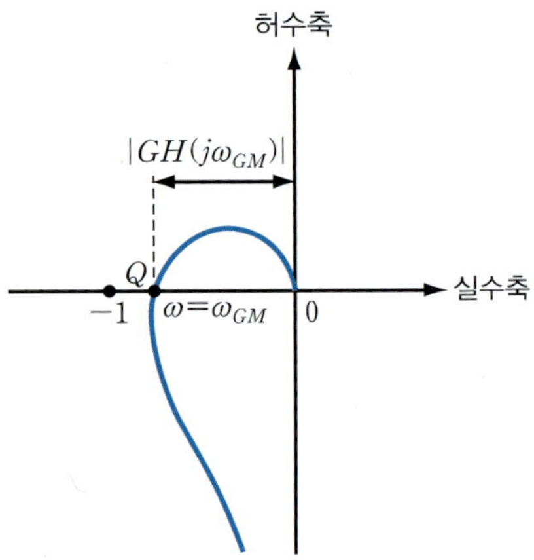

[그림 7-17] $G(s)H(s)=\dfrac{K}{s(s+4)(s+6)}$ 의 나이퀴스트선도와 이득여유

여기에서 위상교차점 Q의 실수축 좌표가 점 $(-0.8,\ j0)$이라고 가정하면, 이 시스템에서 주파수가 $\omega=\omega_{GM}$일 때 개루프 주파수 전달함수의 위상각은 $\theta=-180°$, 크기는 다음과 같다.

$$|G(j\omega_{GM})H((j\omega_{GM})|=0.8 \tag{7.9}$$

따라서 지금 이 시스템은 안정하지만, 만일 K값이 $1.25\left(=\dfrac{1}{0.8}\right)$배 만큼 커진다면 개루프 주파수 전달함수의 크기는 1이 되고, 벡터궤적은 점 $(-1,\ j0)$을 지나게 되어 불안정해진다. 즉 현재 이 시스템의 증폭도 K는 1.25배, 즉 25%의 여유밖에 없다. 이를 [dB] 단위로 표시한 것을 **이득여유**(gain margin)라고 하며, 다음과 같이 계산한다.

$$\begin{aligned} G_M &= 20\log\frac{1}{|G(j\omega_{GM})H(j\omega_{GM})|} \\ &= -20\log|G(j\omega_{GM})H(j\omega_{GM})| \\ &= -20\log 0.8 \\ &= 1.94\,[\text{dB}] \qquad \leftarrow 20\log\frac{1}{0.8} = 20\log 1.25 \fallingdotseq 1.94 \end{aligned} \tag{7.10}$$

여기에서 주의할 점은 이득여유가 1에서 0.8을 뺀 0.2의 [dB]값, 즉 이득 20log0.2가 아니라 20log1에서 20log0.8을 뺀 것이라는 점이다.

$$\begin{aligned} G_M &= 20\log 1 - 20\log|G(j\omega_{GM})H(j\omega_{GM})| \\ &= 0 - 20\log|G(j\omega_{GM})H(j\omega_{GM})| \\ &= -20\log|G(j\omega_{GM})H(j\omega_{GM})| \end{aligned} \tag{7.11}$$

■ 위상여유

어떤 자동제어시스템의 나이퀴스트선도가 [그림 7-18]과 같이 그려질 때, 이 벡터궤적에서 반지름 1인 원과 벡터궤적이 만나는 점 P를 **이득교차점**(gain crossover)이라 하고, 그때의 주파수 $\omega_{\Phi M}$을 **위상여유주파수**(phase margin frquency) 또는 **이득교차주파수**(gain crossover frequency)라고 한다.

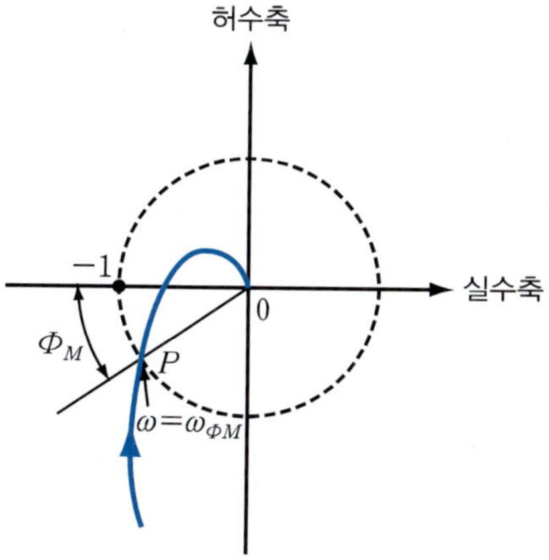

[그림 7-18] 나이퀴스트선도와 위상여유

이 시스템에서 주파수가 $\omega = \omega_{\Phi M}$일 때 개루프 주파수 전달함수의 크기와 위상각은 다음과 같다.

$$|G(j\omega_{\Phi M})H((j\omega_{\Phi M})| = 1$$

$$\theta = \angle G(j\omega_{\Phi M})H(j\omega_{\Phi M})$$

만일 이 위상각이 (−)로 조금 커져서 $-180°$가 되었다면, 점 P가 점 $(-1,\ j0)$으로 이동하여 이 시스템은 불안정해졌을 것이다. 따라서 지금 이 시스템은 위상각에 그만큼의 여유를 가지고 있다고 할 수 있다. 그러므로 **위상여유**(phase margin) Φ_M을 다음과 같이 계산할 수 있다.

$$\Phi_M = \angle G(j\omega_{\Phi M})H(j\omega_{\Phi M}) - 180° \tag{7.12}$$

여기에서 주의할 점은 Φ_M이 (−)값이면 (+)값으로 환산해서 사용해야 한다는 것이다. 예를 들어, $\angle G(j\omega_{\Phi M})H(j\omega_{\Phi M}) = -120°$로 $\Phi_M = -300°$가 되었다면 위상여유는 60°가 된다. 그림에서는 쉽게 구할 수 있으나 식으로 표시된 계산은 좀 복잡할 수 있다. 그러나 위상각 $\angle G(j\omega_{\Phi M})H(j\omega_{\Phi M})$을 (+)값으로 표시하면 식 (7.12)가 복잡하지 않을 수 있다. 다시 말해, 위상각 $-120°$는 $+240°$와 같으므로 앞의 계산에서 $-120°$ 대신에 $+240°$를 사용하면 바로 위상여유 60°를 얻을 수 있다.

예제 7-3

[그림 7-19]와 같은 단위귀환 제어시스템의 이득여유와 위상여유를 구하라.

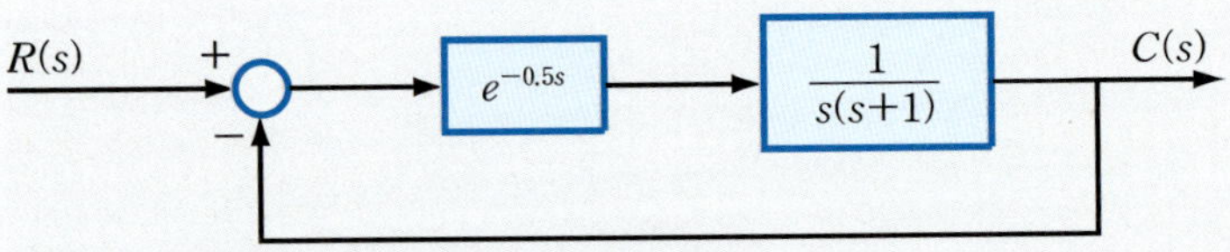

[그림 7-19] [예제 7-3]의 단위귀환 제어시스템

풀이

개루프 전달함수를 구하면

$$G(s)H(s) = \frac{e^{-0.5s}}{s(s+1)}$$

이고, 개루프 주파수 전달함수와 그 크기 및 위상각을 구하면 다음과 같다.

$$G(j\omega)H(j\omega) = \frac{e^{-j0.5\omega}}{j\omega(j\omega+1)}$$

$$|G(j\omega)H(j\omega)| = \frac{1}{\omega\sqrt{1+\omega^2}}$$

$$\theta = \angle G(j\omega)H(j\omega) = -0.5\omega - \frac{\pi}{2} - \tan^{-1}\omega$$

복소수 s를 허수축을 따라 원점에서 $+j\infty$까지 이동하면서 그때의 $G(j\omega)H(j\omega)$의 크기와 위상각을 구하면 [표 7-2]와 같다.

[표 7-2] $G(s)H(s)=\dfrac{e^{-0.5s}}{s(s+1)}$ 의 주파수에 대한 크기와 위상각

ω[rad/sec]	0	0.4	0.79	1	1.31	1.5	2	3	4	∞
$\lvert G(j\omega)H(j\omega)\rvert$	∞	2.32	0.99	0.71	0.53	0.37	0.22	0.11	0.06	0
θ[°]	−90	−123	−151	−164	−180	−189	−211	−248	−281	$-\infty$

[표 7-2]에 의해 나이퀴스트선도를 그리면 [그림 7-20]과 같다. 이를 통해 이득여유주파수 ω_{GM}, 이득여유 G_M, 위상여유주파수 $\omega_{\Phi M}$, 위상여유 Φ_M을 다음과 같이 구할 수 있다.

$$\omega_{GM}=1.31\,[\text{rad/sec}]$$

$$G_M=-20\log 0.53 \fallingdotseq 5.5\,[\text{dB}]$$

$$\omega_{\Phi M}=0.79\,[\text{rad/sec}]$$

$$\Phi_M=180°-151°=29\,[°]$$

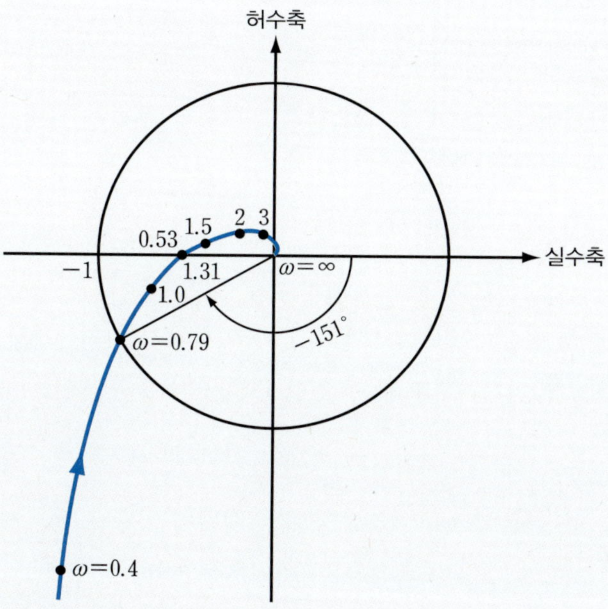

[그림 7-20] $G(s)H(s)=\dfrac{e^{-0.5s}}{s(s+1)}$ 의 나이퀴스트선도

2 보드선도에 의한 안정도 및 이득여유와 위상여유

이제 나이퀴스트선도의 이득여유 G_M과 위상여유 Φ_M의 개념을 보드선도에 도입해보자. [그림 7-21]의 보드선도에는 이득곡선과 위상곡선이 따로 그려져 있다. 위상각이 $\theta = -180°$ 일 때의 주파수가 이득여유주파수 ω_{GM} 이며, 이득이 $g = 0$ [dB]이 될 때의 주파수가 위상여유주파수 $\omega_{\Phi M}$ 이다.

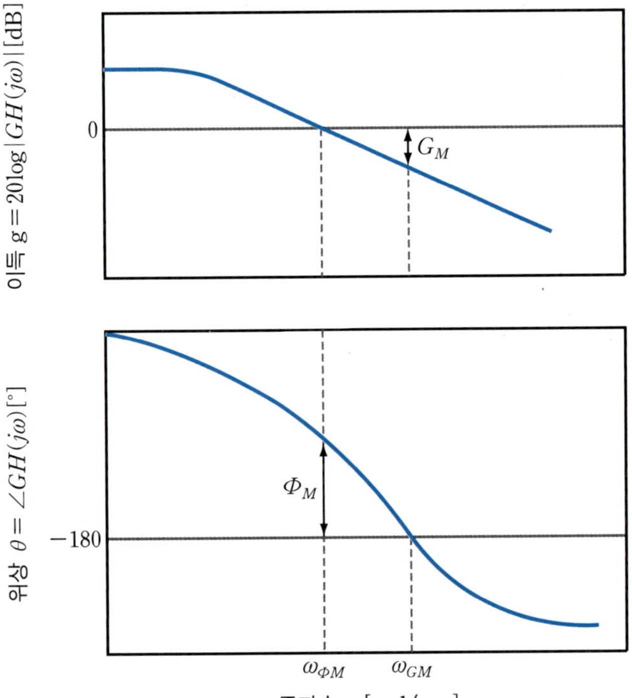

[그림 7-21] 보드선도와 이득여유주파수 및 위상여유주파수

따라서 이득곡선에서 주파수가 ω_{GM}일 때, 즉 위상각이 $\theta = -180°$ 일 때 이득 g가 0[dB]보다 크면 이 시스템은 불안정하고, 0[dB]보다 작으면 안정하다고 할 수 있다. 이때 0[dB]과의 이득 차가 이득여유 G_M이 된다.

한편, 위상곡선에서 주파수가 $\omega_{\Phi M}$일 때, 즉 이득이 $g = 0$[dB]일 때 위상각 θ값이 $-180°$ 보다 (−)로 더 큰 값이면 이 시스템은 불안정하고, (−)로 작은 값이면 안정하다고 할 수 있다. 이때 $-180°$ 와의 차가 위상여유 Φ_M이 된다.

[그림 7-22]와 같은 보드선도를 그리는 자동제어시스템은 이득여유주파수가 $\omega_{GM} = 6\,[\mathrm{rad/sec}]$이고, 위상여유주파수가 $\omega_{\Phi M} = 2\,[\mathrm{rad/sec}]$이다. 이때 이득여유는 $G_M = 30\,[\mathrm{dB}]$, 위상여유는 $\Phi_M = 72°$ 임을 알 수 있다. 따라서 이 시스템은 안정하다고 할 수 있다.

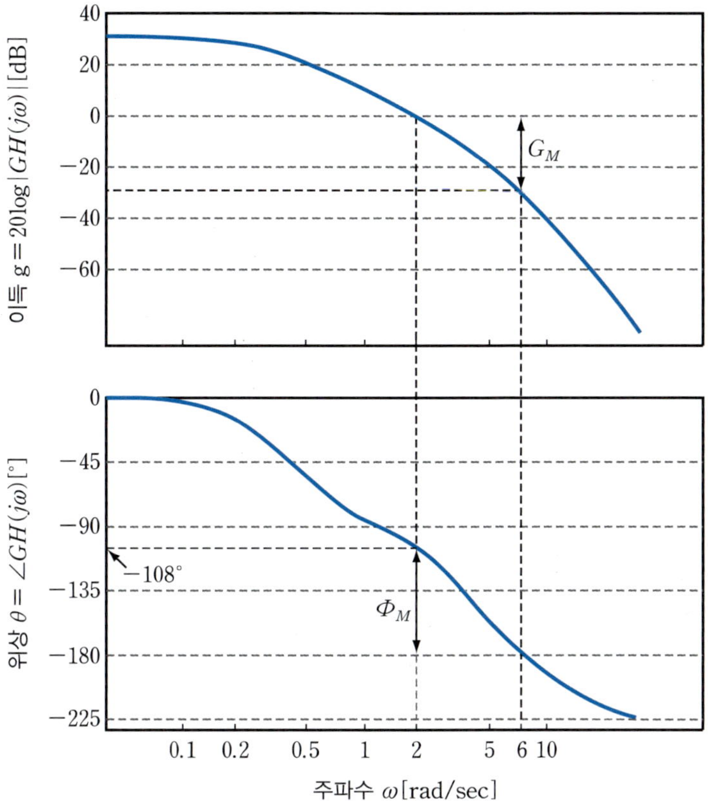

[그림 7-22] 보드선도와 이득여유 및 위상여유

Q **이득증가와 이득여유와의 관계는?**

A 일반적으로 자동제어시스템의 이득(=증폭도)을 증가시키면 이득여유가 감소하고, 시스템이 상대적으로 불안정해진다.

SECTION
7.3 주파수응답의 사양

시간응답을 나타내는 중요한 사양에는 상승시간, 첨두값 시간, 백분율 오버슈트, 정정시간 등이 있었다. 반면에, 주파수응답을 나타내는 사양은 앞에서 설명한 이득여유, 위상여유 이외에도 첨두공진값, 공진주파수, 대역폭 등이 있다. 이 절에서는 이들에 대해 살펴본다.

Keywords | 첨두공진값 | 공진주파수 | 대역폭 |

1 첨두공진값과 공진주파수

그동안 우리는 안정도와 밀접한 관계를 가진 개루프 주파수 전달함수 $G(j\omega)H(j\omega)$에 대해 주로 살펴보았다. 그러나 여기에서는 폐루프 주파수 전달함수에 대해 살펴보자.

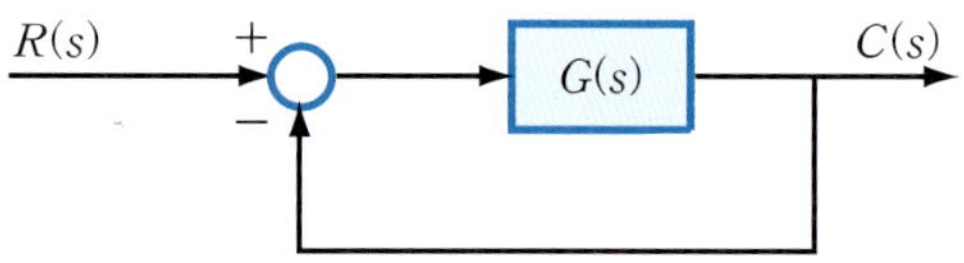

[그림 7-23] 단위귀환 제어시스템의 예

[그림 7-23]과 같은 단위귀환 제어시스템의 전체 전달함수는

$$M(s) = \frac{G(s)}{1+G(s)}$$

이므로, 주파수 전달함수는 다음과 같다.

$$M(j\omega) = \frac{G(j\omega)}{1+G(j\omega)} = M\angle\phi \qquad (7.13)$$

$$\text{단, } M = |M(j\omega)|,\ \phi = \angle M(j\omega)$$

여러 ω 값에 대한 M의 크기곡선의 한 예를 그림으로 나타내면 [그림 7-24]와 같고, 일반적으로 실용 자동제어시스템에서는 저주파 범위에서 $G(jw)$의 크기가 크고, 고주파 범위에서는 크기가 대단히 작다. 따라서 식 (7.13)으로 주어지는 폐루프 주파수 전달함수의 크기 M은 저주파 영역에서는 1에 가깝고, 고주파 영역으로 갈수록 0에 가깝게 된다.

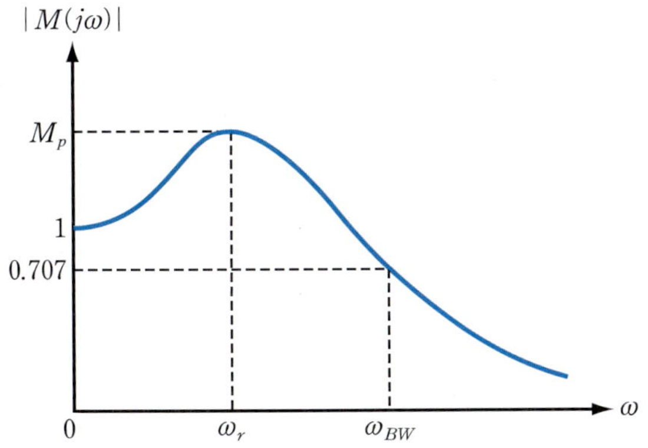

[그림 7-24] 폐루프 제어시스템의 일반적인 주파수 전달함수의 크기 특성

또한 부족제동 2차제어시스템 중에서 감쇠비 ζ값이 작으면 [그림 7-24]와 같이 주파수가 ω_r 일 때 최댓값 M_p를 나타낸 후 감소한다. 이때 이 주파수 ω_r 을 **공진주파수**(resonance frequency)라고 하며, 폐루프 주파수 전달함수의 최댓값 M_p를 **첨두공진값**(peak resonance)이라고 한다. 이 첨두공진값은 경험에 의해 다음과 같은 값이어야 좋은 제어성능을 나타내는 것으로 알려져 있으며, 이 값을 $\boldsymbol{M_p}$ **규범**(M_p norm)이라고 한다.

$$M_p = 1.2 \sim 1.6 \quad (\text{보통 } 1.3) \tag{7.14}$$

[그림 7-25]와 같은 표준 2차제어시스템의 첨두공진값 M_p와 감쇠비 ζ의 관계를 구해보자.

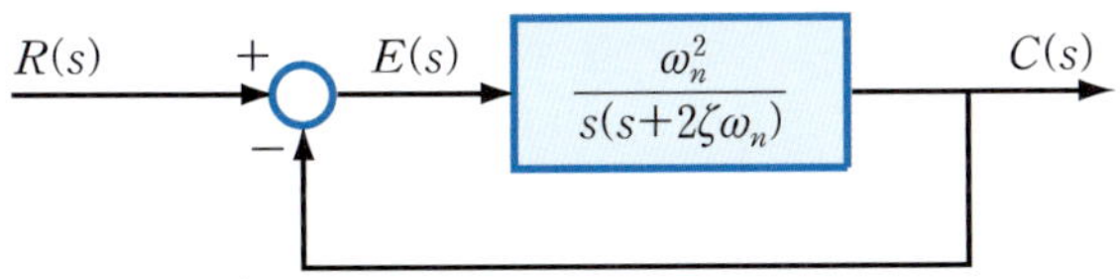

[그림 7-25] 표준 2차제어시스템

[그림 7-25]와 같은 표준 2차제어시스템의 전체 전달함수는

$$M(s) = \frac{\omega_n^2}{s^2 + 2\zeta\omega_n s + \omega_n^2} \tag{7.15}$$

이므로, 전체 주파수 전달함수는 다음과 같다.

$$M(j\omega) = \frac{\omega_n^2}{(j\omega)^2 + j2\zeta\omega_n\omega + \omega_n^2} \tag{7.16}$$

그리고 크기는 다음과 같이 된다.

$$|M(j\omega)| = \frac{\omega_n^2}{\sqrt{(\omega_n^2 - \omega^2)^2 + (2\zeta\omega_n\omega)^2}} \tag{7.17}$$

크기의 최댓값 M_p를 구하려면 식 (7.17)을 주파수 ω에 대해 미분한 후, 그 미분을 0으로 놓고 방정식을 풀면 된다. 그러면 다음과 같은 첨두공진값 M_p와 그때의 공진주파수 ω_r을 얻게 된다.

★ 첨두공진값과 공진주파수 ★

$$M_p = \frac{1}{2\zeta\sqrt{1-\zeta^2}} \quad \text{단, } \zeta < 0.707 \tag{7.18}$$

$$\omega_r = \omega_n\sqrt{1-2\zeta^2} \tag{7.19}$$

식 (7.19)에서 ω_r이 실수이기 위해서는 $\zeta < 0.707$이어야 함을 알 수 있다. 첨두공진값 M_p가 감쇠비 ζ와 밀접한 관계가 있으므로 시간응답의 오버슈트와도 밀접한 관계가 있으나, 첨두공진값은 $\zeta > 0.707$인 경우에는 발생하지 않는다.

Q 첨두공진값과 시간응답의 오버슈트와의 상관관계는?

A 첨두공진값이 감쇠비와 밀접한 관계가 있으므로 시간응답의 오버슈트와도 밀접한 관계가 있다. 즉 감쇠비의 값이 작으면 첨두공진값도 커지고 백분율 오버슈트도 커진다. 그러나 정확한 비례관계가 있는 것은 아니다. 첨두공진값과 오버슈트는 모양은 비슷하지만, 하나는 주파수응답, 다른 하나는 시간응답으로 서로 전혀 다른 것이므로 혼동하지 않도록 주의해야 한다.

2 대역폭

대역폭(bandwidth)은 폐루프 주파수 전달함수의 크기가 $|M(j\omega)| = 0.707\left(= \frac{1}{\sqrt{2}}\right)$, 즉 이득이 $g = -3\,[\mathrm{dB}]$일 때의 주파수를 말하며, 다음과 같이 표시된다(유도 과정 생략).

★ 대역폭 ★

$$\omega_{BW} = \omega_n\sqrt{(1-2\zeta^2) + \sqrt{4\zeta^4 - 4\zeta^2 + 2}} \tag{7.20}$$

대역폭은 고유주파수 ω_n에 정비례하고, 감쇠비 ζ에 반비례한다. 따라서 $0 < \zeta < 0.707$에서 ζ가 감소하면 대역폭 ω_{BW}는 증가하고, 식 (7.18)에서 첨두공진값 M_p도 증가한다. 그러므로 대역폭과 첨두공진값은 서로 비례관계에 있다고 할 수 있다.

예제 7-4

[그림 7-26]과 같은 자동제어시스템의 대역폭을 구하라. 단, $K = 100$이다.

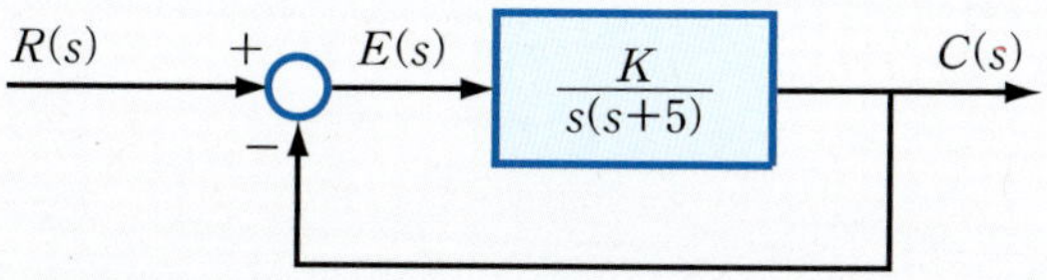

[그림 7-26] [예제 7-4]의 자동제어시스템

풀이

폐루프 전달함수 $M(s)$를 구하면 다음과 같다.

$$\begin{aligned} M(s) &= \frac{G(s)}{1+G(s)H(s)} \\ &= \frac{\dfrac{100}{s(s+5)}}{1+\dfrac{100}{s(s+5)}} \\ &= \frac{100}{s^2+5s+100} \\ &= \frac{100}{s^2+2\times 0.25\times 10s+10^2} \end{aligned}$$

$\zeta = 0.25$, $\omega_n = 10$이므로 식 (7.20)에 대입하여 대역폭 ω_{BW}를 구하면 다음과 같다.

$$\begin{aligned} \omega_{BW} &= \omega_n \sqrt{(1-2\zeta^2)+\sqrt{4\zeta^4-4\zeta^2+2}} \\ &= 10\sqrt{(1-2\times 0.25^2)+\sqrt{4\times 0.25^4-4\times 0.25^2+2}} \\ &\fallingdotseq 10\sqrt{0.875+1.329} \\ &\fallingdotseq 14.8\,[\text{rad/sec}] \end{aligned}$$

SECTION 7.4

주파수응답과 시간응답의 관계

주파수응답은 시간응답과 밀접한 관계가 있으므로 주파수응답을 알면 시간응답을 쉽게 유추할 수 있다. 또한 주파수응답을 구하는 많은 해석 및 설계 기법들이 개발되어 있어, 고차제어시스템에 대한 시간응답을 구할 때 주파수응답을 먼저 구하고, 이를 이용하여 시간응답을 유추해 구하면 대단히 편리하다.

Keywords | 첨두공진값 | 대역폭 | 위상여유 |

1 첨두공진값과 감쇠비

식 (7.18)과 식 (7.19)에서 알 수 있듯이 첨두공진값 M_p는 감쇠비 ζ와 밀접한 관계가 있으며, 공진주파수 ω_r은 고유주파수 ω_n과 감쇠비 ζ와 밀접한 관계가 있다. 따라서 주파수응답의 첨두공진값과 공진주파수를 알면 시스템의 감쇠비와 고유주파수를 알 수 있고, 이들 값을 이용하여 자동제어시스템의 여러 시간응답을 유추할 수 있다. 다만, 식 (7.18)과 식 (7.19)는 표준 2차제어시스템에 대한 식이므로 고차제어시스템과는 차이가 있을 수 있다. 따라서 이 식들을 이용하여 제어기를 설계했을 때 실제 시간응답이 원래 바라는 응답과 같은지 반드시 확인할 필요가 있다.

예제 7-5

어떤 표준 2차제어시스템의 주파수응답에서 공진주파수가 $\omega_r = 2\,[\mathrm{rad/sec}]$일 때, 첨두공진값이 $M_p = 1.5$라고 한다. 이 시스템에 단위계단입력을 가했을 때, 다음의 시간응답을 구하라.

(a) 첨두값 시간 T_p

(b) 백분율 오버슈트 $\%OS$

(c) 지연시간 T_d

(d) 상승시간 T_r

(e) 정정시간 T_s

풀이

먼저 식 (7.18)을 이용하여 감쇠비 ζ를 구하면 다음과 같다.

$$1.5 = \frac{1}{2\zeta\sqrt{1-\zeta^2}}$$

양변을 정리하면

$$3\zeta\sqrt{1-\zeta^2}=1$$

$$9\zeta^2(1-\zeta^2)=1$$

$$\zeta^4-\zeta^2+\frac{1}{9}=0$$

이고, 이 방정식을 풀면 감쇠비 ζ는 다음과 같다.

$$\zeta^2=0.872,\ \ 0.127$$

$$\zeta \fallingdotseq 0.93,\ \ 0.36$$

두 감쇠비 중에서 $\zeta \geq 0.707$일 때는 첨두공진값이 발생하지 않으므로, 0.93을 버리면 $\zeta=0.36$을 얻을 수 있다. 또한 이 감쇠비 $\zeta=0.36$과 공진주파수 $\omega_r=2$를 식 (7.19)에 대입하면 다음과 같이 이 시스템의 고유주파수 ω_n을 구할 수 있다.

$$\omega_r=\omega_n\sqrt{1-2\zeta^2}$$

$$2=\omega_n\sqrt{1-2\times 0.36^2}$$

$$\omega_n=\frac{2}{\sqrt{1-2\times 0.36^2}} \fallingdotseq 2.32\,[\mathrm{rad/sec}]$$

이와 같이 주파수응답의 첨두공진값 $M_p=1.5$와 공진주파수 $\omega_r=2\,[\mathrm{rad/sec}]$로부터 그 시스템의 감쇠비 $\zeta=0.36$과 고유주파수 $\omega_n=2.32$를 알아냈다. 따라서 이 시스템에 단위계단입력을 가했을 때의 시간응답을 다음과 같이 구할 수 있다. 2

(a) 첨두값 시간 T_p를 구하면 다음과 같다.

$$T_p=\frac{\pi}{\omega_n\sqrt{1-\zeta^2}}=\frac{\pi}{2.32\sqrt{1-0.36^2}}=1.45\,[\mathrm{sec}]$$

(b) 백분율 오버슈트 $\%OS$를 구하면 다음과 같다.

$$\%\,OS=e^{-\left(\zeta\pi/\sqrt{1-\zeta^2}\right)}\times 100$$

$$=e^{-(0.36\pi/\sqrt{1-0.36^2})}\times 100=29.8\,[\%]$$

(c) 지연시간 T_d를 구하면 다음과 같다.

$$T_d \fallingdotseq \frac{1+0.7\zeta}{\omega_n}=\frac{1+0.7\times 0.36}{2.32}=0.54\,[\mathrm{sec}]$$

2 시간응답의 사양에 대한 자세한 설명은 4장을 참고하기 바란다.

(d) 상승시간 T_r을 구하면 다음과 같다.

$$T_r \fallingdotseq \frac{0.8+2.5\zeta}{\omega_n} = \frac{0.8+2.5\times 0.36}{2.32} = 0.73\,[\text{sec}]$$

(e) 정정시간 T_s를 구하면 다음과 같다.

$$T_s \fallingdotseq \frac{4}{\zeta\omega_n} = \frac{4}{0.36\times 2.32} = 4.79\,[\text{sec}]$$

2 대역폭과 시간응답

식 (7.20)에서 보는 바와 같이 주파수응답의 대역폭 ω_{BW}와 시간응답의 고유주파수 ω_n은 밀접한 관계가 있다. 따라서 감쇠비 ζ를 알고 있는 시스템에서 대역폭 ω_{BW}가 주어지면, 시스템의 고유주파수 ω_n과 관계가 있는 정정시간 T_s와 첨두값 시간 T_p, 상승시간 T_r을 다음 식을 이용하여 구할 수 있다(유도 과정 생략).

$$\omega_{BW} = \frac{4}{T_s\zeta}\sqrt{(1-2\zeta^2)+\sqrt{4\zeta^4-4\zeta^2+2}} \tag{7.21}$$

$$\omega_{BW} = \frac{\pi}{T_p\sqrt{1-\zeta^2}}\sqrt{(1-2\zeta^2)+\sqrt{4\zeta^4-4\zeta^2+2}} \tag{7.22}$$

$$\omega_{BW} \fallingdotseq \frac{0.8+2.5\zeta}{T_r}\sqrt{(1-2\zeta^2)+\sqrt{4\zeta^4-4\zeta^2+2}} \tag{7.23}$$

이 식들에서 알 수 있듯이 정정시간과 첨두값 시간, 상승시간 등은 대역폭과 반비례관계임을 알 수 있다. 다시 말해, 대역폭이 크면 시간응답이 빠르다.

3 위상여유와 감쇠비

[그림 7-27]의 표준 2차제어시스템의 위상여유 Φ_M과 감쇠비 ζ는 다음과 같은 관계가 있다(유도 과정 생략).

$$\Phi_M = \tan^{-1}\frac{2\zeta}{\sqrt{-2\zeta^2+\sqrt{4\zeta^4+1}}} \tag{7.24}$$

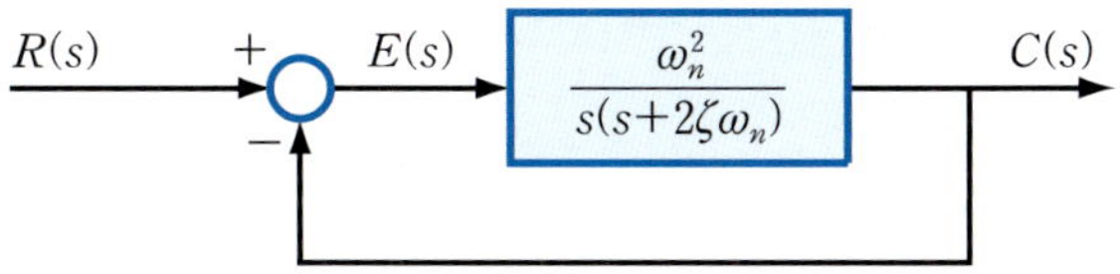

[그림 7-27] 표준 2차제어시스템

식 (7.24)와 백분율 오버슈트를 나타내는 식 (7.25)에 감쇠비 ζ값들을 각각 대입하여 위상여유와 백분율 오버슈트를 계산하면 [표 7-3]과 같다.

$$\% OS = e^{-\left(\zeta\pi/\sqrt{1-\zeta^2}\right)} \times 100 \tag{7.25}$$

또한 [표 7-3]을 이용하여 감쇠비와 위상여유의 관계를 그래프로 나타내면 [그림 7-28]과 같다. 이 비선형곡선을 **선형화**(linearization)하여 수식으로 표현하면 다음과 같이 쓸 수 있다.

$$\zeta \fallingdotseq 0.01\,\Phi_M \tag{7.26}$$

따라서 위상여유가 크면 시스템의 감쇠비가 커지며, 계단입력에 대한 백분율 오버슈트가 작아진다는 것을 의미한다.

[표 7-3] 표준 2차제어시스템의 감쇠비에 대한 위상여유와 백분율 오버슈트

감쇠비 ζ	위상여유 Φ_M[°]	백분율 오버슈트 $\%OS$[%]
0.05	5.7	85.4
0.07	8.0	80.2
0.10	11.4	72.9
0.15	17.1	62.1
0.20	22.6	52.7
0.25	28.0	44.4
0.30	33.3	37.2
0.35	38.3	30.9
0.40	43.1	25.4
0.45	47.6	20.5
0.50	51.8	16.0
0.55	55.7	12.6
0.60	59.2	9.5
0.65	62.3	6.8
0.70	65.2	4.6
0.75	67.7	2.8
0.80	69.9	1.5
0.85	71.8	0.6

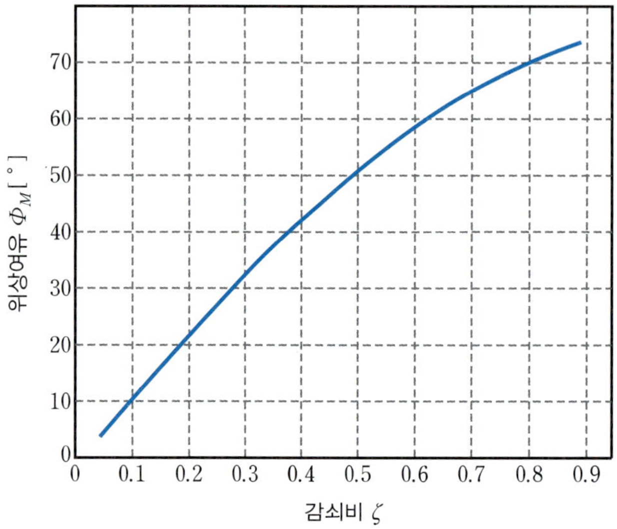

[그림 7-28] 표준 2차제어시스템의 감쇠비와 위상여유의 관계

또한 [표 7-3]을 이용하여 위상여유 Φ_M에 대한 백분율 오버슈트 $\%OS$의 관계를 그래프로 나타내면 [그림 7-29]와 같다. 따라서 개루프 주파수 전달함수의 위상여유가 주어졌을 때 [그림 7-29]를 이용하여, 그 단위귀환 제어시스템에 대한 백분율 오버슈트를 쉽게 구할 수 있다.

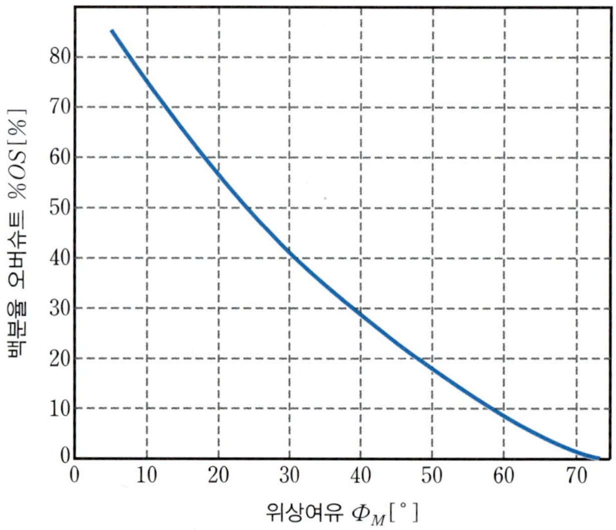

[그림 7-29] 표준 2차제어시스템의 위상여유와 백분율 오버슈트의 관계

예제 7-6

전향경로 전달함수의 보드선도가 [그림 7-30]과 같은 2차지연제어시스템에 대해 백분율 오버슈트의 대략적인 값을 구하라.

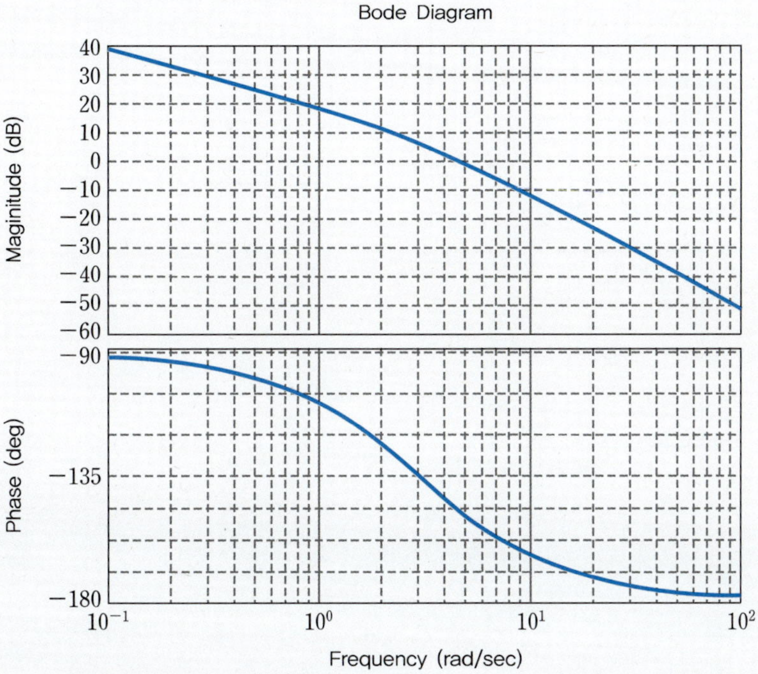

[그림 7-30] [예제 7-6]의 보드선도

풀이

보드선도에서 위상여유를 구하면 대략 다음과 같다.

$$\Phi_M \fallingdotseq 33.5°$$

따라서 [표 7-3]에 의해 백분율 오버슈트의 대략적인 값을 다음과 같이 구할 수 있다.

$$\%OS \fallingdotseq 37[\%]$$

CHAPTER

07 연습문제

7.1 다음 그림과 같은 주파수응답에서 M_p와 ω_{BW}를 각각 무엇이라고 하는가?

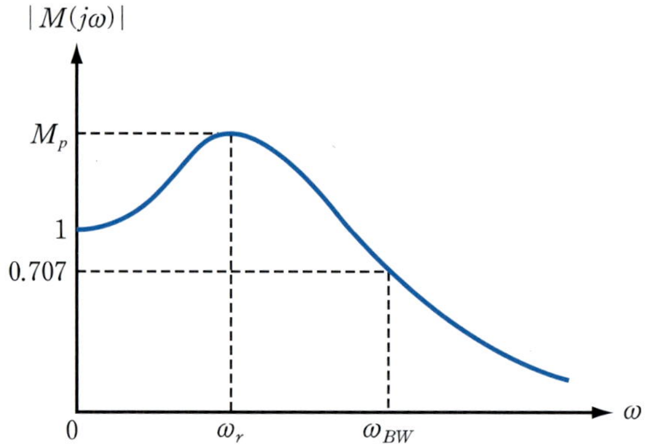

㉮ 백분율 오버슈트, 이득주파수

㉯ 첨두공진값, 공진주파수

㉰ 백분율 오버슈트, 공진주파수

㉱ 첨두공진값, 대역폭

7.2 다음 그림과 같은 나이퀴스트선도를 나타내는 자동제어시스템의 개루프 전달함수는?

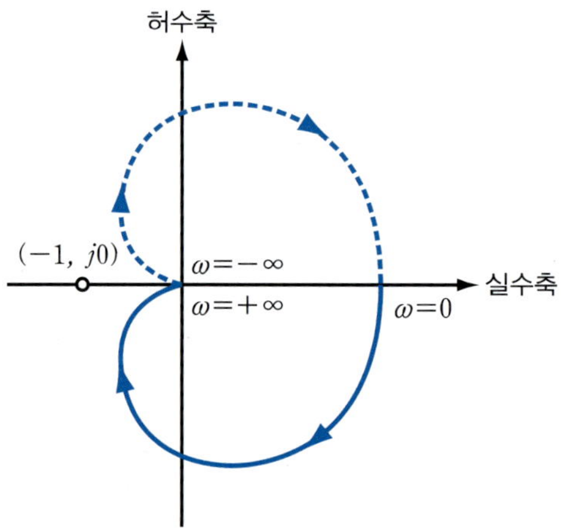

㉮ $\dfrac{K}{s(s+a)(s+b)}$ ㉯ $\dfrac{K}{s^2(s+a)}$

㉰ $\dfrac{K}{(s+a)(s+b)}$ ㉱ $\dfrac{K}{s+a}$

7.3 다음 그림과 같은 나이퀴스트선도를 나타내는 자동제어시스템의 개루프 전달함수는?

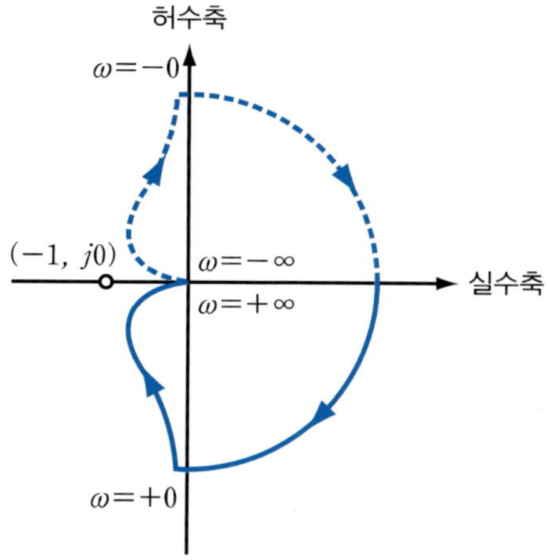

㉮ $\dfrac{10}{s+10}$ ㉯ $\dfrac{10}{s^2+5s}$ ㉰ $\dfrac{6}{s^2+5s+6}$ ㉱ $\dfrac{10}{s^3+3s^2+5s+10}$

7.4 어떤 자동제어시스템의 안정도를 판단하기 위해 주파수 ω값을 0에서부터 ∞로 변화시키면서 그린 개루프 주파수 전달함수의 벡터궤적을 무엇이라고 하는가?

㉮ 라우스 표 ㉯ 나이퀴스트선도
㉰ 이득위상도 ㉱ 보드선도

7.5 나이퀴스트선도를 이용하여 위상여유를 구하는 것과 관련이 있는 것은?

㉮ 위상교차점 ㉯ 위상교차주파수
㉰ 공진주파수 ㉱ 이득교차점

7.6 나이퀴스트선도를 이용하여 이득여유를 구하는 것과 관련이 있는 것은?

㉮ 위상교차점 ㉯ 대역폭
㉰ 이득교차점 ㉱ 고유주파수

7.7 나이퀴스트선도와 자동제어시스템의 안정도에 대한 설명으로 옳은 것은?

㉮ 점 $(-1,\ j0)$을 싸고 돌지 않으면 불안정하다.
㉯ 점 $(-1,\ j0)$을 왼쪽으로 보면서 돌면 불안정하다.
㉰ 점 $(-1,\ j0)$을 오른쪽으로 보면서 돌면 불안정하다.
㉱ 점 $(-1,\ j0)$과 자동제어시스템의 안정과는 관계가 없다.

7.8 다음 그림과 같은 나이퀴스트선도들 중에서 가장 안정한 자동제어시스템은?

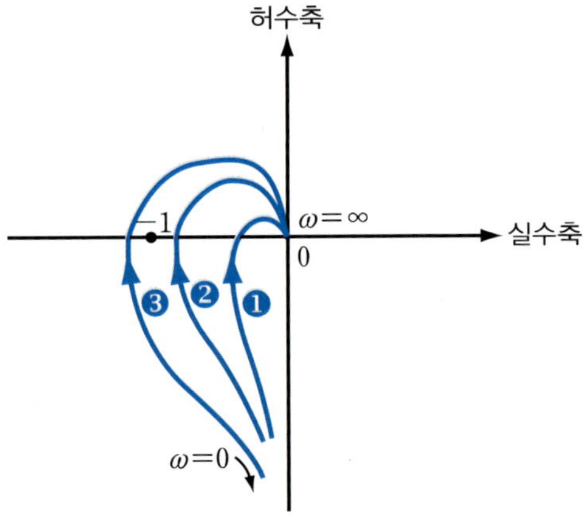

㉮ ❶　　㉯ ❷　　㉰ ❸　　㉱ 안정한 것은 없다.

7.9 자동제어시스템에서 일반적으로 이득을 높이면?

㉮ 첨두공진값은 커지나 대역폭은 작아진다.

㉯ 첨두공진값과 이득여유가 커진다.

㉰ 응답은 빨라지나 시스템은 불안정해진다.

㉱ 응답은 느려지나 시스템은 안정해진다.

7.10 다음 그림과 같은 나이퀴스트선도를 그리는 자동제어시스템의 안정 여부는?

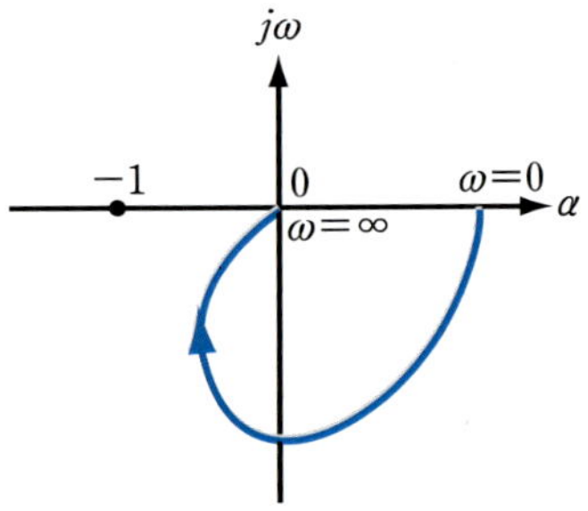

㉮ 불안정하다.　　㉯ 약간 안정하다.

㉰ 대단히 안정하다.　　㉱ 안정 여부는 알 수 없다.

7.11 주파수의 변화에 따른 벡터궤적 중의 하나인 것은?

㉮ 보드선도　　㉯ 나이퀴스트선도

㉰ 블록선도　　㉱ 신호흐름선도

7.12 시스템의 안정도를 판별할 때 나이퀴스트 판별법이 라우스-후르비츠 판별법보다 좋은 점으로 옳은 것은?

㉮ 계산이 대단히 간단하다.

㉯ 안정도 판단이 정확하다.

㉰ 시스템의 차수가 높을수록 계산이 간단해진다.

㉱ 상대적인 안정도를 구할 수 있다.

7.13 다음 그림과 같은 나이퀴스트선도를 그리는 자동제어시스템의 이득여유는? 단, $\log 2 = 0.3010$, $\log 3 = 0.4771$이다.

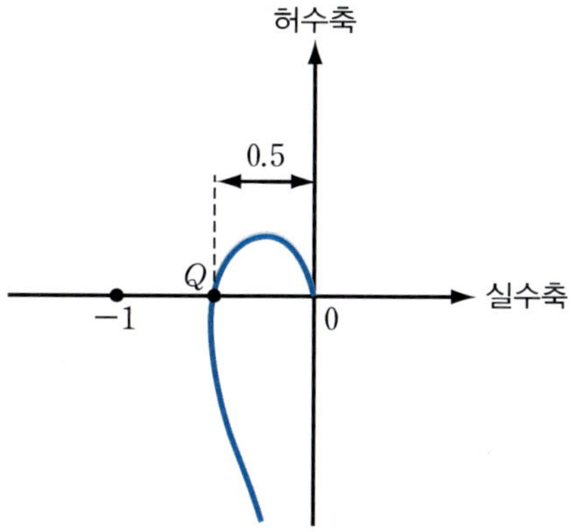

㉮ 0.5[dB] ㉯ 6[dB] ㉰ 10[dB] ㉱ −0.5[dB]

7.14 다음 그림과 같은 나이퀴스트선도를 그리는 자동제어시스템의 이득여유는? 단, $\log 2 = 0.3010$, $\log 3 = 0.4771$이다.

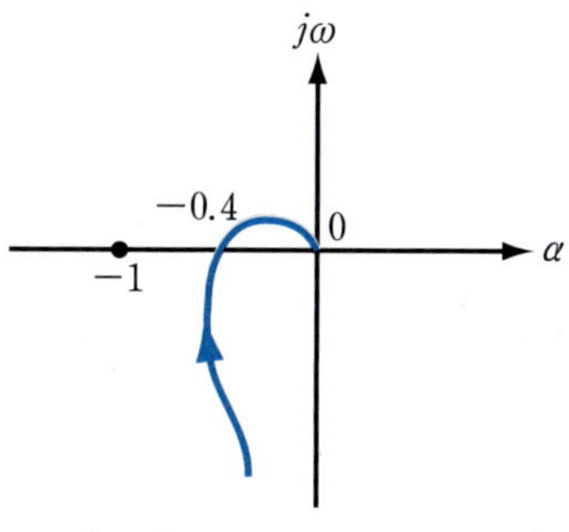

㉮ 0.60[dB] ㉯ 2.24[dB] ㉰ 6.65[dB] ㉱ 7.96[dB]

7.15 다음 그림과 같은 나이퀴스트선도를 그리는 자동제어시스템의 위상여유는?

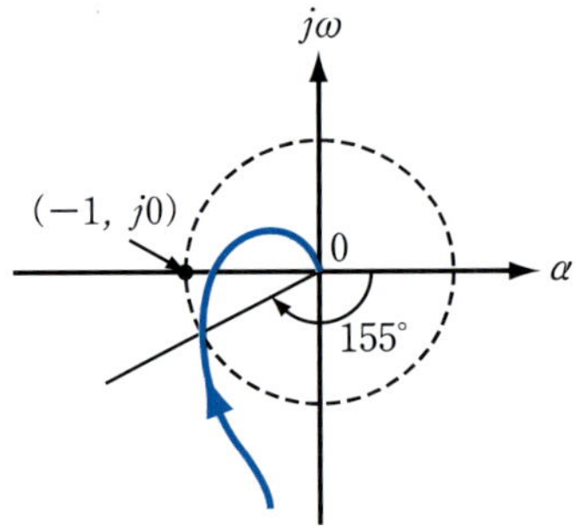

㉮ 25° ㉯ 155° ㉰ 205° ㉱ −155°

7.16 다음 그림과 같은 나이퀴스트선도를 그리는 자동제어시스템의 이득여유는?

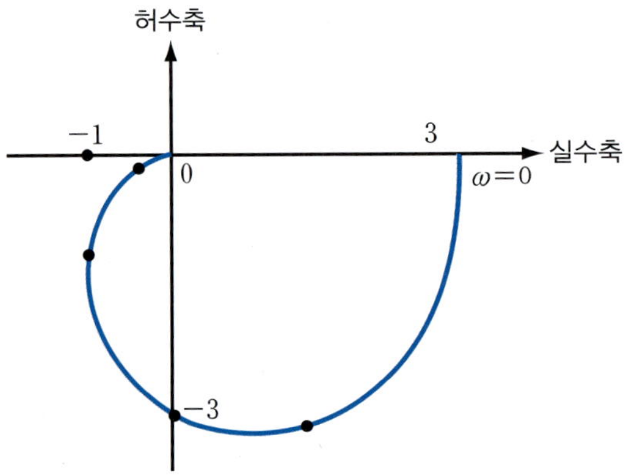

㉮ 0[dB] ㉯ 20[dB] ㉰ 40[dB] ㉱ ∞[dB]

7.17 다음 그림과 같은 나이퀴스트선도를 그리는 자동제어시스템의 이득여유와 위상여유는?
단, $\log 2 = 0.3010$, $\log 3 = 0.4771$ 이다.

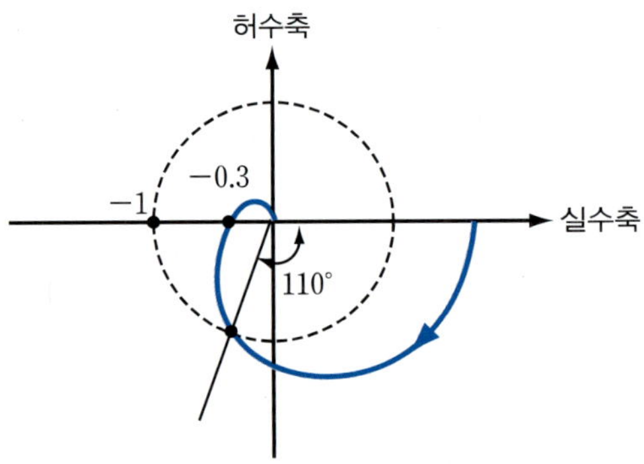

㉮ 0.6[dB], 110° ㉯ 4.4[dB], 110° ㉰ 10.5[dB], 70° ㉱ 4.4[dB], 70°

7.18 다음 그림과 같은 보드선도를 그리는 자동제어시스템의 이득여유와 위상여유는 대략 얼마인가?

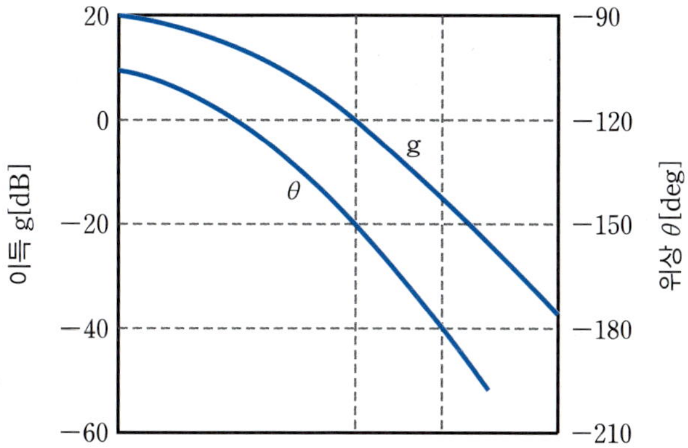

㉮ 13[dB], 30° ㉯ 20[dB], 40° ㉰ 27[dB], 40° ㉱ 27[dB], 30°

7.19 다음 그림과 같은 보드선도를 그리는 자동제어시스템의 이득여유와 위상여유는 대략 얼마인가?

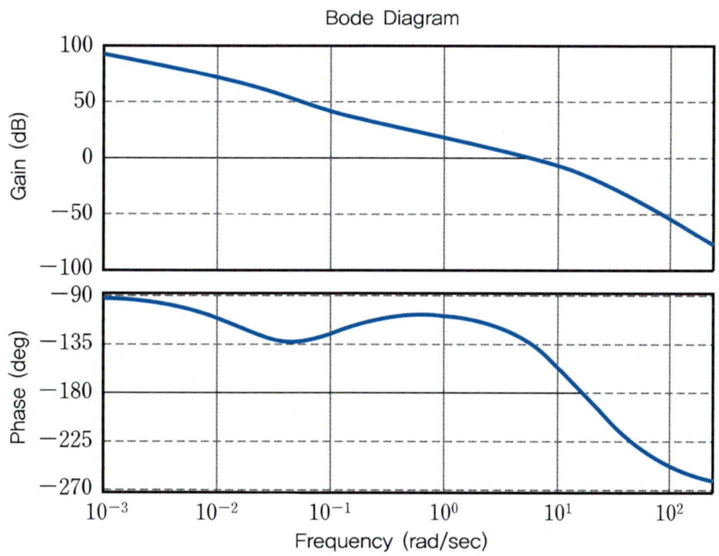

㉮ 90[dB], −92° ㉯ 10[dB], 45° ㉰ 27[dB], 30° ㉱ 0[dB], 30°

7.20 보드선도에서 이득여유란?

㉮ 위상이 0°가 되는 주파수에서 이득과 0[dB]과의 차

㉯ 위상이 −90°가 되는 주파수에서 이득과 0[dB]과의 차

㉰ 위상이 −180°가 되는 주파수에서 이득과 0[dB]과의 차

㉱ 위상이 −90°가 되는 주파수에서 이득과 1[dB]과의 차

7.21 보드선도에서 이득이 $g=0$[dB]일 때, 위상각 θ값이 −200°이다. 이 시스템의 상태는?

㉮ 안정하다. ㉯ 임계안정하다. ㉰ 임계불안정하다. ㉱ 불안정하다.

7.22 폐루프 전달함수가 $M(s)=\dfrac{\omega_n^2}{s^2+2\zeta\omega_n+\omega_n^2}$인 제어요소의 주파수응답에서 첨두공진값 M_p는?

㉮ $M_p=\dfrac{1}{2\zeta\sqrt{1-\zeta^2}}$

㉯ $M_p=\omega_n\sqrt{1-2\zeta}$

㉰ $M_p=\dfrac{1}{2\omega_n\sqrt{1-\zeta^2}}$

㉱ $M_p=\omega_n\sqrt{1-\zeta^2}$

7.23 폐루프 전달함수가 $M(s)=\dfrac{25}{s^2+6s+25}$인 제어요소의 주파수응답에서 첨두공진값 M_p는?

㉮ $M_p \fallingdotseq 0.86$ ㉯ $M_p \fallingdotseq 1.32$ ㉰ $M_p \fallingdotseq 1.04$ ㉱ $M_p \fallingdotseq 1.28$

7.24 폐루프 전달함수가 $M(s)=\dfrac{\omega_n^2}{s^2+2\zeta\omega_n+\omega_n^2}$인 제어요소의 주파수응답에서 공진주파수 ω_r은?

㉮ $\omega_r=\zeta\omega_n\sqrt{1-\zeta^2}$

㉯ $\omega_r=\omega_n\sqrt{1-\zeta^2}$

㉰ $\omega_r=\zeta\sqrt{1-\omega_n}$

㉱ $\omega_r=\omega_n\sqrt{1-2\zeta^2}$

7.25 폐루프 전달함수가 $M(s)=\dfrac{100}{s^2+16s+100}$인 제어요소의 주파수응답에서 공진주파수 ω_r은?

㉮ $\omega_r \fallingdotseq 0.7$

㉯ $\omega_r \fallingdotseq 2.6$

㉰ $\omega_r \fallingdotseq 0.38$

㉱ 공진이 일어나지 않는다.

7.26 폐루프 전달함수가 $M(s)=\dfrac{100}{s^2+10s+100}$인 제어요소의 주파수응답에서 공진주파수 ω_r은?

㉮ $\omega_r \fallingdotseq 5$ ㉯ $\omega_r \fallingdotseq 6$ ㉰ $\omega_r \fallingdotseq 7$ ㉱ $\omega_r \fallingdotseq 10$

7.27 감쇠비 ζ가 $0 < \zeta < 0.707$인 시스템의 주파수응답에서 대역폭 ω_{BW}의 설명으로 옳지 않은 것은?

㉮ 대역폭은 주파수 전달함수의 크기가 직류이득의 0.707배가 되는 주파수이다.

㉯ 대역폭은 시스템의 고유주파수에 정비례한다.

㉰ 시스템의 감쇠비가 증가하면 대역폭은 감소한다.

㉱ 대역폭과 첨두공진값은 서로 반비례한다.

7.28 주파수응답에서 대역폭이 커질 때, 이 시스템의 시간응답은 어떻게 되는가?

㉮ 빨라진다.

㉯ 늦어진다.

㉰ 빨라졌다가 늦어진다.

㉱ 시간응답은 대역폭과 상관관계가 없다.

7.29 위상여유가 $\Phi_M = 40°$인 직결귀환 2차제어시스템의 감쇠비 ζ는 대략 얼마라고 할 수 있는가?

㉮ 0.2　　㉯ 0.4　　㉰ 0.6　　㉱ 0.7

7.30 직결귀환 2차제어시스템에서 감쇠비 ζ가 0.7이 되려면 위상여유 Φ_M을 대략 얼마로 해야 하는가?

㉮ 20°　　㉯ 35°　　㉰ 55°　　㉱ 70°

7.31 주파수응답과 시간응답과의 관계를 나타내는 다음 그림에서 가로축과 세로축은 각각 무엇을 나타내는가?

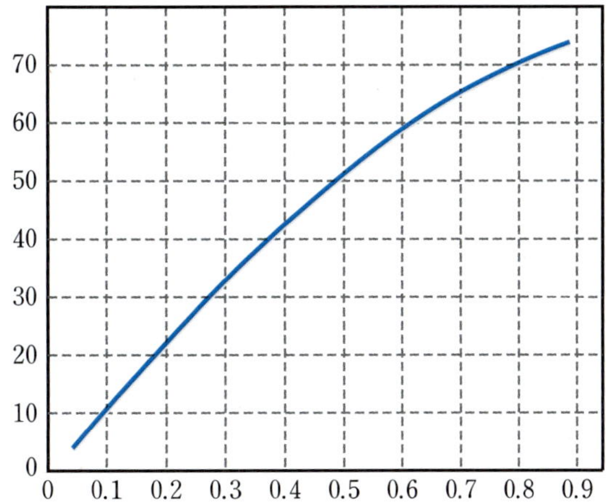

㉮ 위상여유, 백분율 오버슈트　　㉯ 감쇠비, 첨두공진값

㉰ 감쇠비, 위상여유　　㉱ 위상차, 위상여유

7.32 주파수응답과 시간응답과의 관계를 나타내는 다음 그림에서 가로축과 세로축은 각각 무엇을 나타내는가?

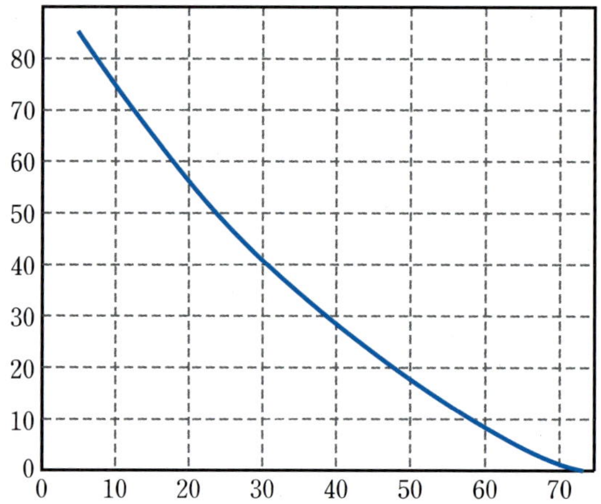

㉮ 위상여유, 백분율 오버슈트　　㉯ 위상차, 위상여유

㉰ 감쇠비, 첨두공진값　　㉱ 감쇠비, 위상여유

7.33 주파응답을 나타내는 나이퀴스트선도에서 점 $(-1,\ j0)$에 대응하는 보드선도의 이득과 위상으로 맞는 것은?

㉮ 0[dB], $-180°$　　㉯ 20[dB], $-90°$

㉰ -20[dB], 90°　　㉱ 1[dB], 0°

CHAPTER

08

근궤적 기법

4장에서 특성방정식의 근이 제어시스템의 시간응답에 얼마나 큰 영향을 미치는지 배웠다. 이 장에서는 특성방정식의 근을 도해적인 방법으로 구하는 근궤적 기법을 설명한다. 근궤적 기법은 고차시스템을 해석하거나 설계할 때 더욱 유용하며, 이득정수의 변화에 대한 시스템의 시간응답 특성을 파악할 수 있어 제어기를 설계하는 데 대단히 강력한 설계 도구가 된다.

CONTENTS

SECTION 8.1 근궤적의 정의

SECTION 8.2 근궤적의 성질과 근궤적 그리기

SECTION 8.3 근궤적을 이용한 제어기 설계

연습문제

SECTION

8.1 근궤적의 정의

일반적으로 제어시스템의 시간응답, 즉 과도응답은 그 시스템 폐루프 전달함수의 극점과 영점이 s평면의 어디에 위치하느냐에 따라 크게 달라진다. 특히 시간응답의 모양은 시스템 특성방정식의 근에 의해 결정되기 때문에 이 특성방정식의 근을 구하는 것은 매우 중요하다. 그러나 시스템 차수가 높은 경우 특성방정식의 근을 수식적으로 정확히 구하는 것은 결코 쉬운 일이 아니다.

Keywords | 근궤적 | 이탈점 | 점근선 | 교차점 |

[그림 8-1]과 같은 폐루프 제어시스템의 전체 전달함수 $M(s)$는 다음과 같다.

$$M(s) = \frac{G(s)}{1 + G(s)H(s)} \tag{8.1}$$

특성방정식은

$$1 + G(s)H(s) = 0 \tag{8.2}$$

이 되는데, 이 특성방정식을 인수분해하여 그 근을 구하는 것은 일반적으로 매우 어려운 일이다.

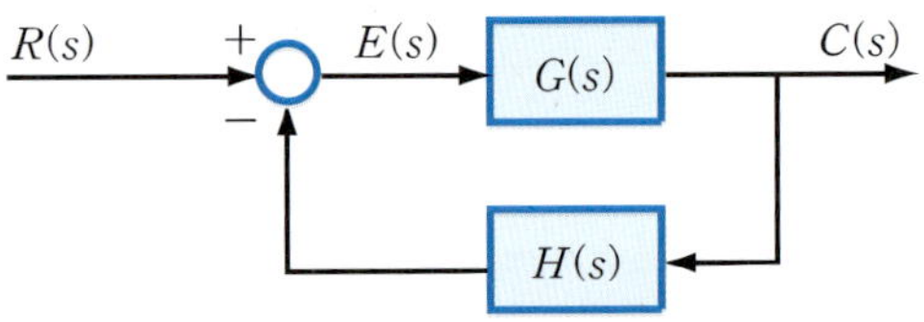

[그림 8-1] 폐루프 제어시스템의 블록선도

[그림 8-2]와 같은 직결귀환제어시스템의 폐루프 전달함수는

$$M(s) = \frac{\dfrac{K}{s(s+a)}}{1 + \dfrac{K}{s(s+a)}} = \frac{K}{s^2 + as + K}$$

가 되므로, 제어시스템의 시간 특성을 결정하는 폐루프 전달함수 $M(s)$의 극점, 즉 다음과 같은 특성방정식의 근은 개루프 전달함수의 이득정수(gain factor) K값의 변화에 따라 달라진다.

$$s^2 + as + K = 0 \tag{8.3}$$

K값에 의해 변하는 특성방정식의 근들을 수식적으로 풀지 않고, s평면 위에 K를 0에서부터 ∞까지 변화시킬 때의 특성방정식 근의 이동궤적을 그려 이 궤적으로 제어시스템을 해석하고 설계하는 방법을 **근궤적 기법**이라고 하고, 이때 그린 궤적을 **근궤적**(root locus)이라 한다.

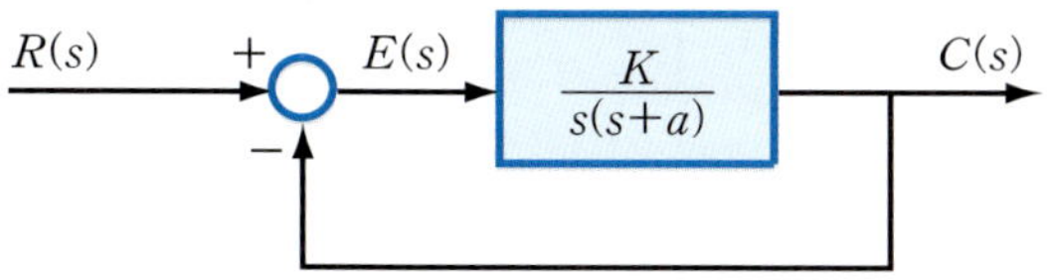

[그림 8-2] 직결귀환제어시스템의 예

예제 8-1

[그림 8-3]과 같은 제어시스템의 근궤적을 그려라.

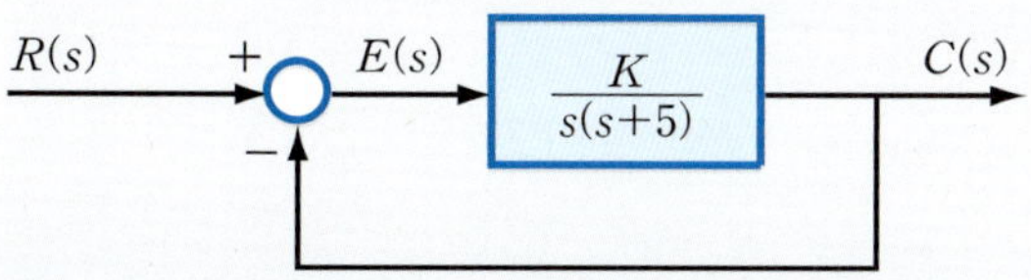

[그림 8-3] [예제 8-1]의 직결귀환제어시스템

풀이

[그림 8-3]의 제어시스템에 대한 특성방정식을 구하면 다음과 같다.

$$s^2+5s+K=0$$

여기에서 여러 K값에 대한 특성방정식의 근을 구하면 [표 8-1]과 같다.

[표 8-1] 이득에 대한 특성방정식의 근

K	s_1	s_2
0	0	-5
1	-0.21	-4.79
2	-0.44	-4.56
4	-1.0	-4.0
6.25	-2.5	-2.5
10	$-2.5+j1.94$	$-2.5-j1.94$
20	$-2.5+j3.71$	$-2.5-j3.71$
30	$-2.5+j4.87$	$-2.5-j4.87$

[표 8-1]에 의해 근궤적을 그리면 [그림 8-4(a)]와 같고, K값이 연속적으로 변할 때의 근궤적을 그리면 [그림 8-4(b)]와 같다.

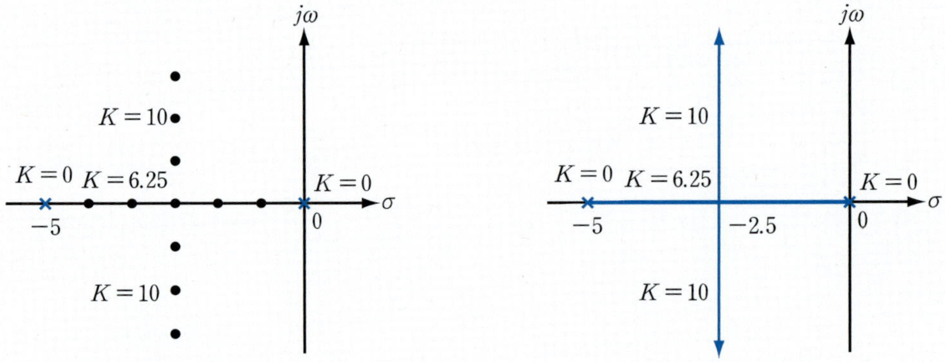

(a) K값에 대한 근의 위치　　(b) K값이 연속적으로 변할 때 근의 궤적

[그림 8-4] [예제 8-1]의 근궤적

SECTION 8.2

근궤적의 성질과 근궤적 그리기

근궤적은 이득정수 K값을 0부터 ∞까지 변화시키면서, 그에 따른 특성방정식 근들의 변화를 그래프로 나타낸 것이다. 그래프는 개루프 전달함수의 극점들로부터 시작하여 영점들에서 끝난다.

Keywords | 각도조건 | 크기조건 | 출발점 | 분기수 | 종착점 | 이탈점 | 인입점 | 출발각 | 도착각 |

1 근궤적의 성질

근궤적은 개루프 전달함수의 이득정수 K값의 변화에 대한 특성방정식의 근의 궤적으로, K값의 변화에 대한 특성방정식

$$1+G(s)H(s)=0 \tag{8.4}$$

의 해를 나타내는 그래프다. 다시 말해서

$$G(s)H(s)=-1$$

을 만족시키는 복소수 s 값의 궤적으로, 이 s 값에 대하여 개루프 전달함수 $G(s)H(s)$의 크기는 1이고 위상은 $-180°$이다. 즉

$$|G(s)H(s)|=1 \tag{8.5}$$

$$\angle G(s)H(s)=-180° \tag{8.6}$$

가 된다.

식 (8.5)를 **크기조건**(magnitude criterion), 식 (8.6)을 **각도조건**(angle criterion)이라고 하며, 식 (8.4)와 같은 특성방정식이 주어졌을 때, 어떤 s 값이 이 특성방정식의 근이 될 수 있는지를 알아보려면 $G(s)H(s)$에 그 값을 대입했을 때 식 (8.6)을 만족하는지를 알아보면 된다. 다시 말하면 주어진 s 값에 대해 크기조건은 이득정수 K 값으로 조정하면 항상 만족할 수 있으므로 문제될 것이 없으나, 만일 s 값을 $G(s)H(s)$에 대입했을 때 각도조건을 만족하지 않으면 그 s 값은 특성방정식의 근이 될 수 없다. 그러므로 근궤적을 그릴 때는 먼저 각도조건을 만족하는 점들을 가지고 그리고, 그 다음 이득정수 K 값은 크기조건을 이용하여 계산하여 적어 넣는다.

예제 8-2

[그림 8-5]와 같은 직결귀환제어시스템에서 다음 복소수가 이 시스템 특성방정식의 근이 될 수 있는지 판단하라. 만일 될 수 있다면 그때의 이득정수 K 값을 구하라.

(a) $s_1 = -4 + j5$ (b) $s_2 = -1 + j4$

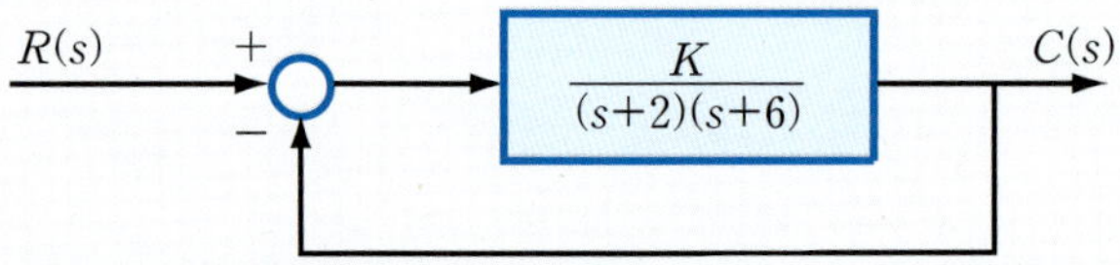

[그림 8-5] [예제 8-2]의 직결귀환제어시스템

풀이

(a) 개루프 전달함수

$$G(s)H(s) = \frac{K}{(s+2)(s+6)}$$

에 s 대신 주어진 s_1 값을 대입하면 다음과 같이 된다.

$$G(s_1)H(s_1) = \frac{K}{(-4+j5+2)(-4+j5+6)} \quad \cdots (1)$$

$$= \frac{K}{(-2+j5)(2+j5)}$$

$$= \frac{K}{(\sqrt{29}\angle 111.8°)(\sqrt{29}\angle 68.2°)} \quad \cdots (2)$$

$$= \frac{K}{29}\angle -180° \quad \cdots (3)$$

따라서 s_1은 각도조건 식 (8.6)을 만족하므로 특성방정식의 근이 될 수 있으며, 크기조건 식 (8.5)를 만족하기 위해서는 $K=29$여야 한다.

(b) 개루프 전달함수에서 s 대신 s_2를 대입하면 다음과 같이 된다.

$$G(s_2)H(s_2) = \frac{K}{(-1+j4+2)(-1+j4+6)} \quad \cdots (4)$$

$$= \frac{K}{(1+j4)(5+j4)}$$

$$= \frac{K}{(\sqrt{17}\angle 76.0°)(\sqrt{41}\angle 38.7°)} \quad \cdots (5)$$

$$= \frac{K}{26.4}\angle -114.7° \quad \cdots (6)$$

따라서 s_2는 각도조건을 만족하지 않으므로 특성방정식의 근이 될 수 없다.

2 근궤적 그리기

앞의 [예제 8-1]에서는 개루프 전달함수의 이득정수 K값이 주어지면, 그에 대한 특성방정식의 근들을 인수분해를 이용해 구하여 근궤적을 그렸지만, 특성방정식이 3차 이상만 되어도 인수분해가 쉽지 않다. 이때 다음과 같은 근궤적의 일반성질을 이용하면 근궤적을 쉽게 그릴 수 있다(증명 생략).

❶ **출발점** : 근궤적은 개루프 전달함수 $G(s)H(s)$의 극점들로부터 시작한다.

❷ **분기 수** : 분기 수(number of branches)는 특성방정식의 차수와 일치한다. 즉 개루프 전달함수 $G(s)H(s)$의 극점의 수와 영점의 수 중에서 큰 것과 일치한다.

❸ **종착점** : $K \to \infty$ 일 때 근궤적은 개루프 전달함수의 영점들로 접근한다. 이때 개루프 전달함수의 분모식의 s 차수가 분자식의 s 차수보다 크면 차수의 차이만큼 ∞ 값의 영점이 있는 것으로 취급한다. 따라서 개루프 전달함수의 극점의 수가 n개, 유한 영점의 수가 m개면 n개의 근궤적의 분기들 중에 m개는 개루프 전달함수의 영점들로 접근해 가고, 나머지 $(n-m)$개의 분기 수는 무한 영점(zero at infinity)으로 접근해 간다.

❹ **점근선이 실수축과 만나는 점** : 근궤적이 무한원점으로 접근할 때 그 **점근선**(asymptote)들이 실수축과 만나는 교차점 σ_c는 다음과 같다.

$$\sigma_c = \frac{\sum_{i=1}^{n} p_i - \sum_{j=1}^{m} z_j}{n-m} \tag{8.7}$$

단, p_i는 극점 값, z_j는 영점 값, n은 전체 극점의 수, m은 전체 영점의 수

그리고 점근선이 실수축과 이루는 각 β는 다음과 같다.

$$\beta = \frac{(2l+1)\,180°}{n-m} \tag{8.8}$$

단, $l = 0,\ 1,\ 2,\ 3,\ \cdots,\ (n-m-1)$

따라서 점근선들이 실수축과 만나는 점은 하나이나, 실수축과 이루는 각은 $(n-m)$개가 된다.

❺ **대칭성** : 폐루프 제어시스템의 복소수근은 반드시 공액쌍을 이루므로 근궤적은 실수축에 대해 상하 대칭으로 나타난다.

❻ **실수축의 근궤적 영역** : 실수축에 근궤적이 존재할 수 있는 부분은 실수축의 한 시행점의 오른쪽에 있는 개루프 전달함수의 극점과 영점 수의 합이 홀수인 범위이다.

❼ **실수축의 이탈점과 인입점** : 근궤적이 실수축을 이탈할 때 또는 인입할 때의 **이탈점**(breakaway point) 또는 **인입점**(break-in point)은 식 (8.9)의 방정식에서 σ값을 구하면 된다.

$$\sum_{i=1}^{n} \frac{1}{(p_i - \sigma)} = \sum_{j=1}^{m} \frac{1}{(z_j - \sigma)} \tag{8.9}$$

또 다른 방법은 개루프 전달함수 $G(s)H(s)$의 변화율이 0이 되는 점, 즉

$$\frac{d}{ds} G(s)H(s) = 0 \tag{8.10}$$

을 만족하는 s값으로 구할 수 있으며, 두 방법 중 편한 대로 선택하여 사용하면 된다.

❽ **출발각과 도착각** : 근궤적이 개루프 전달함수 $G(s)H(s)$의 극점을 떠날 때의 **출발각**(departure angle) θ_D와 영점에 접근할 때의 **도착각**(arrival angle) θ_A는 다음과 같다(증명 생략).

$$\begin{aligned} \theta_D &= 180° + \angle GH(p_i) \quad \text{단, } \angle GH(p_i) = \lim_{s \to p_i} \angle (s - p_i) G(s)H(s) \\ \theta_A &= 180° - \angle GH(z_j) \quad \text{단, } \angle GH(z_j) = \lim_{s \to z_j} \angle \frac{1}{(s - z_j)} G(s)H(s) \end{aligned} \tag{8.11}$$

❾ **근궤적이 허수축과 만나는 점** : 라우스 표의 임계안정조건 K값으로부터 계산하여 구할 수 있다.

예제 8-3

개루프 전달함수가 다음과 같은 폐루프 제어시스템의 근궤적을 구하라.

$$G(s)H(s) = \frac{K}{s(s+2)(s+4)}$$

풀이

개루프 전달함수의 극점은 $p_1 = 0$, $p_2 = -2$, $p_3 = -4$로 극점 수는 $n = 3$이며, 영점은 없으므로 영점 수는 $m = 0$이다.

❶ 근궤적은 $s = 0$, $s = -2$, $s = -4$ 인 극점들에서 출발한다.
❷ 근궤적의 분기 수는 3이다.
❸ $K \to \infty$ 일 때 근궤적의 모든 분기는 무한원점으로 접근한다.
❹ 점근선이 실수축과 만나는 점 σ_c는 식 (8.7)에 의해 다음과 같다.

$$\sigma_c = \frac{(0 - 2 - 4)}{3 - 0} = -2$$

실수축과 이루는 각 β는 식 (8.8)에 의해 다음과 같이 구한다.

$$\beta_1 = \frac{(2\times 0+1)\,180°}{3-0} = 60°$$

$$\beta_2 = \frac{(2\times 1+1)\,180°}{3-0} = 180°$$

$$\beta_3 = \frac{(2\times 2+1)\,180°}{3-0} = 300°$$

❺ 근궤적은 실수축에 대해 상하 대칭이다.

❻ 실수축에 근궤적이 존재하는 부분은 실수축의 한 시행점의 오른쪽에 있는 개루프 전달함수의 극점과 영점 수의 합이 홀수인 범위로, 그 범위는 $-2 \le s \le 0$, $s \le -4$이다.

❼ 근궤적이 실수축을 이탈할 때 그 이탈점 σ는 식 (8.9)에 의해 다음과 같다.

$$\frac{1}{(0-\sigma)} + \frac{1}{(-2-\sigma)} + \frac{1}{(-4-\sigma)} = 0 \qquad \cdots (1)$$

$$3\sigma^2 + 12\sigma + 8 = 0$$

$$\sigma = -3.155 \ \text{또는} \ -0.845$$

이 중에서 -3.155는 위의 ❻번에서 구한 영역에 맞지 않으므로 버린다. 즉 실수축을 이탈하는 점은 $s = -0.845$이다.

또한 이 점은 다음과 같이 식 (8.10)에 의해서도 구할 수 있다.

$$\frac{d}{ds}\frac{K}{s(s+2)(s+4)} = \frac{d}{ds}\frac{K}{s^3+6s^2+8s} = \frac{-K(3s^2+12s+8)}{(s^3+6s^2+8s)^2} = 0 \qquad \cdots (2)$$

❽ 출발각은 식 (8.11)에 의해 다음과 같이 구하고, 도착각은 영점이 없으므로 구할 필요가 없다. $s=0$점의 출발각을 구하면

$$\theta_{D1} = 180° + \angle GH(0) = 180° + 0° = 180°$$

$$\leftarrow \angle GH(0) = \lim_{s\to 0} \angle s \frac{K}{s(s+2)(s+4)}$$

$$= \angle (0.125K + j0) = 0°$$

이고, $s = -2$ 점의 출발각은 다음과 같다.

$$\theta_{D2} = 180° + \angle GH(-2) = 180° + (-180°) = 0°$$

$$\leftarrow \angle GH(-2) = \lim_{s\to -2} \angle (s+2) \frac{K}{s(s+2)(s+4)}$$

$$= \angle (-0.25K + j0) = -180°$$

또한 $s=-4$ 점의 출발각은 다음과 같다.

$$\theta_{D3}=180°+\angle GH(-4)=180°+0°=180°$$

$$\leftarrow \angle GH(-4)=\lim_{s\to -4}\angle (s+4)\frac{K}{s(s+2)(s+4)}$$

$$=\angle(0.125K+j0)=0°$$

❾ 허수축과 만나는 점과 그때의 K값을 구해보자. 특성방정식은 다음과 같다.

$$1+G(s)H(s)=1+\frac{K}{s(s+2)(s+4)}=0 \qquad \cdots (3)$$

$$s^3+6s^2+8s+K=0$$

그리고 라우스 표를 만들면 다음과 같다.

s^3	1	8
s^2	6	K
s^1	$\frac{48-K}{6}$	0
s^0	K	

이때 임계안정을 위한 K값은 48이다. 즉 $K=48$일 때 근궤적은 허수축과 만난다. $K=48$일 때 특성방정식은 다음과 같이 인수분해된다.

$$s^3+6s^2+8s+48=(s^2+8)\times(s+6)=0$$

$$s=-6,\ s=j2\sqrt{2},\ s=-j2\sqrt{2}$$

지금까지 구한 사항을 종합하여 근궤적을 그리면 [그림 8-6]과 같다.

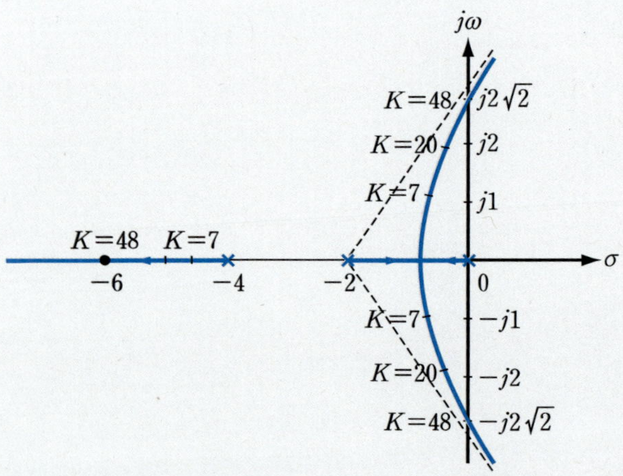

[그림 8-6] 개루프 전달함수 $G(s)H(s)=\frac{K}{s(s+2)(s+4)}$ 인 제어시스템의 근궤적

SECTION

8.3 근궤적을 이용한 제어기 설계

자동제어시스템의 시간응답은 그 시스템의 특성방정식의 근에 의하여 결정되며, 이 특성방정식의 근은 이득정수 K에 의하여 변화된다. 이 절에서는 원하는 시간응답을 얻기 위한 K 값을 설계해 본다.

Keywords | 근궤적 | 감쇠비 | 백분율 오버슈트 |

이제 근궤적을 이용하여 제어기를 설계하는 방법을 공부하기 위하여 [예제 8-1]의 시스템을 다시 생각해보자. 이 페루프 제어시스템의 단위계단응답의 백분율 오버슈트를 20%로 하기 위한 이득정수 K값을 근궤적을 이용하여 설계해본다. [그림 8-7(a)]의 직결귀환제어시스템의 근궤적은 [그림 8-7(b)]와 같다.

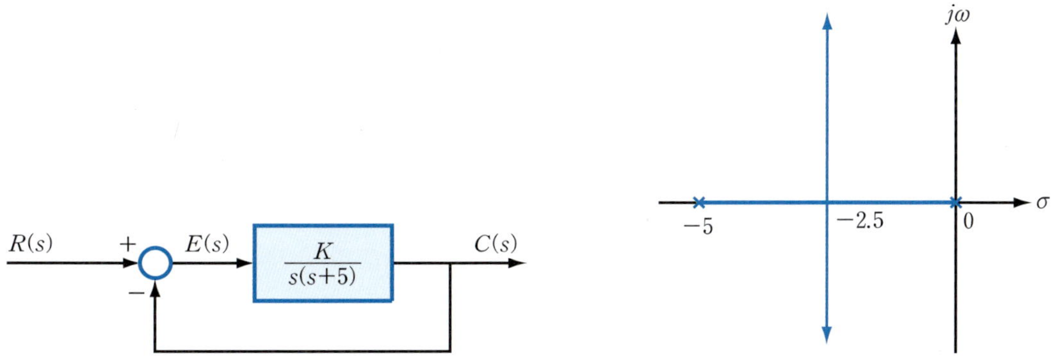

(a) 직결귀환제어시스템 (b) 직결귀환제어시스템의 근궤적

[그림 8-7] 직결귀환제어시스템

주어진 시스템에 대한 계단응답의 백분율 오버슈트가 20%가 되려면 식 (4.33)에 의해 감쇠비는

$$\zeta = \frac{-\ln\left(\frac{\%OS}{100}\right)}{\sqrt{\pi^2 + \ln^2\left(\frac{\%OS}{100}\right)}} = \frac{-\ln 0.2}{\sqrt{\pi^2 + \ln^2 0.2}} = 0.456 \qquad (8.12)$$

이어야 한다. 이렇게 감쇠비가 주어지면 [그림 8-8]에서 보는 바와 같이 원점을 지나면서 (−)실수축과의 각도가 $\theta = \cos^{-1}0.456 \fallingdotseq 62.9°$인 대각선을 그어 근궤적과 만나는 점을 구한다. 그러면 이 점이 바로 원하는 백분율 오버슈트를 만족하는 특성방정식 근의 위치가 된다([그림 4-24] 참조).

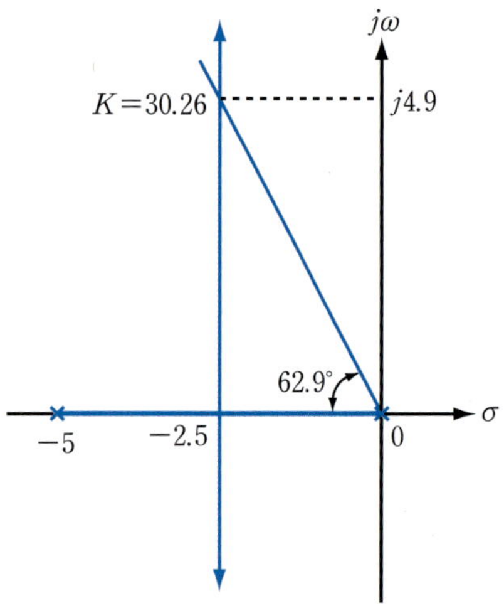

[그림 8-8] 근궤적과 $\zeta=0.456$ 선이 만나는 점 찾기

[그림 8-8]에서 62.9°의 대각선과 만나는 점은 $s_1=-2.5+j4.9\,(2.5\times\tan 62.9°\fallingdotseq 4.9)$이다. 따라서 주어진 시스템에서 단위계단응답의 백분율 오버슈트가 20%이기 위해서는 특성방정식의 두 근이 $s_1=-2.5+j4.9$, $s_2=-2.5-j4.9$이어야 한다. 즉 특성방정식이 다음과 같아야 한다.

$$(s+2.5-j4.9)(s+2.5+j4.9)=0$$
$$s^2+5s+30.26=0 \tag{8.13}$$

이제 이득정수 K값을 크기조건 식 (8.5)에 의해 구해보면 다음과 같이 된다.

$$|G(s_1)H(s_1)|=1 \quad \rightarrow \quad \left|\frac{K}{s_1(s_1+5)}\right|=1 \tag{8.14}$$
$$\left|\frac{K}{(-2.5+j4.9)(-2.5+j4.9+5)}\right|=1$$

$$K=|(-2.5+j4.9)(2.5+j4.9)|$$
$$=\sqrt{(-2.5)^2+4.9^2}\times\sqrt{2.5^2+4.9^2}=30.26 \tag{8.15}$$

[그림 8-7]의 직결귀환제어시스템에서 이득정수 $K=30.26$일 때 단위계단응답을 구해보면 [그림 8-9]와 같이 되며, 이 그림에서 시간응답의 백분율 최대 오버슈트가 20%인 것을 알 수 있다.

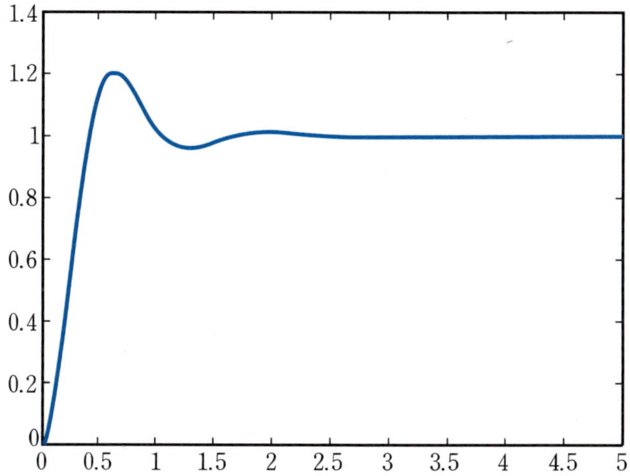

[그림 8-9] [그림 8-7]의 직결귀환제어시스템에서 이득정수 $K=30.26$일 때 단위계단응답

근궤적을 이용한 좀 더 복잡한 자동제어시스템의 설계는 MATLAB을 이용하면 쉽게 할 수 있으나, 이 책에서는 생략한다.

CHAPTER
08 연습문제

8.1 근궤적의 성질 중 옳지 않은 것은?

㉮ 점근선은 실수축과 허수축상에서 교차한다.

㉯ 근궤적의 가지수는 특성방정식의 차수와 같다.

㉰ 근궤적은 실수축에 대칭이다.

㉱ 근궤적은 개루프 전달함수의 극점으로부터 출발한다.

8.2 개루프 전달함수 $G(s)H(s)=\dfrac{K(s+2)}{s(s+5)}$ 인 경우 실수축상에 근궤적이 존재할 수 있는 범위는?

㉮ 원점과 $(+2)$ 사이

㉯ 원점과 (-5) 사이

㉰ (-2)와 (-5) 사이

㉱ 원점과 (-2) 사이, (-5)와 $(-\infty)$ 사이

8.3 폐루프 전달함수 $M(s)=\dfrac{G(s)}{1+G(s)H(s)}$ 의 극점들의 위치를 개루프 전달함수 $G(s)H(s)$의 이득상수 K의 함수로 나타내는 기법은?

㉮ 보드선도법　　㉯ 근궤적법

㉰ 주파수응답법　　㉱ 라우스 판별법

8.4 근궤적은 s 평면에서 개루프 전달함수의 절댓값이 얼마인 점들의 궤적인가?

㉮ 0　　㉯ 1　　㉰ 3.14　　㉱ ∞

8.5 시간영역에서의 제어시스템 설계에 주로 사용되는 방법은?

㉮ 근궤적법　　㉯ 보드 선도법

㉰ 나이퀴스트 선도법　　㉱ 니콜스 선도법

8.6 개루프 전달함수 $G(s)H(s)=\dfrac{K}{s(s+1)(s+2)}$ 인 시스템의 근궤적을 그리고자 한다. 다음 설명 중 잘못된 것은?

㉮ 근궤적은 $s=0$, $s=-1$, $s=-2$ 인 극점에서 출발한다.

㉯ 근궤적의 가지수는 3이다.

㉰ 근궤적은 실수축에 대하여 상하 대칭이다.

㉱ 실수축 위에 근궤적이 존재하는 구간은 $-2\le s\le -1$, $s\ge 0$이다.

8.7 근궤적이 다음과 같은 제어시스템의 안정도는?

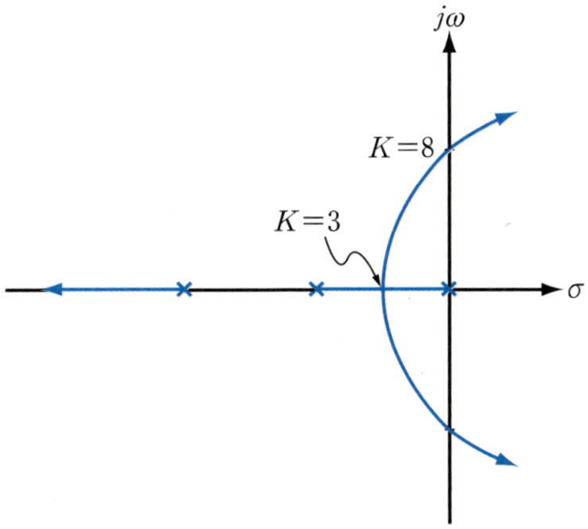

㉮ 절대 안정하다.

㉯ 절대 불안정하다.

㉰ $K>8$ 에서 불안정하다.

㉱ $3<K<8$에서만 안정하다.

8.8 특성방정식이 다음과 같을 때 근궤적들의 출발점이 아닌 것은?

$$s(s+2)(s+4)+K(s-2)(s+5)=0$$

㉮ 0 ㉯ -2 ㉰ -4 ㉱ -5

8.9 특성방정식이 다음과 같은 시스템의 근궤적 가지수는?

$$(s+1)(s+2)(s+4)(s+10)+K(s+5)=0$$

㉮ 1 ㉯ 2 ㉰ 3 ㉱ 4

8.10 개루프 전달함수 $G(s)H(s)=\dfrac{K(s+1)(s+5)}{s(s+3)(s+4)}$ 인 시스템의 근궤적 가지수는?

㉮ 1　　㉯ 2　　㉰ 3　　㉱ 5

8.11 개루프 전달함수가 다음과 같은 제어시스템에 대한 근궤적의 분기 수는?

$$G(s)H(s)=\frac{K(3s^2+5s+10)}{s^4+2s^3+6s^2+4s+10}$$

㉮ 0　　㉯ 2　　㉰ 4　　㉱ 5

8.12 개루프 전달함수 $G(s)H(s)=\dfrac{K(s-2)}{s(s+1)(s+4)^2}$ 인 시스템에서 점근선의 교차점은?

㉮ $-\dfrac{11}{3}$　　㉯ $-\dfrac{7}{4}$　　㉰ $-\dfrac{2}{9}$　　㉱ -2.6

8.13 개루프 전달함수 $G(s)H(s)=\dfrac{K}{s(s+4)(s+5)}$ 인 부귀환 제어시스템에서 근궤적의 점근선이 실수축과 만나는 점은?

㉮ $-\dfrac{7}{3}$　　㉯ -4.5　　㉰ -2　　㉱ -3

8.14 폐루프 전달함수 $\dfrac{G(s)}{1+G(s)H(s)}$ 의 극점의 위치를 개루프 전달함수 $G(s)H(s)$ 의 이득상수 K의 함수로 나타내는 기법은?

㉮ 이득·위상도　　㉯ 근궤적법

㉰ 나이퀴스트선도　　㉱ 라우스-후르비츠 판별법

8.15 대략적으로 다음 그림과 같은 모양의 근궤적을 그리는 시스템의 개루프 전달함수로서 적당한 것은?

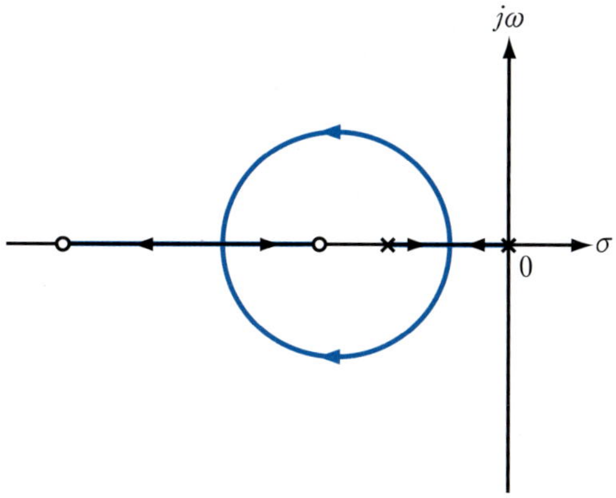

㉮ $G(s)H(s)=\dfrac{K(s+5)(s+12)}{s(s+3)}$ ㉯ $G(s)H(s)=\dfrac{K(s+6)(s+15)}{(s+2)(s+4)}$

㉰ $G(s)H(s)=\dfrac{K}{s(s+4)(s+7)(s+20)}$ ㉱ $G(s)H(s)=\dfrac{K(s+12)}{s(s+3)(s+5)}$

8.16 개루프 전달함수가 다음과 같은 제어시스템의 근궤적은 허수축과 교차한다. 이때의 K값은?

$$G(s)H(s)=\frac{K}{s(s+3)(s+4)}$$

㉮ 12 ㉯ 47 ㉰ 62 ㉱ 84

8.17 개루프 전달함수가 다음과 같은 제어시스템에서 근궤적이 허수축과 만날 때의 K 값은?

$$G(s)H(s)=\frac{K}{s^3+7s^2+10s+20}$$

㉮ 30 ㉯ 40 ㉰ 50 ㉱ 60

8.18 개루프 전달함수가 다음과 같은 제어시스템의 근궤적이 실수축을 이탈하는 점의 대략적인 값은?

$$G(s)H(s)=\frac{K(s+10)}{s(s+4)(s+6)}$$

㉮ −1.8 ㉯ −1.9 ㉰ −2.0 ㉱ −2.5

8.19 $G(s)H(s)=\dfrac{K}{s(s+2)(s+6)}$ 인 제어시스템의 분지점, 즉 근궤적이 실수축을 이탈하는 이탈점은?

㉮ -0.5 ㉯ -0.8 ㉰ -3.5 ㉱ -4.2

8.20 다음 두 그림은 어떤 제어시스템의 블록선도와 그 제어시스템에 대한 근궤적이다. 근궤적을 이용하여 이 제어시스템의 이득여유[dB]를 구하면? 단, $\log 2 \fallingdotseq 0.3$이다.

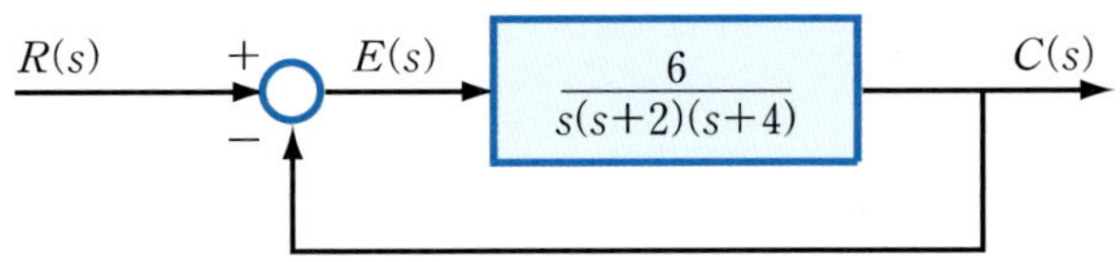

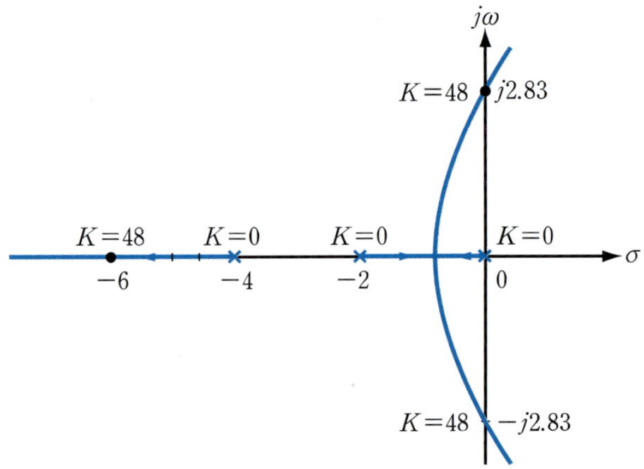

㉮ 6 ㉯ 12 ㉰ 18 ㉱ 24

8.21 개루프 전달함수가 다음과 같은 자동제어시스템 특성방정식의 한 근이 $s=-4+j2$가 되기 위한 K값은?

$$G(s)H(s)=\frac{K}{(s+2)(s+6)}$$

㉮ 2 ㉯ 4 ㉰ 6 ㉱ 8

8.22 근궤적이 다음과 같은 제어시스템에 대한 설명 중 틀린 것은?

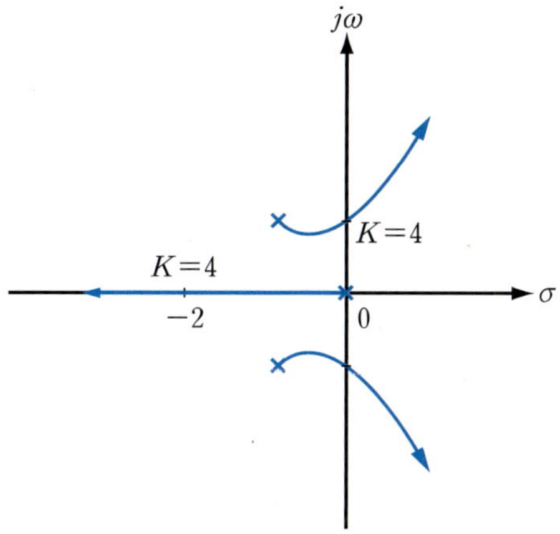

㉮ 특성방정식의 근이 3개다.

㉯ 개루프 전달함수는 $K=4$에서 -2의 값을 갖는다.

㉰ $0 < K < 4$에서 이 제어시스템은 안정하다.

㉱ 개루프 전달함수는 3개의 극점을 가진다.

8.23 개루프 전달함수가 다음과 같은 자동제어시스템에서 $s_1 = -3 + j3$은 이 자동제어시스템 특성방정식의 근이 될 수 있는가?

$$G(s)H(s) = \frac{K(s+6)}{s(s+3)}$$

㉮ 될 수 있다.

㉯ 될 수 없다.

㉰ $K=1.5$일 때만 될 수 있다.

㉱ $K=18$일 때만 될 수 있다.

Index

ㄱ

가변저항 94
가속도상수 179
가지 80
각도조건 269
각주파수 196
간략화된 나이퀴스트 판별법 236
감도 21
감쇠비 131
감쇠지수주파수 141
감쇠진동주파수 139
강제응답 122
개루프 전달함수 78
개루프 제어시스템 17
결합법칙 61
경로 81
경로사상 227
경로이득 82
계단함수 126
고유응답 122
고유주파수 131
고전적 제어이론 14
곱하기 법칙 84
공진주파수 198, 247
과도응답 120
과도응답 사양 142
과도응답 성분 120
과제동응답 131
관성모멘트 27
교환법칙 61
귀환 제어시스템 19
귀환경로 19
귀환루프 82
귀환요소 19
극점 40
극점-영점 소거법 149
극좌표식 35
근궤적 267
근궤적 기법 267
기계시스템 71
기준입력 19
기준입력요소 19

ㄴ

나이퀴스트 판별법 163, 227
낭비시간요소 103

ㄷ

단위계단응답 93, 126
단위계단함수 52
단위귀환 제어시스템 78
단위램프응답 98
단위포물선함수 126
단위행렬 57
대각행렬 57
대역폭 198, 248, 252
대칭성 271
대칭행렬 57
더하기 법칙 83
도착각 272
도함수의 변환 50
동작신호 16, 19
동태방정식 90

ㄹ

라우스 표 164
라우스-후르비츠 판별법 163, 164
라플라스 변환 42
라플라스 역변환 44
램프함수 126

ㅁ

마디 80
메이슨의 이득공식 85
모델 69
모델링 69
목표값 16, 19
무제동응답 134
미분요소 94

ㅂ

백분율 오버슈트 129, 139
버퍼 20
벡터궤적 207
변곡점 202
변압기 93
보드선도 199
보조식 169
복소수 34
복소평면 34
복소함수 38
부분분수 전개법 46
부족제동응답 133
분기 수 271
블록선도 16, 74
블록선도의 등가변환 76
비교부 19
비례성 24
비례요소 92
비선형시변시스템 26
비선형시불변시스템 26
비선형제어시스템 25
비우세극점 147

ㅅ

사상 38
상대안정도 162
상승시간 127, 141
상태방정식 89, 105, 152
상태변수 88
서보기구 26
서보모터 27
선형결합 89
선형시변시스템 26
선형시불변시스템 26
선형제어시스템 24
선형화 25, 253
소행렬식 58
속도상수 179
속도조정기 14
수반행렬 58
수위조절장치 23
수학적 연산자 80
시간영역 해석법 15
시간영역해석 124

Index

시간응답 119
시변제어시스템 25
시불변제어시스템 25
시스템 형 182
시스템행렬 90
시정수 100, 127
시험용 신호 125
신호흐름선도 80
실수축 34

ㅇ

안정도 판별법 162
안정도 162
액추에이터 17
여인수 58
역행렬 58
연산증폭기 93
열 56
열벡터 56
열전대 20
영점 40
오버슈트 129
온도조절시스템 104
외란 16, 19
우세극점 147
위상각 34
위상교차점 240
위상교차주파수 240
위상여유 241, 242, 252
위상여유주파수 241
위상차 195
위치상수 179
이득 200
이득교차점 241
이득교차주파수 241
이득여유 240
이득여유주파수 240
이득정수 93, 100
이득 · 위상도 210
이탈점 272
인디셜응답 126
인입점 272
임계제동응답 132
임펄스함수 95
입력마디 81
입력변환요소 18
입력행렬 90

ㅈ

자기루프 83
자동변압기 18
자동제어 14
자동제어시스템 14, 16
자동제어시스템의 형 182
자동조정 26
자연응답 122
적분요소 96
적분의 변환 50
전달함수 70, 153
전력증폭기 20
전송 법칙 84
전송함수 80

전송행렬 90
전위차계 20, 94
전치행렬 57
전향경로 82
전향경로 전달함수 78
절대안정도 162
절댓값 34
정방행렬 57
정상상태오차 175, 176
정상상태오차 상수 179
정상상태응답 120
정상상태응답 성분 120
정상상태편차 175
정정시간 127, 141
정치제어 27
제1이동정리 48
제어 14
제어기 17
제어대상 16, 19
제어량 16, 19
제어요소 16, 19
제어입력 17
제어편차 17
조작량 16, 19
조작부 17
조절부 17
종속접속 84
종착점 271
주귀환량 19
주파수 196
주파수 전달함수 197
주파수영역 해석법 15
주파수응답 119, 196
중첩의 원리 24
지수식 35
지연시간 140
직결귀환 제어시스템 78
직교좌표식 35
직류이득 148
진폭감쇠비 139
진폭비 195
짝수 다항식 170

ㅊ

첨두값 시간 129, 138
첨두공진값 198, 247, 250
초깃값 51
초깃값 정리 51
최종값 51
최종값 정리 51
추종제어 27
출력마디 82
출력행렬 90
출발각 272
출발점 271

ㅋ

크기조건 269

Index

ㅌ

특성방정식 102, 106, 107, 130, 153

특성식 174

특성방정식의 표준형 130

특이행렬 59

ㅍ

편각 34

폐루프 전달함수 78

폐루프 제어시스템 19

포물선함수 126

표준 2차제어시스템 136

표준형 78

프로세스제어 26

ㅎ

함수 컷터 55

행 56

행렬 56

행렬식 57

행렬의 법칙 62

행렬의 연산 61

행벡터 56

허수축 34

현대 제어이론 15

기 타

0형 시스템 209

1차 연립미분방정식 88

1차앞선요소 97

1차지연요소 99

2차지연요소 101

I형 시스템 209

II형 시스템 209

M_p 규범 247

ON-OFF 제어 18

RC 적분회로 97

RC 직렬회로망 72

RL 직렬회로 98

RLC 직렬회로 102